江苏联合职业技术学院院本教材
经学院教材审定委员会审定通过

电子技术与技能训练
（第2版）

主　编　范次猛

副主编　冯美仙　吕　纯

主　审　邵泽强

北京理工大学出版社
BEIJING INSTITUTE OF TECHNOLOGY PRESS

内 容 简 介

本书是根据最新制定的"工业电子技术基础与技能训练"核心课程标准;参照相关最新国家职业标准及有关行业职业标准规范编写而成的。本书将理论课、实验课和实训课融为一体,主要内容包括:半导体二极管、半导体三极管的基本知识、放大电路基础知识、集成运算放大电路、直流稳压电源、可控整流电路、数字逻辑电路、时序逻辑电路、脉冲波形的产生与整形、数模转换和模数转换等。每章后面都附有本章小结和思考题与习题,便于自学。

高等职业院校数控技术专业、电气自动化技术专业等机电类专业学生的教学用书,也可作为工程技术人员学习电子技术基础的参考书。

版权专有　侵权必究

图书在版编目(CIP)数据

电子技术与技能训练/范次猛主编. —2 版. —北京:北京理工大学出版社,2020.1重印
ISBN 978 - 7 - 5682 - 4275 - 2

Ⅰ. ①电…　Ⅱ. ①范…　Ⅲ. ①电子技术-高等学校-教材　Ⅳ. ①TN

中国版本图书馆 CIP 数据核字(2017)第 209452 号

出版发行 / 北京理工大学出版社有限责任公司
社　　址 / 北京市海淀区中关村南大街 5 号
邮　　编 / 100081
电　　话 / (010)68914775(总编室)
　　　　　 (010)82562903(教材售后服务热线)
　　　　　 (010)68948351(其他图书服务热线)
网　　址 / http://www.bitpress.com.cn
经　　销 / 全国各地新华书店
印　　刷 / 三河市天利华印刷装订有限公司
开　　本 / 787 毫米×1092 毫米　/16
印　　张 / 18　　　　　　　　　　　　　　　　　责任编辑 / 孟雯雯
字　　数 / 412 千字　　　　　　　　　　　　　　文案编辑 / 孟雯雯
版　　次 / 2020 年 1 月第 2 版第 5 次印刷　　　　责任校对 / 周瑞红
定　　价 / 45.00 元　　　　　　　　　　　　　　责任印制 / 李志强

再 版 前 言

《电子技术与技能训练》自 2012 年 6 月出版以来，得到了全国许多高职院校电工电子技术教师的关怀和支持。

过去的五年多是中国职业教育改革力度大、发展速度快的时期，随着信息化、自动化技术应用水平的不断提高，电子技术与技能训练作为电类专业的通识课程显得越来越重要，电工电子技术的知识与技能已成为多数职业与岗位的能力和技术支撑。

本次教材在修订过程中依据新的课程标准，贯彻了以就业为导向，以能力为本位的职教思想。以职业能力分析为依据，设定课程培养目标，明显降低理论教学的重心，删除与实际工作关系不大的烦冗计算，以必备的相关基础知识和电子技术在工业中的应用为主线组织教学内容，注重培养学生的应用能力和解决问题的实际工作能力。

这次教材再版基本保持原有教材的体例结构，对教材内容进行了一定幅度的修改，其变动的情况如下：

1. 对每一章节都重新进行了精细化的组织和整理，力求语言简练，通俗易懂。2. 保留第 1 版的特色，栏目丰富、模式新颖。修订时进一步优化栏目，有助于激发学生学习兴趣；同时将"活动"贯穿于教学的始终，通过实际项目来培养学生的技能，通过项目训练内容培养学生的综合能力。

全书由江苏省无锡交通高等职业技术学校范次猛老师任主编，并参与了本书第 6、7、8、9 章的修订，江苏省无锡交通高等职业技术学校的冯美仙老师参与了本书 1、2、3、4 章的修订，江苏联合职业技术学院苏州工业园区分院的蔡敏老师参与了本书 1、2 章的修订，常州刘国钧高等职业技术学校的蒋珂老师参与了本书第 6、8 章的修订，连云港工贸高等职业技术学校的董涛老师参与了本书第 3、7 章的修订，徐州技师学院的毕兴会老师参与了本书第 5 章的修订，江苏联合职业技术学院常熟分院的罗亚老师参与了本书第 4 章的修订，全书的技能训练项目由江苏省无锡交通高等职业技术学校的吕纯老师参与修订。

由于编者学识和水平有限，书中难免存在缺点和错误，恳请同行和使用本书的广大读者批评指正。

编 者

目录

目 录 ▶▶▶

目录 ▶▶▶

目 录 »»»

第1章　半导体的基本知识

 任务导入

　　半导体器件是在 20 世纪 50 年代初发展起来的电子器件,由于具有体积小、质量轻、使用寿命长、输入功率小、功率转换效率高等突出优点,已广泛应用于家电、汽车、计算机及工业控制技术等众多领域,被人们视为现代电子技术的基础。对从事电子技术的工程技术人员来讲,只有认识和掌握了作为电子线路核心元件的各种半导体器件的结构、性能、工作原理和应用特点,才能深入分析电子电路的工作原理,正确选择和合理使用各种半导体器件。

　　某实用电子线路板如图 1-1 所示,上面除了集成电路外,还包含大量的二极管、三极管等半导体器件。为了正确和有效地使用这些常用半导体器件,必须对这些器件的结构原理及其外引线表现出来的电压、电流关系及其性能等有一个基本的认识,因此有必要了解和掌握一定的半导体基本知识。

图 1-1　实物图

　　通过本章的学习,了解本征半导体、杂质半导体及 PN 结的基本概念;了解二极管的基本结构、伏安特性及主要参数;理解二极管的单向导电性;学会常用电子仪器的使用方法,能用万用表判断二极管的好坏和极性,会正确选用二极管;掌握二极管的主要应用;了解稳压管、光电二极管、发光二极管的工作机理及应用。

1.1 半导体及 PN 结

学习目标

1. 了解半导体的基本特性。
2. 了解本征半导体、杂质半导体及 PN 结的基本概念。
3. 掌握 PN 结的单向导电性。

半导体器件是 20 世纪中期开始发展起来的,具有体积小、质量轻、使用寿命长、可靠性高、输入功率小和功率转换效率高等优点,在现代电子技术中得到了广泛的应用。

1.1.1 半导体的基本特性

在自然界中存在着许多不同的物质,根据其导电性能的不同大体可分为导体、绝缘体和半导体三大类。通常将很容易导电、电阻率小于 $10^{-4}\,\Omega\cdot cm$ 的物质,称为导体,例如铜、铝、银等金属材料;将很难导电、电阻率大于 $10^{10}\,\Omega\cdot cm$ 的物质,称为绝缘体,例如塑料、橡胶、陶瓷等材料;将导电能力介于导体和绝缘体之间、电阻率在 $10^{-4}\sim10^{10}\,\Omega\cdot cm$ 范围内的物质,称为半导体。常用的半导体材料是硅(Si)和锗(Ge)。

用半导体材料制作电子元器件,不是因为它的导电能力介于导体和绝缘体之间,而是由于其导电能力会随着温度、光照的变化或掺入杂质的多少发生显著的变化,这就是半导体不同于导体的特殊性质。半导体材料具有如下特性。

1. 热敏性

所谓热敏性就是半导体的导电能力随着温度的升高而迅速增加的特性。半导体的电阻率对温度的变化十分敏感。例如纯净的锗从 20 ℃升高到 30 ℃时,它的电阻率几乎减小为原来的 1/2;而一般的金属导体的电阻率则变化较小,比如铜,当温度同样升高 10 ℃时,它的电阻率几乎不变。利用半导体的热敏性可以制成热敏电阻及其他热敏元器件,常用于自动控制电路中。

2. 光敏性

所谓光敏性就是半导体的导电能力随光照的变化有显著改变的特性。某种硫化铜薄膜在暗处的电阻为几十兆欧姆,受光照后,电阻可以下降到几十千欧姆,只有原来的 1%。自动控制中用的光电二极管和光敏电阻,就是利用光敏特性制成的。而金属导体在阳光下或在暗处其电阻率一般没有什么变化。

3. 杂敏性

所谓杂敏性就是半导体的导电能力因掺入适量的杂质而发生很大变化的特性。在半导体硅中,只要掺入亿分之一的硼,电阻率就会下降到原来的几万分之一。利用这一特性,可以制造出不同性能、不同用途的半导体器件。而金属导体即使掺入千分之一的杂质,对其电阻率也几乎没有什么影响。利用半导体的杂敏性,可以制造出二极管、三极管、场效应管和集成电路等半导体元器件。

半导体之所以具有上述特性,根本原因在于其特殊的原子结构和导电机理。

1.1.2　本征半导体

本征半导体是指完全纯净的、具有晶体结构(即原子排列按一定规律排得非常整齐)的半导体,如常用半导体材料硅(Si)和锗(Ge)。在常温下,其导电能力很弱;在环境温度升高或有光照时,其导电能力随之增强。

常用的半导体有硅、锗等,在硅的原子结构中,硅原子有 14 个电子,分成三层围绕着原子核旋转。最外一层有 4 个电子,最外层的电子称作价电子,因此硅元素称为 4 价元素。锗元素有 32 个电子,最外层也有 4 个电子,锗也是 4 价元素。图 1-1-1(a)和图 1-1-1(b)分别是硅和锗元素的原子结构图。

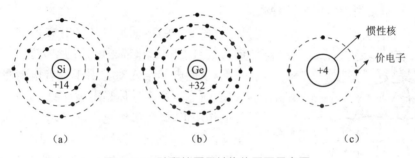

图 1-1-1　硅和锗原子结构的平面示意图

(a)硅(Si)原子;(b)锗(Ge)原子;(c)原子结构简化

硅或锗经过高度提纯和拉单晶处理而制成的半导体称为本征半导体,即本征半导体是完全纯净的具有单晶结构(即原子排列按一定规律排得非常整齐)的半导体,本征半导体又称为晶体。

为了画图方便,无论硅或锗都采用图 1-1-1(c)的简化模型,图中标有 +4 的圆圈代表内层电子和原子核的电量之和,将惯性核最外层电子称为价电子。

在热力学温度 $T=0$ K(-273 ℃)无外部激发能量时,每个价电子都处于最低能态,价电子没有能力脱离共价键的束缚。没有能够自由移动的带电粒子,这时的本征半导体被认为是绝缘体。

我们知道,任何原子最外层只有 4 个电子的结构是不稳定的,最外层的电子要达到 8 个才稳定。因此在硅或锗晶体的结构中,每一个原子都有与相邻的 4 个原子结合时,把相邻原子中的 4 个价电子作为自己最外层的电子,以达到最外层 8 个电子的稳定结构的倾向。因此每个硅与锗原子的价电子是它自身原子和与它相邻的原子共有的,每一个原子的一个价电子与相邻原子的一个价电子组成一对价电子对,这一对价电子把两个相邻的原子结合在一起。原子的这种结构称为共价键结构。图 1-1-2 画出了原子间的共价键结构。

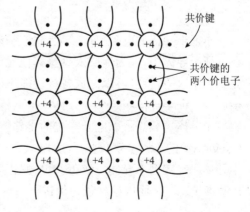

图 1-1-2　晶体的共价键结构图

当价电子在外部能量（如温度升高、光照）作用下，部分价电子脱离共价键的束缚成为自由电子，这一过程叫本征激发。自由电子是带负电荷量的粒子，它是本征半导体中的一种载流子。在外电场作用下，自由电子将逆着电场方向运动形成电流。载流子的这种运动叫漂移，所形成的电流叫漂移电流。价电子脱离共价键的束缚成为自由电子后，在原来的共价键中便留下一个空位，这个空位叫空穴。空穴很容易被邻近共价键中跳过来的价电子填补上，于是在邻近共价键中又出现新的空穴，这个空穴再被别处共价键中的价电子来填补；这样，在半导体中出现了价电子填补空穴的运动。在外部能量的作用下，填补空穴的价电子做定向移动也形成漂移电流。但这种价电子的填补运动是由于空穴的产生引起的，而且始终是在原子的共价键之间进行的，它不同于自由电子在晶体中的自由运动。同时，价电子填补空穴的运动无论在形式上还是在效果上都相当于空穴在与价电子运动相反的方向上运动。为了区分电子的这两种不同的运动，把后一种运动叫做空穴运动，空穴被看做带正电荷的带电粒子，称它为空穴载流子。图 1-1-3 所示是半导体中的两种载流子。

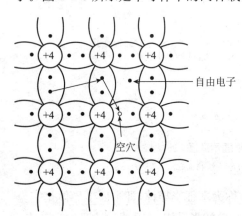

图 1-1-3　半导体中的两种载流子

综上所述，本征半导体中存在两种载流子：带负电荷的自由电子和带正电荷的空穴。它们是成对出现的，也叫电子空穴对。由于两者电荷量相等，极性相反，所以本征半导体是电中性的。本征半导体在外界的作用下，电子形成电子电流，空穴形成空穴电流，虽然两种载流子的运动方向相反，但因为它们所带的电荷极性也相反，所以两种电流的实际方向是相同的，它们的和就是半导体中的电流。

另外需要指出的是，价电子在热运动中获得能量产生了电子空穴对，这种物理现象称为激发；同时自由电子在运动中与空穴相遇，使电子、空穴对消失，这种现象称为复合。在一定温度下，载流子的产生过程和复合过程是相对平衡的，载流子的浓度是一定的。本征半导体中载流子的浓度，除了与半导体材料本身的性质有关以外，还与温度有关。而且随着温度的升高，基本上呈指数规律增加。因此，半导体载流子浓度对温度十分敏感。

1.1.3　杂质半导体

本征半导体的电阻率比较大，载流子浓度又小，且对温度变化敏感，因此它的用途很有限。在本征半导体中，人为地掺入少量其他元素（称杂质），可以使半导体的导电性能发生显著的变化。利用这一特性，可以制成各种性能不同的半导体器件，这样使得它的用途大大增加。掺入杂质的本征半导体叫杂质半导体。根据掺入杂质性质的不同，可分为两种：电子型半导体和空穴型半导体。载流子以电子为主的半导体叫电子型半导体，因为电子带负电，取英文单词"负"（Negative）的第一个字母"N"，所以电子型半导体又称为 N 型半导体。载流子以空穴为主的半导体叫空穴型半导体。取英文单词"正"（Positive）的第一个字母"P"，空穴型半导体又称为 P 型半导体。下面以硅材料为例进行讨论。

1. N 型半导体(电子型半导体)

在本征半导体中掺入正 5 价元素(如磷、砷)使每一个 5 价元素取代一个 4 价元素在晶体中的位置,可以形成 N 型半导体。掺入的元素原子有 5 个价电子,其中 4 个与硅原子结合成共价键,余下的一个不在共价键之内,掺入的 5 价元素原子对它的束缚力很小。因此只需较小的能量便可激发而成为自由电子。由于掺入的 5 价元素原子很容易贡献出一个自由电子,故称为"施主杂质"。掺入的 5 价元素原子提供一个电子(成为自由电子)后,它本身因失去电子而成为正离子。

在上述情况下,半导体中除了大量的由掺入的 5 价元素原子提供的自由电子外,还存在由本征激发产生的电子空穴对,它们是少数载流子。这种杂质半导体以自由电子导电为主,因而称为电子型半导体,或 N 型半导体。在 N 型半导体中,由于自由电子是多数,故 N 型半导体中的自由电子称为多数载流子(简称多子),而空穴称为少数载流子(简称少子),如图 1-1-4(a)所示。

2. P 型半导体(空穴型半导体)

当本征半导体中掺入正 3 价杂质元素(如硼、镓)时,3 价元素原子为形成 4 对共价键使结构稳定,常吸引附近半导体原子的价电子,从而产生一个空穴和一个负离子,故这种杂质半导体的多数载流子是空穴,因为空穴带正电,所以称为 P 型半导体,也称为空穴半导体。除了多数载流子空穴外,还存在由本征激发产生的电子空穴对,可形成少数载流子自由电子。由于所掺入的杂质元素原子易于接受相邻的半导体原子的价电子成为负离子,故称为"受主杂质"。在 P 型半导体中,由于空穴是多数,故 P 型半导体中的空穴称为多数载流子(简称多子),而自由电子称为少数载流子(简称少子),如图 1-1-4(b)所示。

P 型半导体和 N 型半导体均属杂质半导体。由于杂质的掺入,使得 N 型半导体和 P 型半导体的导电能力较本征半导体有极大的增强。多数载流子的浓度取决于掺入的杂质元素原子的密度;少数载流子的浓度主要取决于温度;而所产生的离子,不能在外电场作用下做漂移运动,不参与导电,不属于载流子。

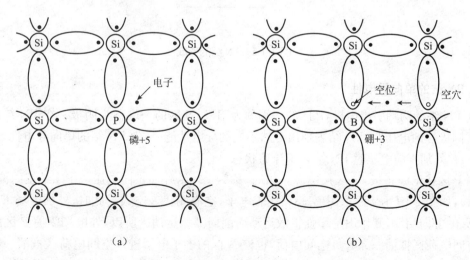

图 1-1-4 杂质半导体

(a)N 型半导体;(b)P 型半导体

1.1.4 PN结及其单向导电性

当把一块P型半导体和一块N型半导体用特殊工艺紧密结合时,在两者的交界面上会形成一个具有特殊现象的薄层,这个薄层被称为PN结。

1. PN结的形成

在P型和N型半导体的交界面两侧,由于自由电子和空穴的浓度相差悬殊,所以N区中的多数载流子自由电子要向P区扩散,同时P区中的多数载流空穴也要向N区扩散,并且当电子和空穴相遇时,将发生复合而消失。因此,扩散运动的结果是:在N区一侧因失去电子而留下带正电的离子,在P区一侧因失去空穴而留下带负电的离子,于是带电离子在交界面两侧形成电荷区,又称为耗尽层或阻挡层,如图1-1-5所示,PN结指的就是这个区域。

空间电荷区形成的电场叫内电场E_{in},内电场对多子的运动起阻碍作用,但却有助于少子的漂移运动,当扩散运动的多子数量与漂移运动的少子数量相等,两种运动达到动态平衡的时候,空间电荷区的宽度一定,稳定的PN结就形成了。

一般,空间电荷区的宽度很薄,为几微米~几十微米;由于空间电荷区内几乎没有载流子,其电阻率很高。

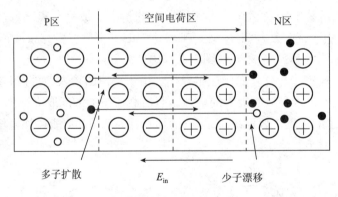

图1-1-5 PN结的形成

2. PN结的单向导电性

在PN结的两端引出电极,P区的一端称为阳极,N区的一端称为阴极。在PN结的两端外加不同极性的电压时,PN结表现出截然不同的导电性能,称为PN结的单向导电性。

1)在外加正向电压时PN结处于导通状态

当P区接电源正极,N区接电源负极时,称为PN结外加正向电压或PN结正向偏置(简称正偏),如图1-1-6所示。图中实心点代表电子,空心圈代表空穴。此时,外加电场E_{out}与内电场E_{in}的方向相反,其作用是增强扩散运动而削弱漂移运动。所以,外电场驱使P区的多子进入空间电荷区抵消一部分负空间电荷,也使N区的多子电子进入空间电荷区抵消一部分正空间电荷,其结果是使空间电荷区变窄,PN结呈现低电阻(一般为几百欧姆);同时由于扩散运动占主导,形成较大的正向电流(mA级),此时PN结导通,相当于开关的闭合状态。由于PN结导通时,其电位差只有零点几伏,且呈现低电阻,所以应该在其所在回路中串联一个限流电阻,以防止 PN 结因过流而损坏。

　　2) 在外加反向电压时 PN 结处于截止状态

　　当 N 区接电源正极,P 区接电源负极时,称为 PN 结外加反向电压或 PN 结反向偏置(简称反偏),如图 1-1-7 所示。此时,外加电场 E_{out} 与内电场 E_{in} 的方向一致,并与内电场一起阻止扩散运动而促进漂移运动。其结果是使空间电荷区变宽,PN 结呈现高电阻(一般为几千欧姆~几百千欧姆)。同时由于漂移运动占主导,而少子由本征激发产生,数量极少,因而由少子形成的反向电流很小(μA 级),近似分析时可忽略不计。此时 PN 结截止,相当于开关的断开状态。在一定温度下,当外加反向电压超过某个值(大约零点几伏)后,反向电流将不再随外加反向电压的增加而增大,所以又称其为反向饱和电流 I_s。

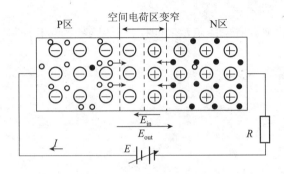

图 1-1-6　PN 结加正向偏置导通时的情况 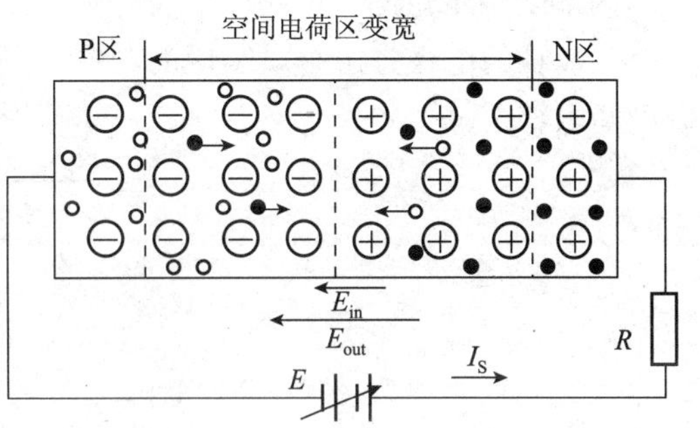　　　　图 1-1-7　PN 结加反向偏置时截止的情况

　　由上可知,PN 结正偏时,正向电阻很小,正向电流较大,呈导通状态;PN 结反偏时,反向电阻很大,反向电流非常小,呈截止状态。这就是 PN 结的单向导电性,它是一些二极管应用电路的基础。

　　需要指出的是,当反向电压超过一定数值后,反向电流将急剧增加,这种现象称为 PN 结的反向击穿,此时 PN 结的单向导电性被破坏。

1.2　半导体二极管

 学习目标

1. 理解半导体二极管的单向导电性。
2. 掌握半导体二极管的结构、电路符号。
3. 理解半导体二极管的伏安特性、主要参数。
4. 了解硅稳压管、发光二极管等特殊二极管的外形、特征、功能和实际应用。

1.2.1　二极管的结构

图 1-2-1 所示是用于家用电器、稳压电源等电子产品的各种不同外形的半导体二极管(简

称二极管）。二极管的外壳上一般印有标记以便区分正、负极性。

图 1-2-1　几种常用二极管的实物图

在一个 PN 结的两端加上电极引线并用外壳封装起来，就构成了半导体二极管。由 P 型半导体引出的电极，称作正极（或阳极）；由 N 型半导体引出的电极，称作负极（或阴极）。二极管的内部结构示意图及电路图形符号如图 1-2-2 所示。

二极管的电极是由金属制成的，并被介质所隔开，因此，电极之间存在着电容，这些电容叫做极间电容。

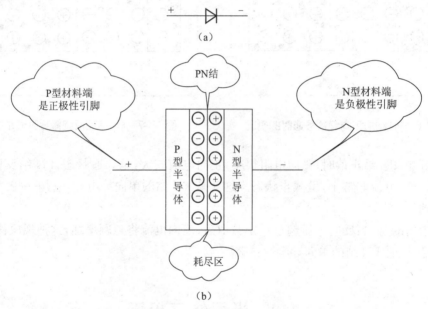

图 1-2-2　二极管的内部结构示意图及电路图形符号

(a)电路图形符号；(b)结构示意图

按照结构工艺的不同，二极管有点接触型和面接触型两类。点接触型二极管的结构如图 1-2-3（a）所示。这类二极管的 PN 结面积和极间电容均很小，不能承受高的反向电压和大电流，因而适用于制作高频检波和脉冲数字电路里的开关元件，以及作为小电流的整流管。

面接触型二极管又称面接型二极管，其结构如图 1-2-3（b）所示。这种二极管的 PN 结面积大，可承受较大的电流，其极间电容大，因而适用于整流，而不宜用于高频电路中。

图 1-2-3（c）所示的是硅工艺平面型二极管的结构图。

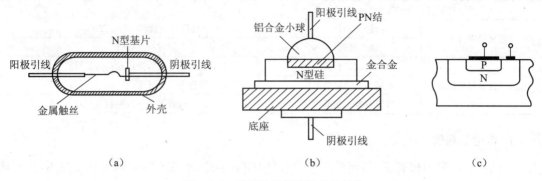

图 1-2-3　半导体二极管的典型结构

(a)点接触型结构；(b)面接触型结构；(c)集成电路中的平面型结构

1.2.2　二极管的类型

半导体二极管的种类和型号很多,我们用不同的符号来代表它们,例如 2AP9,其中"2"表示二极管,"A"表示采用 N 型锗材料为基片,"P"表示普通用途管(P 为汉语"普通"拼音字头),"9"为产品性能序号;又如 2CZ8,其中"C"表示由 N 型硅材料作为基片,"Z"表示整流管。国产二极管的型号命名方法如表 1-2-1 所示。

表 1-2-1　国产二极管的型号命名方法

第一部分		第二部分		第三部分				第四部分	第五部分
用数字表示器件的电极数目		用拼音字母表示器件材料和极性		用拼音字母表示器件类别				用数字表示器件序号	用汉语拼音表示规格号
符号	意义	符号	意义	符号	意义	符号	意义		
2	二极管	A B C D	N 型锗材料 P 型锗材料 N 型硅材料 P 型硅材料	P Z W K L	普通管 整流管 稳压管 开关管 整流堆	C U N B T	参量管 光电器件 阻尼管 雪崩管 晶闸管		

目前使用的国外二极管常以"1N"开头,开头的"1"表示有一个 PN 结的元件,"N"表示该器件是美国电子工业协会注册产品。例如 1N4004 表示美国电子工业协会注册登记的二极管,4001 是产品序号。

无论哪种类型的二极管,虽然它们的工作特性有所不同,但是它们都具有 PN 结的单向导电特性。表 1-2-2 所示的是二极管的种类划分。

表 1-2-2　二极管的种类划分

划分方法及种类		说　明
按功能划分	普通二极管	常见的二极管
	整流二极管	专门用于整流的二极管
	发光二极管	专门用于指示信号的二极管,能发出光
	稳压二极管	专门用于直流稳压的二极管
	光电二极管	对光有敏感的作用

续表

划分方法及种类		说　明
按材料划分	硅二极管	硅材料二极管,常用的二极管
	锗二极管	锗材料二极管
按外壳封装材料划分	塑料封装二极管	大量使用的二极管采用这种封装材料
	金属封装二极管	大功率整流二极管采用这种封装材料
	玻璃封装二极管	检波二极管等采用这种封装材料

1. 普通二极管

二极管的两根引脚有正、负极性之分,使用中如果接错,不仅不能起到正确的作用,甚至还会损坏二极管本身及电路中其他元器件。

二极管最基本的特征是单向导通特性,即流过二极管的实际电流只能从正极流向负极。利用这一特性,二极管可以构成整流电路等许多实用电路。

普通二极管(见图 1-2-4)可以用于整流、限幅、检波等许多电路中。常见的型号有1N4001、1N5401 等。

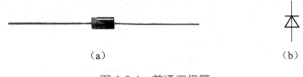

（a）　　　　　　　　　　　　　　　（b）

图 1-2-4　普通二极管

(a)实物图；(b)电路圆形符号

图 1-2-5 所示的是图解普通二极管电路图形符号示意图。电路符号中表示了二极管两根引脚极性,指示了流过二极管的电流方向,这些识图信息对分析二极管电路有着重要的作用。例如,电流方向表明了只有当电路中二极管正极电压高于负极电压足够大时,才有电流流过二极管,否则二极管无电流流过。

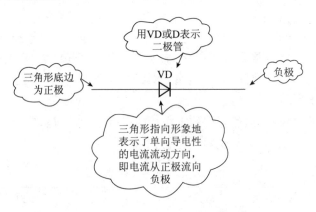

图 1-2-5　二极管电路图形符号

2. 稳压二极管

稳压二极管(见图 1-2-6)用于直流稳压电路中,它也具有两根正、负引脚,也有一个 PN 结的结构,它应用于直流稳压电路中时,PN 结处于击穿状态下,但不会烧坏 PN 结。稳压二极管常用 VD 表示。常见的型号有 1N4728、1N4729 等。

注意

稳压二极管的电路符号与普通二极管电路符号有一点区别,可以由此来识别稳压二极管。

常用稳压二极管的外形与普通小功率整流二极管的外形基本相似,使用时应注意区分,一般从稳压二极管壳体上的型号标记可清楚地鉴别。

(a)   (b)

图 1-2-6 稳压二极管

(a)实物图;(b)电路图形符号

3. 发光二极管

发光二极管(见图 1-2-7)是一种在导通后能够发光的二极管,也具有 PN 结,有单向导电特性。较长的引脚为发光二极管的正极,简记"长正短负"。为使发光二极管正常发光,发光二极管应正向偏置。

(a)   (b)

图 1-2-7 发光二极管

(a)实物图;(b)电路图形符号

发光二极管具有体积小、功耗低、寿命长、外形美观、适应性能强等特点,广泛用于仪器、仪表、电器设备中做电源信号指示、音响设备调谐和电平指示、广告显示屏的文字、图形、符号显示等。红外线发光二极管(见图 1-2-8)也是发光二极管中的一种,但是它发出的是红外线,主要用于各种红外遥控器中作为遥控发射器。

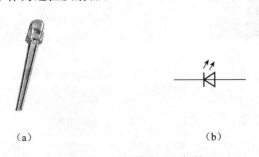

(a)   (b)

图 1-2-8 红外线发光二极管

(a)实物图;(b)电路图形符号

红外线发光二极管也有 PN 结的结构,有两根引脚,且有正、负极性之分。

发光二极管种类繁多,普通发光二极管用于各种指示器电路中,红外线发光二极管用于各类遥控器电路中。具体分类如图 1-2-9 所示。

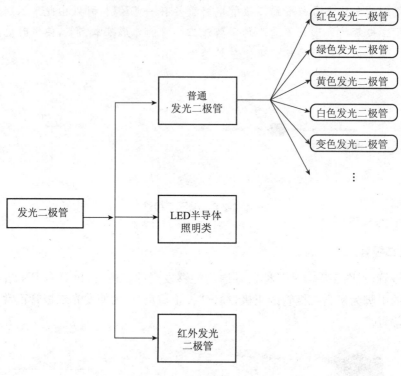

图 1-2-9　发光二极管分类

4. 光电二极管

图 1-2-10 所示为光电二极管。

在反向偏置下并有光线照射时,光电二极管导通;没有光线照射时,光电二极管不导通。

光电二极管在烟雾探测器、光电编码器及光电自动控制中作为光电信号接收转换用。

图 1-2-10　光电二极管

(a)实物图;(b)电路图形符号

5. 变容二极管

变容二极管(见图 1-2-11),又称"可变电抗二极管"。PN 结具有电容的特征和功能,叫做极闸电容或结电容。变容二极管是一种利用 PN 结电容(势垒电容)与其反向偏置电压 V_R 的依赖关系及原理制成的二极管。所用材料多为硅或砷化镓单晶,并采用外延工艺技术。反偏电压越大,则结电容越小。变容二极管具有与衬底材料电阻率有关的串联电阻。主要参量是:零偏结电容、反向击穿电压、标称电容、电容变化范围(以 pF 为单位)以及截止频率等,对于不同用途,应选用具有不同电容和反向击穿电压特性的变容二极管,如有专用于谐振电路调谐的电调变容二极管,适用于常见变容二极管以及用于固体功率源中倍频、移相的功率阶跃变容二极管等。

图 1-2-11 变容二极管

(a)实物图;(b)电路图形符号

用于自动频率控制(AFC)和调谐用的变容二极管,通过施加反向电压,使其 PN 结的静电容量发生变化。因此,广泛使用于自动频率控制、扫描振荡、调频和调谐等用途。通常,虽然是采用硅的扩散型二极管,但是也可采用合金扩散型、外延结合型、双重扩散型等特殊制作的二极管,因为这些二极管对于电压而言,其静电容量的变化率特别大。结电容随反向电压 U_R 变化,取代可变电容,用做调谐回路、振荡电路、锁相环电路,常用于电视机高频调谐器的频道转换和调谐电路。

1.2.3 二极管的单向导电性

按图 1-2-12 所示连接电路,观察指示灯的变化情况。

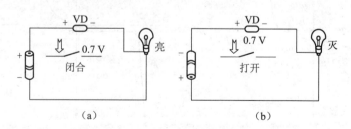

图 1-2-12 二极管单向导电性实验

(a)加正向电压导通;(b)加反向电压截止

1. 加正向电压导通

把二极管接成如图 1-2-12(a)所示的电路,当开关闭合时,二极管阳极接电源正极,阴极接电源负极,这种情况称为二极管(PN 结)正向偏置;当开关闭合时,灯泡亮,这时称二极管(PN

结)导通,流过二极管的电流称为正向电流。

2. 加反向电压截止

将二极管接成如图 1-2-12(b)所示的电路,二极管阳极(P 区)接电源负极,阴极(N 区)接电源正极,这时二极管(PN 结)称为反向偏置。开关闭合,灯泡不亮,电流几乎为零,这时称为二极管(PN 结)截止,此时二极管中仍有微小电流流过,这个微小电流基本不随外加反向电压变化而变化,故称为反向饱和电流(亦称反向漏电流),用 I_s 表示,I_s 很小,但它会随温度上升而显著增加。因此,半导体二极管等半导体器件,热稳定性较差,在使用半导体器件时,要考虑环境温度对器件和由它构成电路的影响。

归纳

我们把二极管(PN 结)正向偏置导通、反向偏置截止的这种特性称为单向导电性。

1.2.4　二极管的伏安特性

所谓伏安特性,是指加到二极管两端的电压与流过二极管的电流之间关系的曲线。该曲线可通过实验的方法得到,也可利用晶体管图示仪十分方便地观测出。

二极管的伏安特性曲线可分为正向特性和反向特性两部分。其伏安特性曲线如图 1-2-13所示。

1. 正向特性

当二极管加上很低的正向电压时,正向电流很小,二极管呈现很大的电阻。当正向电压超过一定数值即死区电压后,电流增长很快,二极管电阻变得很小。死区电压,又称阀值电压,硅管约 0.5 V,锗管为 0.1～0.2 V。二极管正向导通时,硅管的压降一般为 0.6～0.7 V,锗管则为 0.2～0.3 V。

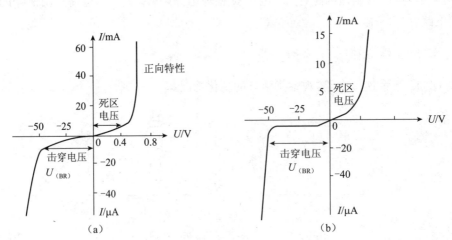

图 1-2-13　二极管的伏安特性曲线

(a)2CP10 硅二极管;(b)2AP 锗二极管

2. 反向特性

二极管加上反向电压时,形成很小的反向电流。反向电流有两个特性:一是它随温度的上升增长很快；二是在反向电压不超过某一数值时，反向电流不随反向电压改变而改变，故这个电流称为反向饱和电流。

当外加反向电压过高时，反向电流将突然增大，二极管失去单向导电性，这种现象称为反向击穿。产生击穿时加在二极管上的反向电压称为反向击穿电压 $U_{(BR)}$。正常使用二极管时（稳压二极管除外），是不允许出现这种现象的，因为击穿后电流过大将会损坏二极管。

有时为了讨论方便，在一定条件下，可以把二极管的伏安特性理想化，即认为二极管的死区电压和导通电压都等于零。这样的二极管称为理想二极管。

1.2.5　二极管的主要参数

二极管的特性除用伏安特性曲线表示外，还可用一些数据来说明，这些数据就是二极管的参数。各种参数都可从半导体器件手册中查出，下面只介绍几个二极管常用的参数。

1. 最大整流电流 I_F

它是指二极管长时间使用时，允许流过二极管的最大正向平均电流。当电流超过这个允许值时，二极管会因过热而烧坏，使用时务必注意。

2. 最大反向工作电压 U_{RM}（反向峰值电压）

它是指二极管正常工作时所允许外加的最高反向电压。它是保证二极管不被击穿而得出的反向峰值电压，一般取反向击穿电压的一半左右作为二极管最高反向工作电压。

3. 反向峰值电流 I_{RM}

它是指在二极管上加反向峰值电压时的反向电流值。反向电流大，说明单向导电性能差，并且受温度的影响大。

1.3　二极管基本电路及其应用

 学习目标

1. 掌握二极管的主要应用。
2. 学会合理使用二极管。

二极管的应用范围很广，主要都是利用它的单向导电性。它可用于钳位、限幅、整流、开关、稳压、元件保护等，也可在脉冲与数字电路中作为开关元件等。

在进行电路分析时，一般可将二极管视为理想元件，即认为其正向电阻为零，正向导通时为短路特性，正向压降忽略不计；反向电阻为无穷大，反向截止时为开路特性，反向漏电流忽略不计。

1.3.1 整流应用

利用二极管的单向导电性可以把大小和方向都变化的正弦交流电变为单向脉动的直流电。如图 1-3-1 所示。这种方法简单、经济，在日常生活及电子电路中经常采用。根据这个原理，还可以构成整流效果更好的单相全波、单相桥式等整流电路。

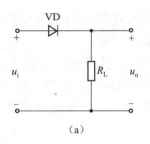 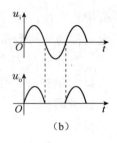

图 1-3-1 二极管的整流应用

(a)二极管整流电路；(b)输入与输出电压波形

1.3.2 钳位应用

利用二极管的单向导电性在电路中可以起到钳位的作用。

例 1-3-1 在如图 1-3-2 所示的电路中，已知输入端 A 的电位为 $U_A = 3$ V，B 的电位 $U_B = 0$ V，电阻 R 接-12 V 电源，求输出端 F 的电位 U_F。

解：因为 $U_A > U_B$，所以二极管 VD_1 优先导通，设二极管为理想元件，则输出端 F 的电位为 $U_F = U_A = 3$ V。当 VD_1 导通后，VD_2 上加的是反向电压，VD_2 因而截止。

在这里，二极管 VD_1 起钳位作用，把 F 端的电位钳位在 3 V；VD_2 起隔离作用，把输入端 B 和输出端 F 隔离开来。

1.3.3 限幅应用

利用二极管的单向导电性，将输入电压限定在要求的范围之内，叫做限幅。

例 1-3-2 在如图 1-3-3(a)所示的电路中，已知输入电压 $u_i = 10\sin\omega t$ V，电源电动势 $E = 5$ V，二极管为理想元件，试画出输出电压 u_o 的波形。

解：根据二极管的单向导电特性可知，当 $u_i \leqslant 5$ V 时，二极管 VD 截止，相当于开路，因电阻 R 中无电流流过，故输出电压与输入电压相等，即 $u_i = u_o$；当 $u_i > 5$ V 时，二极管 VD 导通，相当于短路，故输出电压等于电源电动势，即 $u_o = E = 5$ V。所以，在输出电压 u_o 的波形中，5 V 以上的波形均被削去，输出电压被限制在 5 V 以内，波形如图 1-3-3(b)所示。在这里，二极管起限幅作用。

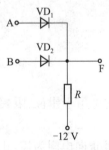 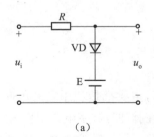 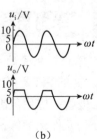

图 1-3-2 例 1-3-1 的电路

图 1-3-3 例 1-3-2 的图

(a)电路；(b)输入与输出电压波形

1.3.4 稳压应用

在需要不高的稳定电压输出时,可以利用几个二极管的正向压降串联来实现。还有一种稳压二极管,可以专门用来实现稳定电压输出。稳压二极管有不同的系列,用以实现不同的稳定电压输出。

1.3.5 开关应用

在数字电路中经常将半导体二极管作为开关元件来使用,因为二极管只有单向导电性,可以相当于一个受外加偏置电压控制的无触点开关。

如图 1-3-4 所示,为监测发电机组工作的某种仪表的部分电路。其中 u_s 是需要定期通过二极管 VD 加入记忆电路的信号,u_i 为控制信号。当控制信号 $u_i = 10$ V 时,VD 的负极电位被抬高,二极管截止,相当于"开关断开",u_s 不能通过 VD;当 $u_i = 0$ V 时,VD 正偏导通,u_s 可以通过 VD 加入记忆电路。此时二极管相当于"开关闭合"情况。这样,二极管 VD 就在信号 u_i 的控制下,实现了接通或关断 u_s 信号的作用。

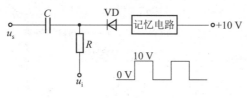

图 1-3-4 二极管的开关应用

1.4 技能训练:二极管的判别与检测

一、技能目标

1. 掌握万用表电阻挡的使用方法。
2. 掌握二极管极性的判别方法。
3. 能用万用表判别晶体二极管的质量优劣。

二、工具和仪器

万用表和各类二极管。

三、相关知识

1. 万用表电阻挡的使用方法

万用表是装配和检修中最常见的仪表,初学者必须熟练掌握它的操作方法。万用表有数字式和指针式两种,图 1-4-1 所示的是这两种万用表的外形。数字式万用表的优点是指示直观,如直流电压挡显示"9",说明直流电压为 9 V;而指针式万用表对元器件的检测却有独到之处，一些测量现象更能反映元器件的性能。

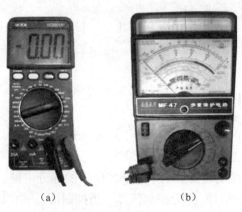

　　　　　　（a）　　　　　　　　　　（b）

图 1-4-1　万用表

(a)数字式万用表；(b)指针式万用表

　　电阻挡用来测量电阻值，以及测量电路的通、断状态。

　　万用表转换开关置于"Ω"挡时，测量不同阻值时应使用不同挡位。

　　指针式万用表在测量电阻之前，我们首先要进行欧姆挡调零，也称"动态调零"。

　　指针式万用表欧姆挡调零方法和测量电阻方法如表 1-4-1 和表 1-4-2 所示。

表 1-4-1　指针式万用表欧姆挡调零方法

校零旋钮	表针指示	说　明
	∞ ⌒ 0	在需要准确测量时，更换不同欧姆挡量程后均需进行一次校零，其方法是：红、黑表棒接通，表针向右侧偏转，调整有"Ω"字母的旋钮使表针指向 0 Ω 处。 　　当置于 $R×1$ 挡时，因为校零时流过欧姆表的电流比较大，对表内电池的消耗较大，故校零动作要迅速。 　　当置于 $R×1$ 挡无法校到 0 Ω 处时，说明万用表内的一个 1.5 V 电池电压不足，要更换这节电池

表 1-4-2　指针式万用表测量电阻方法

接线状态	说　明
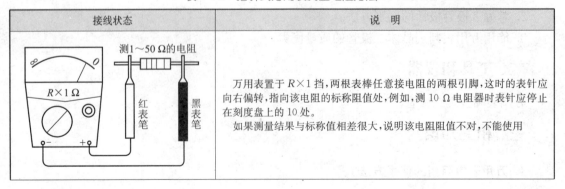	万用表置于 $R×1$ 挡，两根表棒任意接电阻的两根引脚，这时的表针应向右偏转，指向该电阻的标称阻值处，例如，测 10 Ω 电阻器时表针应停在刻度盘上的 10 处。 　　如果测量结果与标称值相差很大，说明该电阻阻值不对，不能使用

续表

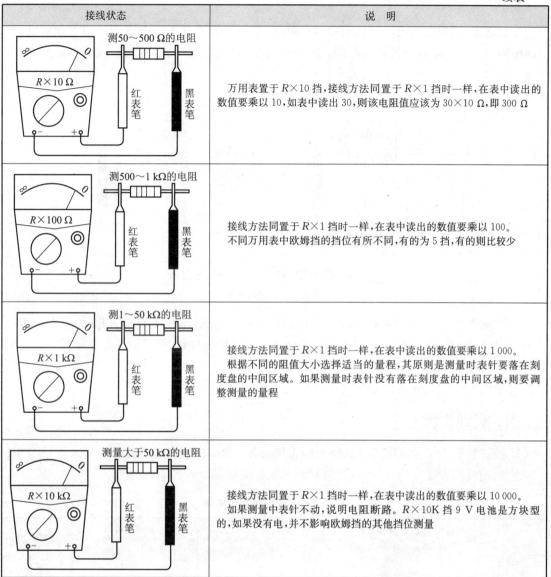

接线状态	说　明
测50～500 Ω的电阻 R×10 Ω 红表笔　黑表笔	万用表置于 R×10 挡,接线方法同置于 R×1 挡时一样,在表中读出的数值要乘以 10,如表中读出 30,则该电阻值应该为 30×10 Ω,即 300 Ω
测500～1 kΩ的电阻 R×100 Ω 红表笔　黑表笔	接线方法同置于 R×1 挡时一样,在表中读出的数值要乘以 100。 不同万用表中欧姆挡的挡位有所不同,有的为 5 挡,有的则比较少
测1～50 kΩ的电阻 R×1 kΩ 红表笔　黑表笔	接线方法同置于 R×1 挡时一样,在表中读出的数值要乘以 1 000。 根据不同的阻值大小选择适当的量程,其原则是测量时表针要落在刻度盘的中间区域。如果测量时表针没有落在刻度盘的中间区域,则要调整测量的量程
测量大于50 kΩ的电阻 R×10 kΩ 红表笔　黑表笔	接线方法同置于 R×1 挡时一样,在表中读出的数值要乘以 10 000。 如果测量中表针不动,说明电阻断路。R×10K 挡 9 V 电池是方块型的,如果没有电,并不影响欧姆挡的其他挡位测量

2. 使用万用表判别二极管极性

　　有的二极管从外壳的形状上可以区分电极;有的二极管的极性用二极管符号印在外壳上,箭头指向的一端为负极;还有的二极管用色环或色点来标识(靠近色环的一端是负极,有色点的一端是正极)。若标识脱落,可用万用表测其正反向电阻值来确定二极管的电极。测量时把万用表置于 R×100 挡或 R×1k 挡,不可用 R×1 挡或 R×10k 挡,前者电流太大,后者电压太高,有可能对二极管造成不利的影响。用万用表的黑表笔和红表笔分别与二极管两极相连。若测得电阻较小,与黑表笔相接的极为二极管正极,与红表笔相接的极为二极管负极;若测得电阻很大,与红表笔相接的极为二极管正极,与黑表笔相接的极为二极管负极。测量方法如图1-4-2 所示。

3. 判别二极管的优劣

二极管正、反向电阻的测量值相差越大越好,一般二极管的正向电阻测量值为几百欧姆,反向电阻为几十千欧姆到几百千欧姆。如果测得正、反向电阻均为无穷大,说明内部断路;若测量值均为零,则说明内部短路;若测得正、反向电阻几乎一样大,这样的二极管已经失去单向导电性,没有使用价值了。

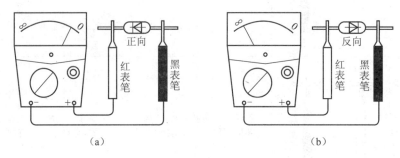

图 1-4-2 使用万用表判别二极管极性方法

(a)正向测试;(b)反向测试

一般来说,硅二极管的正向电阻为几百到几千欧姆,锗管小于 1 kΩ,因此,如果正向电阻较小,基本上可以认为是锗管。若要更准确地知道二极管的材料,可将管子接入正偏电路中测其导通压降,若压降在 0.6~0.7 V,则是硅管;若压降在 0.2~0.3 V,则是锗管。当然,利用数字万用表的二极管挡,也可以很方便地知道二极管的材料。

四、实训步骤

1. 按二极管的编号顺序逐个从外表标志判断各二极管的正负极。将结果填入表1-4-3中。
2. 再用万用表逐次检测二极管的极性,并将检测结果填入表 1-4-3 中。

表 1-4-3 二极管检测记录表

编　号	外观标志	类型		从外观判断二极管管脚		用万用表检测		质量判别
		材料	特征	有标识一端	无标识一端	正向电阻	反向电阻	
1								
2								
3								
4								
5								
6								
7								
8								
9								
10								

五、项目评价

项目考核评价如表1-4-4所示。

表1-4-4 项目考核评价表

评价指标	评价要点	评价结果				
		优	良	中	合格	差
理论知识	二极管知识掌握情况					
技能水平	1. 二极管外观识别					
	2. 万用表使用情况,测量二极管的正反向电阻					
	3. 正确鉴定二极管质量好坏					
安全操作	万用表是否损坏,丢失或损坏二极管					

总评	评别	优	良	中	合格	差	总评得分	
		100～88	87～75	74～65	64～55	≤54		

 本章小结

本章主要介绍了半导体材料、半导体二极管的结构、导电特性、主要参数和一些典型应用。主要内容有:

1. 运载电荷的粒子称为载流子。半导体中有两种载流子:电子和空穴,电子带负电,空穴带正电。在半导体中用掺杂的方法可以得到两种导电类型的半导体:P型和N型半导体,P型半导体主要靠空穴导电;在N型半导体中,多数载流子是电子,主要靠电子导电。

2. P型半导体和N型半导体相结合形成PN结,它是载流子扩散运动和漂移运动相平衡的结果,PN结具有单向导电性,外加正向电压时,呈现很小的正向电阻,有较大的正向电流,相当导通状态;外加反向电压时,呈现很大的反向电阻,只有很小的反向电流,相当于截止状态。

3. 半导体二极管是由半导体材料通过特殊掺杂工艺形成的PN结制成的,其基本特性是单向导电性。二极管(或PN结)的单向导电性源于半导体材料的导电特性,而半导体材料的导电特性取决于它的共价键结构。

4. 二极管在电子电路中的应用很广泛,在分析或计算二极管电路时,为了方便,通常总是将非线性的二极管转换成在不同条件下的各种线性电路模型。其中理想模型最简单,应用也最普遍。普通二极管通常多用于交变信号的钳位、限幅、整流、开关、稳压、元件保护等。

1-1　什么是 N 型半导体？什么是 P 型半导体？

1-2　N 型半导体和 P 型半导体各有什么特点？

1-3　什么叫 PN 结的单向导电性？试说明其形成过程。

1-4　怎样使用万用表判断二极管正、负极与好、坏？

1-5　发光二极管、光电二极管分别在什么偏置状态下工作？

1-6　在习题图 1-1 所示的各个电路中，已知直流电压 $U_i=3$ V，电阻 $R=1$ kΩ，二极管的正向压降为 0.7 V，求 U_o。

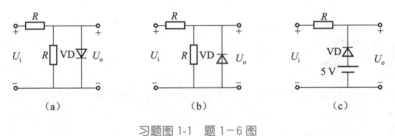

习题图 1-1　题 1-6 图

1-7　试判断习题图 1-2 中二极管是导通还是截止，并求出输出电压 U_o。

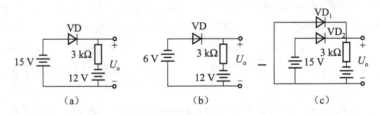

习题图 1-2　题 1-7 图

1-8　二极管电路如习题图 1-3 所示，已知输入电压 $u_i=30\sin\omega t$ V，二极管的正向压降和反向电流均可忽略。试画出输出电压的波形 u_o。

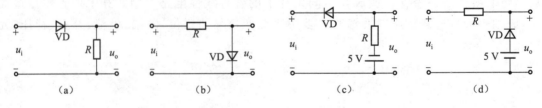

习题图 1-3　题 1-8 图

1-9　在用微安表组成的测量电路中，常用二极管来保护 μA 表头，以防直流电源极性接错或通过电流过大而损坏,电路图如习题图 1-4 所示。试分别说明习题图 1-4(a)、(b)中二极管各起什么作用,说明原因。

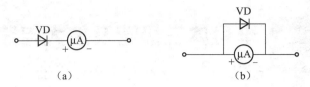

习题图 1-4　题 1—9 图

1—10　在习题图 1-5 所示电路中,VD_1、VD_2 为理想二极管,正偏导通时 $U_D=0$,反偏时可靠截止,$I_s=0$,计算各回路中电流和 U_{AB}、U_{CD}。

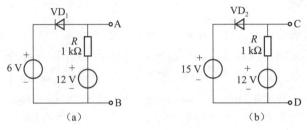

习题图 1-5　题 1—10 图

1—11　用万用表测量二极管的极性,如习题图 1-6 所示。

(1) 为什么在阻值小的情况下,黑笔接的一端必定为二极管正极,红笔接的一端必定为二极管的负极?

(2) 若将红、黑笔对调后,万用表指示将如何?

(3) 若正向和反向电阻值均为无穷大,二极管性能如何?

(4) 若正向和反向电阻值均为零,二极管性能如何?

(5) 若正向和反向电阻值接近,二极管性能又如何?

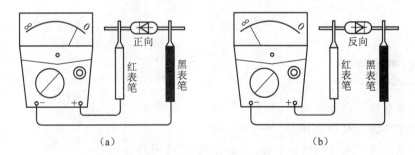

习题图 1-6　题 1—11 图

(a)正向测试;(b)反向测试.

1—12　两个稳压管 VD_1 和 VD_2,其稳定电压分别为 5.5 V 和 8.5 V,正向压降都是 0.5 V。如果得到0.5 V、3 V、6 V、9 V 和 14 V 几种稳定电压,这两个稳压管(还有限流电阻)应该如何连接?画出各个电路。

第2章　半导体三极管及放大电路基础

任务导入

利用电子元器件的特性而工作的电路,称为电子电路或电子线路。电子技术的不断进步,其实也就体现在电子元器件制造技术的不断发展与电子线路的不断完善上。

日常生活中的家电产品一般分为两类:家用电子产品与家用电器产品。像电视机、DVD机、家庭影院、电脑等等属于家用电子产品,而电冰箱、空调器、洗衣机、抽油烟机、电饭煲等则属于家用电器产品。这两类产品的区分通常是看产品的功能体现,如果主要是利用了电子线路的工作,则为电子产品;否则为电器产品。

其实,即使是家用电器产品,其电路中也常见到电子元器件,当然主要是半导体三极管,半导体三极管的主要功能是放大信号,但电子电路中的许多半导体三极管并不全是用来放大电信号,而是起信号控制、处理等作用。全面了解半导体三极管的结构、类型及符号,认识各种半导体三极管的外形特征,深入了解半导体三极管的重要特性,为半导体三极管电路的分析打下基础。

2.1　半导体三极管

学习目标

1. 了解半导体三极管的结构、类型及符号。
2. 认识半导体三极管的外形。
3. 了解半导体三极管的特性曲线、主要参数、温度对特性的影响。
4. 通过实践操作,能正确使用半导体三极管。

2.1.1　半导体三极管的结构、类型及符号

半导体三极管(简称三极管)是电子电路的重要元件。它是通过一定的工艺,将两个PN结结合在一起的器件。由于两个PN结的相互影响,使半导体三极管呈现出不同于单个PN结的特性,且具有电流放大作用,从而使PN结的应用产生了质的飞跃。

图2-1-1所示是半导体三极管示意图。半导体三极管有三根引脚:基极(用"B"表示)、集

电极(用"C"表示)和发射极(用"E"表示),各引脚不能相互代用。

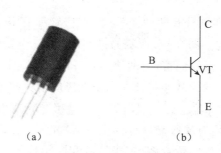

(a)　　　　　　　　　　　(b)

图 2-1-1　半导体三极管示意图

a)塑封三极管实物图;(b)NPN 型的电路符号

三根引脚中,基极是控制引脚,基极电流大小控制着集电极和发射极电流的大小。在三个电极中,基极电流最小(且远小于另外两个引脚的电流),发射极电流最大,集电极电流其次。

1. 半导体三极管的种类

半导体三极管是一个"大家族",人丁众多,品种齐全。表 2-1-1 所示是半导体三极管种类。

表 2-1-1　半导体三极管种类

划分方法及名称		说　明
按极性划分	NPN 型三极管	这是目前常用的半导体三极管,电流从集电极流向发射极
	PNP 型三极管	电流从发射极流向集电极。NPN 型三极管与 PNP 型三极管这两种三极管通过电路符号可以分清,不同之处是发射极的箭头方向不同
按材料划分	硅三极管	简称为硅管,这是目前常用的三极管,工作稳定性好
	锗三极管	简称为锗管,反向电流大,受温度影响较大
按极性和材料组合划分	PNP 型硅管	最常用的是 NPN 型硅管
	NPN 型硅管	
	PNP 型锗管	
	NPN 型锗管	
按工作频率划分	低频三极管	工作频率 $f \leqslant 3$ MHz,用于直流放大器、音频放大器
	高频三极管	工作频率 $f \geqslant 3$ MHz,用于高频放大器
按功率划分	小功率三极管	输出功率 $P_C < 0.5$ W,用于前级放大器
	中功率三极管	输出功率 P_C 在 $0.5 \sim 1$ W,用于功率放大器输出级或末级电路
	大功率三极管	输出功率 $P_C > 1$ W,用于功率放大器输出级
按封装材料划分	塑料封装三极管	小功率三极管常采用这种封装
	金属封装三极管	一部分大功率三极管和高频三极管采用这种封装
按安装形式划分	普通方式三极管	目前大量的三极管采用这种形式,三根引脚通过电路板上引脚孔伸到背面铜箔线路一面,用焊锡焊接
	贴片三极管	三极管引脚非常短,三极管直接装在电路板铜箔线路一面,用焊锡焊接
按用途划分	放大管、开关管、振荡管等	用来构成各种功能电路

2. 半导体三极管的结构

三极管种类繁多,按极性划分有两种:NPN 型三极管和 PNP 型三极管。

(1) NPN 型三极管结构。图 2-1-2 所示的是 NPN 型三极管结构示意图。三极管由三块半导体构成,对于 NPN 型三极管而言,由两块 N 型和一块 P 型半导体组成,P 型半导体在中间,两块 N 型半导体在两侧,这两块半导体所引出电极的名称如图 2-1-2 中所示。三极管有三个区,分别叫做发射区、基区和集电区。引出的三个电极分别叫发射极、基极和集电极。两个 PN 结分别叫发射结(发射区与基区交界处的 PN 结)和集电结(集电区与基区交界处的 PN 结)。图 2-1-2 只是三极管结构的示意图,三极管的实际结构并不是对称的,发射区掺杂浓度远远高于集电区掺杂浓度;基区很薄并且掺杂浓度低;而集电结的面积比发射结要大得多,所以三极管的发射极和集电极不能对调使用。

(2) PNP 型三极管结构。图 2-1-3 所示是 PNP 型三极管结构示意图。它与 NPN 型三极管基本相似,只是用了两块 P 型半导体和一块 N 型半导体组成,也是形成了两个 PN 结,但极性不同,如图 2-1-3 中所示。

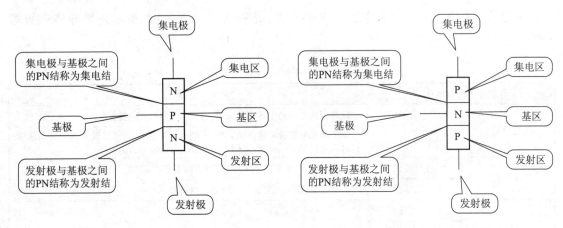

图 2-1-2　NPN 型三极管结构示意图　　　　图 2-1-3　PNP 型三极管结构示意图

3. 半导体三极管的电路符号

1) 两种极性三极管电路符号

(1) NPN 型三极管电路符号。图 2-1-4 所示是 NPN 型三极管的电路符号。电路符号中表示了三极管的三个电极。

(2) PNP 型三极管电路符号。图 2-1-5 所示是 PNP 型三极管的电路符号。它与 NPN 型三极管电路符号的不同之处是发射极箭头方向不同,PNP 型三极管电路符号中的发射极箭头指向管内,而 NPN 型三极管电路符号的发射极箭头指向管外,以此可以方便地区别电路中这两种极性的三极管。

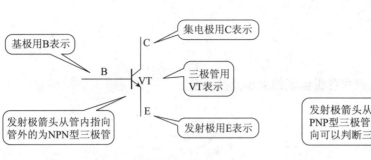
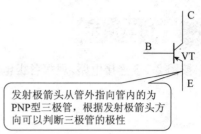

图 2-1-4　NPN 型三极管电路符号　　　　图 2-1-5　PNP 型三极管电路符号

2）三极管电路符号中识图信息

电子元器件的电路符号中包含了一些识图信息，三极管电路符号中的识图信息比较丰富，掌握这些识图信息能够轻松地分析三极管电路工作原理。

（1）NPN 型三极管电路符号识图信息。图 2-1-6 所示是 NPN 型三极管电路符号识图信息示意图。电路符号中发射极箭头的方向指明了三极管三个电极的电流方向，在分析电路中三极管电流流向、三极管直流电压时，这个箭头指示方向非常有用。

判断各电极电流方向时，首先根据发射极箭头方向确定发射极电流的方向，再根据基极电流加集电极电流等于发射极电流，判断基极和集电极电流方向。

（2）PNP 型三极管电路符号识图信息。图 2-1-7 所示是 PNP 型三极管电路符号识图信息示意图，根据电路符号中的发射极箭头方向可以判断出三个电极的电流方向。

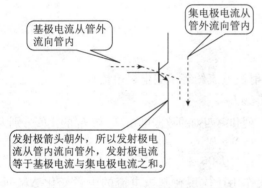
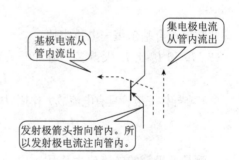

图 2-1-6　NPN 型三极管电路符号识图　　　图 2-1-7　PNP 型三极管电路符号识图
　　　　　　信息示意图　　　　　　　　　　　　　　信息示意图

判断各电极电流方向时要记住，根据基尔霍夫定律，流入三极管内的电流应该等于流出三极管的电流。

2.1.2　三极管的特性曲线、主要参数

1. 三极管的电流放大作用

由于 NPN 管和 PNP 管的结构对称，工作原理类似，不同之处是两者工作时连接的电源极性相反。下面以 NPN 管为例，讨论三极管的电流放大作用。流过三极管各电极的电流分别用 I_B、I_C 和 I_E 表示。

仿真演示

按图 2-1-8 连接电路,观察各极电流的大小及其关系。

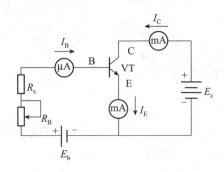

图 2-1-8　电流放大实验图

实验中电流表显示出三极管三个电极的电流值如表 2-1-2 所示。

表 2-1-2　三极管电流测量数据

I_B/mA	0	0.02	0.04	0.06	0.08	0.10
I_C/mA	<0.001	0.70	1.50	2.30	3.10	3.95
I_E/mA	<0.001	0.72	1.54	2.36	3.18	4.05

(1)观察实验数据中的每一列,可得:

$$I_E = I_C + I_B$$

此结果符合基尔霍夫电流定律。

(2)I_E 和 I_C 比 I_B 大得多。通常可认为发射极电流约等于集电极电流即

$$I_E \approx I_C \gg I_B$$

(3)半导体三极管具有电流放大作用,从第三列和第四列的数据可知,I_C 与 I_B 的比值分别为

$$\frac{I_C}{I_B} = \frac{1.50}{0.04} = 37.5, \frac{I_C}{I_B} = \frac{2.30}{0.06} = 38.3$$

这就是三极管的电流放大作用。电流放大作用还体现在基极电流的少量变化 ΔI_B 可以引起集电极电流较大的变化 ΔI_C。仍比较第三列和第四列的数据,可得出

$$\frac{\Delta I_C}{\Delta I_B} = \frac{2.30-1.50}{0.06-0.04} = \frac{0.80}{0.02} = 40$$

从表 2-1-2 中我们看到对一个半导体三极管来说,这个电流放大系数在一定范围内几乎不变。

归纳

三极管的电流放大作用,实质上是用较小的基极电流去控制集电极的大电流,是"以小控大"的作用,而不是能量的放大。

2. 电流放大作用的条件

只有给三极管的发射结加正向电压、集电结加反向电压时,它才具有电流放大作用和电流分配关系。所以三极管具有电流放大作用的条件是:发射结正偏、集电结反偏。即对 NPN 管,三个

电极上的电位分布是 $U_C > U_B > U_E$；对 PNP 管，三个电极上的电位分布是 $U_C < U_B < U_E$。

3. 三极管的连接方式

三极管的主要用途之一是构成放大器，简单地说，放大器的工作过程是从外界接受弱小信号，经放大后送给用电设备。通常半导体三极管在放大电路中的连接方式有三种，如图 2-1-9 所示，它们分别称为共基极接法、共发射极接法和共集电极接法。

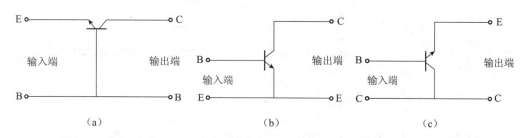

图 2-1-9　半导体三极管在放大电路中的三种接法

（a）共基极接法；（b）共发射极接法；（c）共集电极接法

4. 三极管的特性曲线

三极管的特性曲线是用来表示该管各极电压和电流之间相互关系的，这里只介绍三极管共发射极的两种特性，即输入特性和输出特性。

1）输入特性

输入特性是指在三极管集电极与发射极之间的电压 U_{CE} 为一定值时，基极电流 I_B 同基极与发射极之间的电压 U_{BE} 的关系，如图 2-1-10 所示。

从理论上讲，对应于不同的 U_{CE} 值，可做出一簇 I_B 与 U_{BE} 的关系曲线，但实际上，当 $U_{CE} \geq 1\text{ V}$ 以后，U_{CE} 对曲线的形状几乎无影响（输入特性曲线基本重合），故只需做一条对应 $U_{CE} \geq 1\text{ V}$ 的曲线即可。

由图 2-1-10 可见，和二极管的伏安特性一样，三极管输入特性也存在一段死区。只有在发射结的外加电压大于死区电压时，三极管才会出现 I_B。硅管的死区电压约为 0.5 V，锗管的死区电压不超过 0.2 V。正常工作时，NPN 型硅管的发射结电压 $U_{BE} = 0.6 \sim 0.7\text{ V}$，PNP 型锗管的 $U_{BE} = 0.2 \sim 0.3\text{ V}$。

2）输出特性

输出特性是指在基极电流 I_B 为一定值时，三极管集电极电流 I_C 同集电极与发射极之间的电压 U_{CE} 的关系。

在不同的 I_B 下，可得出不同的曲线。所以三极管的输出特性曲线是一组曲线，通常把半导体三极管的输出特性曲线分为放大区、截止区和饱和区 3 个工作区，如图 2-1-11 所示。

（1）放大区。输出特性曲线近似于水平的部分是放大区。因为在放大区 I_C 和 I_B 成正比例，所以放大区也称为线性区。在该区域三极管满足发射结正偏，集电结反偏的放大条件，具有电流放大作用。在放大区三极管的 I_C 只受 I_B 控制，与 U_{CE} 几乎无关。当 I_B 一定时，I_C 不随 U_{CE} 而变化，即 I_C 基本不变，所以说三极管具有恒流的特性。

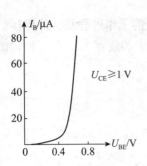

图 2-1-10　3DG6 输入特性曲线图

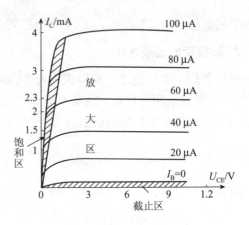

图 2-1-11　半导体三极管的输出特性曲线

（2）截止区。$I_B=0$ 这条曲线及以下的区域称为截止区。在这个区域的三极管两个 PN 结均处于反向偏置状态，此时三极管因不满足放大条件，所以没有电流放大作用，各电极电流几乎全为零，相当于三极管内部开路，即相当于开关断开。此时管压降 U_{CE} 近似等于电源电压。

（3）饱和区。靠近纵坐标特性曲线的上升和弯曲部分所对应的区域称为饱和区。在饱和区。这个区域的三极管两个 PN 结均处于正向偏置状态，此时三极管因不满足放大条件也没有电流放大作用，当 U_{CE} 减小到 $U_{CE}<U_{BE}$ 时，I_C 已不再受 I_B 控制。此时的 U_{CE} 值常称为半导体三极管的饱和压降，用 U_{CES} 表示，小功率硅管的 U_{CES} 通常小于 0.5 V。此时三极管的集电极、发射极呈现低电阻，相当于开关闭合。

归纳

三极管具有"开关"和"放大"两个功能，当三极管工作在饱和与截止区时，相当于开关的闭合与断开，即有开关的特性，可用于数字电路中；当三极管工作在放大区时，它有电流放大的作用，可应用于模拟电路中。

注意

三极管工作区的判断非常重要，当放大电路中的三极管不工作在放大区时，放大信号就会出现严重失真。

5. 三极管的主要参数

1）电流放大系数 β

当三极管工作在动态（有输入信号）时，基极电流的变化量为 ΔI_B，它引起集电极电流的变化为 ΔI_C。ΔI_C 与 ΔI_B 的比值称为动态电流（交流）放大系数，即

$$\beta=\frac{\Delta I_C}{\Delta I_B}$$

由于三极管的输出特性曲线是非线性的，所以只有在特性曲线的近于水平部分，I_C 随 I_B 成正比地变化，β 值才可认为是基本恒定的。由于制造工艺的分散性，即使同一型号的三极管，β 值也有很大差别。常用的三极管的 β 值在 20～100 之间。

2）集—射极反向饱和电流 I_{CEO}

它是指基极开路（$I_B=0$）时，集电结处于反向偏置和发射结处于正向偏置时的集电极电

流。又因为它好像是从集电极直接穿透三极管而到达发射极的,所以又称为穿透电流。这个电流应越小越好。

3) 集电极最大允许电流 I_{CM}

当集电极电流超过一定值时,三极管的 β 值就要下降,I_{CM} 就是表示当 β 值下降到正常值的 2/3 时的集电极电流。

4) 集电极最大允许耗散功率 P_{CM}

由于集电极电流在流经集电结时将产生热量,使结温升高,从而会引起三极管参数变化。当三极管因受热而引起的参数变化不超过允许值时,集电极所消耗的最大功率就称为集电极最大允许耗散功率 P_{CM}。P_{CM} 与 I_C、U_{CE} 的关系如下。

$$P_{CM} = I_C \cdot U_{CE}$$

可在三极管的输出特性曲线上作出 P_{CM} 曲线,它是一条双曲线,如图 2-1-12 所示。P_{CM} 主要受结温的限制,一般来说,锗管允许结温度为 70 ℃～90 ℃,硅管约为 150 ℃。

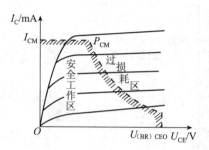

图 2-1-12　三极管的极限损耗区

6. 三极管的型号

国产三极管的型号一般由五个部分组成,见表 2-1-3。

表 2-1-3　国产三极管型号命名方法

第一部分		第二部分		第三部分		第四部分	第五部分
用数字表示器件的电极数目		用汉语拼音表示器件的材料和极性		用字母表示器件的类别		用数字表示器件序号	用字母表示规格号
符号	意义	符号	意义	符号	意义		
3	三极管	A	PNP 型 锗材料	X	低频小功率管		规格号可缺
		B	NPN 型 锗材料	G	高频小功率管		
		C	PNP 型 硅材料	D	低频大功率管		
		D	NPN 型 硅材料	A	高频大功率管		
		E	化合物材料				

例如:3AX31B 表示 PNP 型锗材料,低频小功率三极管,31 表示序号,B 表示规格号。目前使用的国外二极管常以"2N"或"2S"开头,开头的"2"表示有二个 PN 结的元件,"N"表求该器件是美国电子工业协会注册产品,"S"表示该器件是日本电子工业协会注册产品。

2.1.3　认识三极管家族

目前用得最多的是塑料封装三极管,其次是金属封装三极管。一般三极管只有三根引脚,它们不能相互代替。一些金属封装的功率三极管只有两根引脚,它的外壳是集电极,即第三根引脚。有的金属封装高频放大管是四根引脚,第四根引脚接外壳,这一引脚不参与三极管内部工作,接电路中的地线。有些三极管外壳上需要加装散热片,这主要是功率三极管。表 2-1-4 所示为常见三极管实物图形及说明。

表2-1-4 常见三极管实物图形及说明

三极管名称	实物图形	说明
塑料封装小功率三极管		这种三极管是电子电路中用得最多的三极管,它的具体形状有许多种,三根引脚的分布也不同。主要用来放大信号电压和做各种控制电路中的控制器件
塑料封装大功率三极管		它有三根引脚,在顶部有一个开孔的小散热片。因为大功率三极管的功率比较大,三极管容易发热,所以要设置散热片,根据这一特征也可以分辨是不是大功率三极管
金属封装大功率三极管		它的输出功率比较大,用来对信号进行功率放大。金属封装大功率三极管体积较大,结构为帽子形状,帽子顶部用来安装散热片,其金属的外壳本身就是一个散热部件,两个孔用来固定三极管。这种三极管只有基极和发射极两根引脚,集电极就是三极管的金属外壳
金属封装高频三极管		所谓高频三极管就是指它的频率很高。高频三极管采用金属封装,其金属外壳可以起到屏蔽的作用
带阻三极管		带阻三极管是一种内部封装有电阻器的三极管,它主要构成中速开关管,这种三极管又称为反相器或倒相器
带阻尼管的三极管		主要在电视机的行输出级电路中作为行输出三极管,它将阻尼二极管和电阻封装在管壳内
达林顿三极管		达林顿三极管又称达林顿结构的复合管,有时简称复合管。这种复合管由内部的两只输出功率大小不等的三极管复合而成。它主要作为功率放大管和电源调整管
贴片三极管		贴片三极管引脚很短,它装配在电路板铜箔线路一面

2.2 场效应半导体三极管

 学习目标

1. 了解结型场效应的结构及特性。

2. 了解绝缘栅场效应管的结构及特性。

场效应管(Filed Effect Transistor,FET)是一种新型的半导体器件,它是利用电场来控制半导体中的多数载流子运动,又名为单极型半导体三极管。它除了兼有一般半导体三极管体积小、寿命长等特点外,还具有输入阻抗高、噪声低、热稳定性好、抗辐射能力强、功耗小、工作电源电压范围宽等优点,在开关、阻抗匹配、微波放大、大规模集成等领域得到广泛的应用,常用作交流放大器、有源滤波器、电压控制器、源极跟随器等。根据结构不同,场效应管分成两大类:结型场效应管(JFET)和绝缘栅型场效应管(MOSFET),其中绝缘栅型场效应管由于制造工艺简单,便于实现集成化,因此应用更为广泛。

半导体三极管(以下简称三极管)是电流控制元件,输入电阻低,而场效应管是电压控制元件,输入阻抗很高($10^9 \sim 10^{14} \Omega$)。场效应管的类型有:从参与导电的载流子来划分,它有自由电子作为载流子的 N 型沟道场效应管和空穴作为载流子的 P 型沟道场效应管;从场效应管的结构来划分,它有结型场效应管和绝缘栅型场效应管。绝缘栅型场效应管也称金属—氧化物—半导体场效应管,简称 MOS 管。MOS 管性能更为优越,发展迅速,应用广泛。

2.2.1 结型场效应管

1. 结型场效应管的结构、符号和分类

图 2-2-1(a)所示为结型场效应管结构图。图中,在同一块 N 型半导体上制作两个高掺杂的 P 区,并将它们连接在一起,所引出的电极称为栅极 G(对应三极管的 B 极),N 型半导体的两端分别引出两个电极,一个称为漏极 D(对应三极管的 C 极),一个称为源极 S(对应三极管的 E 极)。P 区与 N 区交界面形成 PN 结即空间电荷区,漏极与源极间的非空间电荷区称为导电沟道。

结型场效应管可分为 N 沟道结型场效应管和 P 沟道结型场效应管,其符号分别如图 2-2-1(b)、图 2-2-1(c)所示。其中电路符号中栅极的箭头方向可理解为两个 PN 结的正向导电方向。图 2-2-1(d)所示为 N 沟道结型场效应管结构示意图。

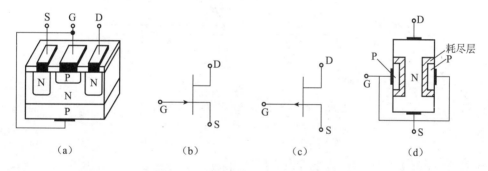

图 2-2-1 结型场效应管的结构、符号

(a)结构;(b)N 沟道管;(c)P 沟道管;(d)N 沟道场效应管结构示意图

2. 结型场效应管的特性曲线(以 N 沟通结型场效应管为例)

场效应管的特性曲线有两种,一种叫转移特性曲线;另一种叫输出特性曲线。场效应管的输入电流(栅极电流)几乎为 0,所以讨论场效应管的输入特性曲线无意义。

1)转移特性曲线

表示当 u_{DS} 为某一定值时,栅源之间的电压 u_{GS} 与漏极电流 i_D 与之间的关系的曲线。

N 沟道结型场效应管的转移特性曲线如图 2-2-2(a)所示,它具有以下特点:

(1)曲线在纵坐标的左侧,说明栅源之间加的是负电压,即 $u_{GS} \leqslant 0$,这是 N 沟道管正常工作的必要条件。曲线是非线性的。

(2)u_{GS} 由 0 向负方向变化时,$i_D = 0$,这时的栅源电压 $U_{GS(off)}$(负值)称为夹断电压。图中 $u_{GS} = 0$ 时的漏极电流,称为漏极饱和电流 I_{DSS}。

(3)随着 u_{DS} 的增加,曲线向左上方平移,形状基本不变,但当 u_{DS} 大于某一值后曲线基本重合。

2）输出特性曲线

当 u_{GS} 为常数时，i_D 与 u_{DS} 之间的关系的曲线。

N 沟道结型场效应管的输出特性曲线如图 2-2-2(b)所示，它具有以下特点：

（1）每条曲线都是由上升段、平直段和再次上升段组成。

（2）参考量 u_{GS} 改变时，曲线形状基本不变，但随着 u_{GS} 绝对值的增加曲线下移。

（3）与三极管类似，输出特性曲线也为一簇曲线，也同样有三个区域：

可变电阻区（相当于三极管的饱和区）：在该区域中，可以通过改变 u_{GS} 的大小（电压控制）来改变漏源电阻，这时 i_D 随 u_{DS} 作线性变化，不同的 u_{GS} 则体现出不同的斜率。

恒流区（也称饱和区）（相当于三极管的放大区）：i_D 近似为电压 u_{GS} 控制的电流源。

夹断区（相当于三极管的截止区）：当 $u_{GS}<U_{GS(off)}$ 时，导电沟道被夹断，$i_D\approx 0$。

另外，当 u_{DS} 增大到击穿电压时，管子将被击穿，如不加限制，将损坏管子。

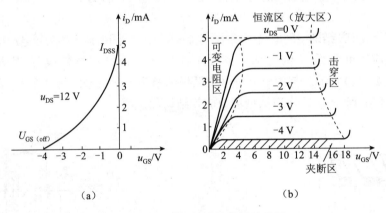

（a）　　　　　　　　　　　　　　　（b）

图 2-2-2　结型场效应管的特性曲线

（a）转移特性曲线；（b）输出特性曲线

2.2.2　绝缘栅型场效应管（MOS 管）

结型场效应管的输入电阻虽可达 $10^7\,\Omega$，但此电阻实质上是 PN 结的反向电阻，由于 PN 结反向偏置时总会有反向电流存在，这就限制了输入电阻的进一步提高。绝缘栅型场效应管的栅、漏、源极完全绝缘，所以输入电阻可以达 $10^{15}\,\Omega$。MOS 场效应管可分为：增强型（有 N 沟道、P 沟道之分）及耗尽型（有 N 沟道、P 沟道之分）。凡栅—源电压 u_{GS} 为零时，漏极电流 i_D 也为零的管子均属于增强型管；凡 u_{GS} 为零时，i_D 不为零的管子均属于耗尽型管。下面以 N 沟道增强型（MOSFET）为例来说明其结构和工作原理。

1. N 沟道增强型（MOSFET）的结构

N 沟道增强型 MOSFET 的结构示意图和符号如图 2-2-3 所示，它在一块低掺杂的 P 型硅片上生成一层 SiO_2 薄膜绝缘层，然后用光刻工艺扩散两个高掺杂的 N 型区，并引出两个电极，分别是漏极 D 和源极 S。在源极和漏极之间的绝缘层上镀一层金属铝作为栅极 G。P 型硅片为衬底，用字母 B 表示。

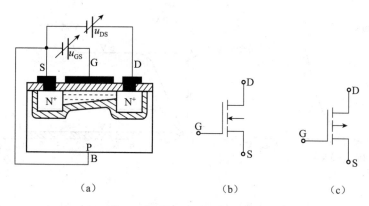

图 2-2-3　N 沟道增强型 MOSFET 的结构示意图和符号

(a)N 沟通结构示意图；(b)N 沟道符号；(c)P 沟道符号

2. 工作原理

当 $u_{GS}=0$ V 时，漏源之间相当两个背向的二极管，不存在导电沟道，在 D、S 之间加上电压不会在 D、S 极间形成电流。当栅源极加有电压时，若 $0<u_{GS}<u_{GS(th)}$ ($u_{GS(th)}$ 称为开启电压)时，通过栅极和衬底间的电场作用，将靠近栅极下方的 P 型半导体中的空穴向下方排斥，出现了一薄层负离子的耗尽层。耗尽层中的少子将向表层运动，但数量有限，不足以形成导电沟道，将漏极和源极沟通。所以仍然不足以形成漏极电流 i_D，如图 2-2-4(a)所示。

进一步增加 u_{GS}，当 $u_{GS}>u_{GS(th)}$ 时，由于此时的栅极电压已经比较大，在靠近栅极下方的 P 型半导体表层中聚集较多的自由电子，可以形成导电沟道，将漏极和源极沟通。如果此时加有漏源电压，就可以形成漏极电流 i_D。在栅极下方形成导电沟道中的自由电子，因与 P 型半导体的载流子空穴极性相反，故称为反型层，如图 2-2-4(b)所示。随着 u_{GS} 的继续增加，i_D 将不断增加。在 $u_{GS}=0$ 时 $i_D=0$，只有当 $u_{GS}>u_{GS(th)}$ 后才会出现漏极电流，这种 MOS 管称为增强型 MOS 管。

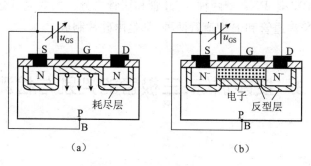

图 2-2-4　u_{GS} 的控制作用

3. 特性曲线

转移特性曲线如图 2-2-5(a)所示，当 $u_{GS}<u_{GS(th)}$ 时，导电沟道没有形成，$i_D=0$。当 $u_{GS}\geqslant u_{GS(th)}$ 时开始形成导电沟道，i_D 随 u_{GS} 增大而增大。

输出特性曲线如图 2-2-5(b)所示，它分成三个区：可变电阻区、恒流区和夹断区，其含义与结型场效应管相同。

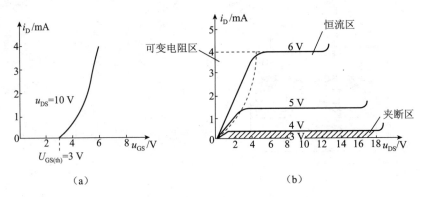

图 2-2-5　N 沟通增强型 MOSFET 转移特性曲线和输出特性曲线

（a）转移特性曲线；（b）输出特性曲线

2.2.3　场效应管和三极管的比较

（1）三极管是两种载流子（多数载流子和少数载流子）都参与导电；而场效应管是一种载流子（多数载流子）参与导电，N 沟道是电子，P 沟道是空穴。所以场效应管稳定性好，若使用条件恶劣，宜采用场效应管。

（2）三极管的集电极电流受基极电流的控制，若工作在放大区可视为电流控制的电流源。场效应管的漏极电流受栅源电压的控制，是电压控制元件。若工作在放大区可视为电压控制的电流源。

（3）三极管的输入电阻低，而场效应管的输入电阻可达 $10^6 \sim 10^{15}\ \Omega$。

（4）三极管制造工艺较复杂，场效应管制造工艺较简单、成本低，适用于大规模和超大规模集成电路中。

（5）场效应管产生的电噪声比三极管小，所以在低噪声放大器的前级常选用场效应管。

（6）三极管分 NPN 型、PNP 型两种，有硅管和锗管之分。场效应管分结型和绝缘栅型两大类，每类又可分为 N 沟道管和 P 沟道管两种，都是由硅片制成。

2.3　技能训练：三极管的判别与检测

一、技能目标

1. 掌握万用表电阻挡使用方法。

2. 掌握三极管极性的判别方法。

3. 能用万用表判别半导体三极管极性、质量优劣。

二、工具和仪器

万用表和各类三极管。

三、相关知识

1. 用万用表测量三极管三个管脚的简单方法

1）找出基极，并判定管型（NPN 或 PNP）

对于 PNP 型三极管，C、E 极分别为其内部两个 PN 结的正极，B 极为它们共同的负极，而对于 NPN 型三极管而言，则正好相反：C、E 极分别为两个 PN 结的负极，而 B 极则为它们共用的正极，根据 PN 结正向电阻小、反向电阻大的特性就可以很方便地判断基极和管子的类型。具体方法如下：

将万用表拨在 $R\times100$ 或 $R\times1$ k 挡上。红笔接触某一管脚，用黑表笔分别接另外两个管脚，这样就可得到三组（每组两次）的读数，当其中一组二次测量都是几百欧的低阻值时，若公共管脚是红表笔，所接触的是基极，则三极管的管型为 PNP 型；若公共管脚是黑表笔，所接触的也是基极，则三极管的管型为 NPN 型，参见图 2-3-1、图 2-3-2。

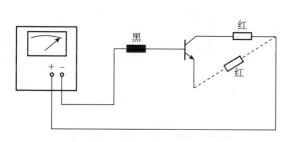

图 2-3-1　测量三极管极性及基极

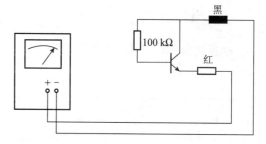

图 2-3-2　判别三极管 E、C 引脚

2）判别发射极和集电极

由于三极管在制作时，两个 P 区或两个 N 区的掺杂浓度不同，如果发射极、集电极使用正确，三极管具有很强的放大能力；反之，如果发射极、集电极互换使用，则放大能力非常弱，由此即可把管子的发射极、集电极区别开来。

判断集电极和发射极的基本原理是把三极管接成单管放大电路，利用测量管子的电流放大系数 β 值的大小来判定集电极和发射极。

将万用表拨在 $R\times1$ k 挡上。用手（以人体电阻代替 100 kΩ），将基极与另一管脚捏在一起（注意不要让电极直接相碰），为使测量现象明显，可将手指湿润一下，将红表笔接在与基极捏在一起的管脚上，黑表笔接另一管脚，注意观察万用表指针向右摆动的幅度。然后将两个管脚对调，重复上述测量步骤。比较两次测量中表针向右摆动的幅度，找出摆动幅度大的一次。对 PNP 型三极管，则将黑表笔接在与基极捏在一起的管脚上，重复上述实验，找出表针摆动幅度大的一次，对于 NPN 型，黑表笔接的是集电极，红表笔接的是发射极。对于 PNP 型，红表笔接的是集电极，黑表笔接的是发射极。

这种判别电极方法的原理是：利用万用表内部的电池，给三极管的集电极、发射极加上电压，使其具有放大能力。用手捏其基极、集电极时，就等于通过手的电阻给三极管加一正向偏流，使其导通，此时表针向右摆动幅度就反映出其放大能力的大小，因此可正确判别出发射极、集电极来。

四、实训步骤

1. 对各个三极管的外观标识进行识读，并将识读结果填入表 2-3-1 中。
2. 用万用表分别对各三极管进行检测，判断其管脚和性能好坏，将测量结果填入表 2-3-1 中。

表 2-3-1　三极管识别与检测记录表

编　号	标识内容	封装类型	判断结果		根据万用表测试结果画三极管引脚排列示意图	性能好坏
			极型类型	材料		
1						
2						
3						
4						
5						

五、项目评价

项目考核评价如表 2-3-2 所示。

表 2-3-2　项目考核评价表

评价指标	评价要点		评价结果				
			优	良	中	合格	差
理论知识	二极管知识掌握情况						
技能水平	1. 三极管外观识别						
	2. 万用表使用情况，三极管极性判别情况						
	3. 正确鉴定三极管质量好坏						
安全操作	万用表是否损坏，丢失或损坏二极管						
总评	评别	优	良	中	合格	差	总评得分
		100～88	87～75	74～65	64～55	≤54	

2.4　基本交流电压放大电路

 学习目标

1. 了解三极管的三种状态。
2. 能识读和绘制基本共射放大电路。
3. 理解共射放大电路主要元件的作用。
4. 了解放大器直流通路与交流通路。

5. 掌握共射放大电路的分析与计算。

6. 了解小信号放大器性能指标(放大倍数、输入电阻、输出电阻)的含义。

2.4.1 三极管的三种状态

三极管共有三种工作状态:截止状态、放大状态和饱和状态。用于不同目的的三极管其工作状态是不同的。

1. 三极管截止工作状态

用来放大信号的三极管不应工作在截止状态。倘若输入信号部分地进入了三极管特性的截止区,则输出会产生非线性失真。所谓非线性失真,是指给三极管输入一个正弦信号,从三极管输出的信号已不是一个完整的正弦信号,输出信号与输入信号不同。

图 2-4-1 所示是非线性失真信号波形示意图,产生非线性失真的原因是三极管静态工作点设置不合适,某些时刻工作于非线性区。

如果三极管基极上输入信号的负半周进入三极管截止区,将引起削顶失真。注意,三极管基极上的负半周信号对应于三极管集电极的是正半周信号,所以三极管集电极输出信号的正半周某些时刻工作于三极管的截止区,波形顶部被削去,如图 2-4-2 所示。

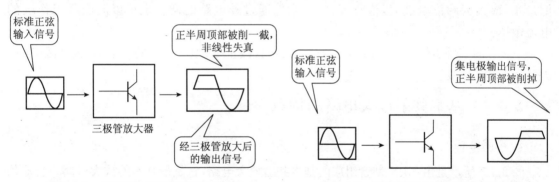

图 2-4-1 非线性失真信号波形示意图   图 2-4-2 三极管截止区造成的削顶失真

当三极管用于开关电路时,三极管的一个工作状态就是截止状态。注意,开关电路中的三极管工作在开关状态,所以不存在这样的削顶失真。

2. 三极管放大工作状态

在线性状态下,给三极管输入一个正弦信号,则输出的也是正弦信号,此时输出信号的幅度比输入信号要大,如图 2-4-3 所示,说明三极管对输入信号已有了放大作用,但是正弦信号的特性并未改变,所以没有非线性失真。输出信号的幅度变大,这也是一种失真,称之为线性失真。放大器中这种线性失真是必需的,没有这种线性失真放大器就没有放大能力。显然,线性失真和非线性失真不同。

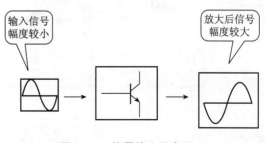

图 2-4-3 信号放大示意图

要想使三极管进入放大区,无论是 NPN 型三极管还是 PNP 型三极管,必须给三极管各个电极一个合适的直流电压,归纳起来是两个条件:集电结反偏,发射结正偏。

3. 三极管饱和工作状态

三极管在放大工作状态的基础上,如果基极电流进一步增大许多,三极管将进入饱和状态,这时的三极管电流放大倍数 β 要下降许多,饱和得越深 β 值越小,电流放大倍数一直能小到小于1的程度,这时三极管没有放大能力。

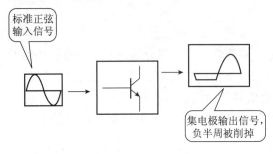

图 2-4-4　三极管进入饱和区后信号的失真

在三极管处于饱和状态时,输入三极管的信号要进入饱和区,这也是一个非线性区。图 2-4-4所示是三极管进入饱和区后造成的信号失真,它与截止区信号失真不同的是,加在三极管基极的信号的正半周进入饱和区,在集电极输出信号中是负半周被削掉,所以放大信号时三极管也不能进入饱和区。

在开关电路中,三极管的另一个工作状态是饱和状态。由于三极管开关电路不放大信号,所以也不会存在这样的失真。

三极管的三种工作状态中,三极管工作电流都有一定的范围,其中截止区的电流范围最小,放大区的范围最大,饱和区其次,当然通过外电路的调整也可以改变各工作区的电流范围。

三极管的三种工作状态中,放大倍数 β 也不同,截止区、饱和区中的 β 很小,放大区中的 β 大且大小基本不变。

2.4.2　基本共射放大电路的特点

1. 电路结构

图 2-4-5 所示是由 NPN 型管组成的基本共射放大电路,它是最基本的放大电路。交流信号 u_i 从基极回路中输入,输出信号 u_o 取自集电极,三极管的发射极接地,它作为输入、输出的公共端,所以这种电路称为共发射极电路(简称共射电路)。

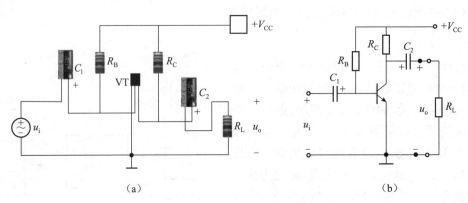

图 2-4-5　基本共射放大电路

(a)实物图;(b)电路图

2. 元件作用

（1）三极管 VT。它是放大电路的核心器件，具有放大电流的作用。

（2）基极偏置电阻 R_B。其作用是向三极管的基极提供合适的偏置电流，并使发射结正向偏置。选择合适的 R_B 值，就可使三极管有恰当的静态工作点。通常 R_B 的取值为几十千欧到几百千欧。

（3）集电极负载电阻 R_C。R_C 的作用是把三极管的电流放大转换为电压放大，如果 $R_C=0$，则集电极电压等于电源电压，即使由输入信号 u_i 引起集电极电流变化，集电极电压也保持不变，因此负载上将不会有交流电压 u_o。一般 R_C 的值为几百欧到几千欧。

（4）直流电源 V_{CC}。V_{CC} 的正极经 R_C 接三极管集电极，负极接发射极。V_{CC} 有两个作用，一是通过 R_B 和 R_C 使三极管发射结正偏、集电结反偏，使三极管工作在放大区；二是给放大电路提供能源。放大电路放大作用的实质是：用能量较小的输入信号，去控制能量较大的输出信号，但三极管自身并不能创造能量，因此输出信号的能量，来源于电源 V_{CC}。V_{CC} 是整个放大电路的能源，V_{CC} 的电压一般为几伏到几十伏。

（5）电容 C_1 和 C_2。它们起"隔直通交"的作用，避免放大电路的输入端与信号源之间，输出端与负载之间直流分量的互相影响。一般 C_1 和 C_2 选用电解电容器，取值为几微法到几十微法。用 PNP 型三极管组成放大电路时，电源的极性和电解电容极性，正好与 NPN 型电路相反。

3. 放大电路的电压、电流符号规定

当放大电路没有输入交流信号时，三极管各极的电压和电流都为直流；当有交流信号输入时，电路的电压和电流是由直流成分和交流成分叠加而成的，为了便于区分，一般做以下规定，见表 2-4-1。

表 2-4-1　各类符号表示

类　型	符　号	说　明
直流分量	I_B、I_C、I_E、U_{BE}、U_{CE}	用大写字母和大写下标表示
交流分量	i_b、i_c、i_e、u_{be}、u_{ce}	用小写字母和小写下标表示
交直流叠加瞬时值	i_B、i_C、i_E、u_{BE}、u_{CE}	用小写字母和大写下标表示
交流有效值	U_i、U_o	用大写字母和小写下标表示

2.4.3　放大电路的分析

三极管有静态和动态两种工作状态。未加信号时三极管的直流工作状态称为静态，此时各极电流称为静态电流。给三极管加入交流信号之后的工作电流称为动态工作电流，这时三极管是交流工作状态，即动态。

静态工作点是指在静态情况下，电流电压参数在三极管输入输出特性曲线簇上所确定的点，用 Q 表示。一般包括 I_{BQ}、I_{CQ} 和 U_{CEQ}。放大器的静态工作点的设置是否合适，是放大器能否正常工作的重要条件。

仿真演示

为了直观说明静态工作点对放大电路工作的影响,请看下面的实验。

按图 2-4-6 所示连接电路,V_{CC} 为 12 V,注意观察电路中 R_B 分别为 1000 kΩ、600 kΩ、200 kΩ 情况下的输出电压波形,并测量静态工作点的数值。

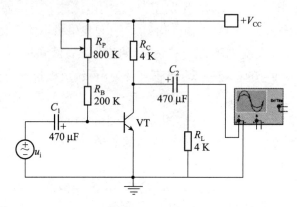

图 2-4-6　静态工作点对放大电路的影响

当电阻 R_B 分别为 1000 kΩ、200 kΩ 时输出电压波形有失真;

当电阻 R_B 为 600 kΩ 时输出电压波形无失真。实验数据及输出波形如表 2-4-2 所示。

表 2-4-2　实验数据及输出波形

R_B/kΩ	I_{BQ}/uA	I_{CQ}/mA	U_{CEQ}/V	波　形
1000	12	1.176	9.648	(a)
600	20	1.96	8.08	(b)
200	60	5.88	0.24	(c)

归纳

静态工作点对放大器的放大能力、输出电压波形都有影响。只有当静态工作点在放大区时,三极管才能不失真地对信号进行放大。因此,要使放大电路正常工作,必须使它具有合适的静态工作点。

1. 放大电路的直流通路与交流通路

1）直流通路

没有加输入信号时，电路在直流电源作用下，直流电流流经的通路称为直流通路。**直流通路用于确定电路处于直流工作状态时的静态工作点（I_{BQ}、I_{CQ}、U_{CEQ}）。**

直流通路的画法：将电容视为开路。图 2-4-7(b)为放大电路的直流通路。

2）静态分析

静态时，电源 V_{CC} 通过 R_B 给三极管的发射结加上正向偏置，用 U_B 表示，产生的基极电流用 I_{BQ} 表示，集电极电流用 I_{CQ} 表示，此时的集—射电压用 U_{CEQ} 表示。放大电路的静态分析一般通过画直流通路来进行。从图中不难求出放大电路的静态值

$$I_{BQ} = \frac{V_{CC} - U_{BE}}{R_B} \tag{2-4-1}$$

因为 $V_{CC} \gg U_{BE}$，所以

$$I_{BQ} \approx \frac{V_{CC}}{R_B} \tag{2-4-2}$$

$$I_{CQ} = \beta I_{BQ} \tag{2-4-3}$$

$$U_{CEQ} = V_{CC} - I_{CQ} R_C \tag{2-4-4}$$

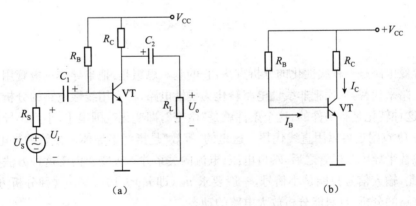

（a）　　　　　　　　　　　（b）

图 2-4-7　共射放大电路的直流通路

(a)基本放大电路；(b)基本放大电路的直流通路

例 2-4-1 在图 2-4-5 中，已知 $V_{CC} = 12$ V，$R_B = 300$ kΩ，$R_C = 4$ kΩ，$\beta = 37.5$，试求放大电路的静态值。

解：根据图 2-4-7 所示的直流通路，可以得到：

$$I_{BQ} \approx \frac{V_{CC}}{R_B} = 12/300 = 0.04 \text{(mA)}$$

$$I_{CQ} = \beta I_{BQ} = 37.5 \times 0.04 = 1.5 \text{(mA)}$$

$$U_{CEQ} = V_{CC} - I_{CQ} R_C = 12 - 1.5 \times 4 = 6 \text{(V)}$$

3）交流通路

交流通路是指在输入信号的作用下交流信号流经的通路。**交流通路用于分析、计算电路的动态性能指标（如 A_u、R_i、R_o）。**

交流通路的画法：将容抗小的电容（如耦合电容、射极旁路电容）视为短路；将直流电源（如 V_{CC}）视为短路。图 2-4-8(a)为放大电路的交流通路。

4）动态分析

放大电路有输入信号的工作状态称为动态。动态分析主要是确定放大电路的电压放大倍数 A_u、输入电阻 R_i 和输出电阻 R_o 等。

放大电路有输入信号时，三极管各极的电流和电压瞬时值既有直流分量，又有交流分量。直流分量一般就是静态值，而所谓放大，只考虑其中的交流分量。下面介绍常用的动态分析法——简化微变等效电路法。

（1）三极管的简化微变等效电路。

在讨论放大电路的简化微变等效电路之前，需要介绍三极管的简化微变等效电路。图 2-4-8(b)所示是三极管的简化微变等效电路。

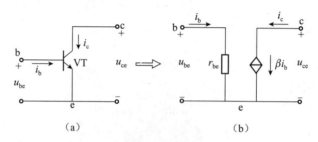

图 2-4-8　三极管的简化微变等效电路

(a)交流通路；(b)简化微变等效电路

微变等效电路是一种线性化的分析方法，它的基本思想是：把半导体三极管用一个与之等效的线性电路来代替，从而把非线性电路转化为线性电路，再利用线性电路的分析方法进行分析。当然，这种转化是有条件的，这个条件就是"微变"，即变化范围很小，小到半导体三极管的特性曲线在 Q 点附近可以用直线代替。这里的"等效"是指对半导体三极管的外电路而言，用线性电路代替半导体三极管之后，端口电压、电流的关系并不改变。由于这种方法要求变化范围很小，因此，输入信号只能是小信号，一般要求 u_{be}（即 u_i）$\leqslant 10$ mV。这种分析方法，只适用于小信号电路的分析，且只能分析放大电路的动态。

从图 2-4-8(b)可以看出，三极管的输入回路可以等效为输入电阻 r_{be}。在小信号工作条件下，r_{be} 是一个常数，低频小功率管的 r_{be} 可用下式估算

$$r_{be} = 300 \ \Omega + (1+\beta)\frac{26 \ mV}{I_E \ mA} \tag{2-4-5}$$

式中，I_E 是三极管发射极电流的静态值，一般可取 $I_E \approx I_{CQ}$。

三极管的输出回路中，用一等效的受控恒流源 βi_b 来代替。三极管的输出电阻数值比较大，故在三极管的简化微变等效电路中将它忽略。

（2）放大电路的简化微变等效电路。

由于 C_1、C_2 和 V_{CC} 对于交流信号是相当于短路的，所以图 2-4-5 放大电路的交流通路如图 2-4-9(a)所示。放大电路交流通路中的三极管如用其简化微变等效电路来代替，便可得到如图 2-4-9(b)所示的放大电路的简化微变等效电路（以后简称微变等效电路）。

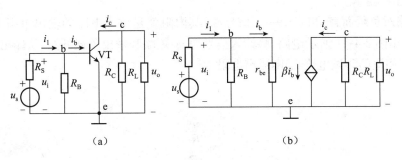

图 2-4-9　放大电路的简化微变等效电路

(a)交流通路；(b)简化微变等效电路

3. 放大电路的性能指标

用微变等效电路法分析放大电路的步骤：先画出放大电路的交流通路，再用相应的等效电路代替三极管，最后计算性能指标。

1) 求电压放大倍数 A_u

电压放大倍数是指放大器输出信号的电压 $\dot{U}_o$ 与输入信号的电压 $\dot{U}_i$ 的比值，它反映放大器的电压放大能力，用 A_u 表示，即 $A_u = \dfrac{\dot{U}_o}{\dot{U}_i}$

从图 2-4-9(b)可得

$$\dot{U}_i = I_b r_{be}, \dot{U}_o = \dot{I}_c (R_C /\!/ R_L) = \beta \dot{I}_b (R_C /\!/ R_L)$$

$$A_u = \frac{\dot{U}_o}{\dot{U}_i} = -\frac{\beta (R_C /\!/ R_L)}{r_{be}}, R'_L = R_C /\!/ R_L$$

所以，带负载 R_L 时的电压放大倍数 $A_u = -\beta \dfrac{R'_L}{r_{be}}$

式中，负号表示输出电压与输入电压反相。如果电路的输出端开路，即 $R_L = \infty$，则无负载时的电压放大倍数 $A_u = -\beta \dfrac{R_C}{r_{be}}$

放大器的输出端有负载时，其输出电压各不相同。

例 2-4-2　在图 2-4-5 中，$V_{CC} = 12 \text{ V}$，$R_C = 4 \text{ k}\Omega$，$R_L = 4 \text{ k}\Omega$，$R_B = 300 \text{ k}\Omega$，$\beta = 37.5$，试求放大电路的电压放大倍数 A_u。

解：在例 2-4-1 中已求出，$I_{CQ} = \beta I_{BQ} = 1.5 \text{ mA}$

由公式可求出

$$r_{be} = 300 + (1 + 37.5)\frac{26}{1.5} = 967(\Omega)$$

则

$$A_u = -\beta \frac{R_C /\!/ R_L}{r_{be}} = -\frac{37.5(4 /\!/ 4)}{0.967} = -77.6$$

2) 求输入电阻 R_i

放大电路的输入电阻 R_i 是从放大器的输入端看进去的等效电阻，如图 2-4-10 所示。即

$$R_i = R_B /\!/ r_{be}$$

通常 $R_B \gg r_{be}$，因此 $R_i \approx r_{be}$，可见共射基本放大电路的输入电阻 R_i 不大。

3）求输出电阻 R_o。

放大电路对负载而言，相当于一个信号源，其内阻就是放大电路的输出电阻 R_o。求输出电阻 R_o 可利用图 2-4-11 所示电路，将输入信号源 u_s 短路和输出负载开路，从输出端外加测试电压 u_T，产生相应的测试电流 i_T 则输出电阻为

$$R_o = \frac{u_T}{i_T}$$

而

$$i_T = \frac{u_T}{R_C}$$

故

$$R_o = R_C$$

在例 2-4-2 中，$R_o = R_C = 4 \text{ k}\Omega$

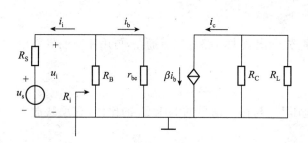

图 2-4-10　共射放大电路的输入电阻

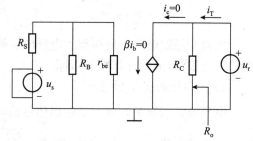

图 2-4-11　共射放大电路的输出电阻

上面以共射基本放大电路为例，估算了放大电路的输入电阻和输出电阻。一般来说，希望放大电路的输入电阻高一些，这样可以避免输入信号过多地衰减；对于放大电路的输出电阻来说，则希望越小越好，以提高电路的带负载能力。

2.5　分压式偏置放大电路

 学习目标

1. 能识读分压式偏置放大器的电路图；了解分压式偏置放大器的工作原理。

2. 通过实验或演示，了解温度对放大器静态工作点的影响，搭接分压式偏置放大器，会调整静态工作点。

3. 理解分压式偏置放大器的分析与计算。

2.5.1　影响静态工作点稳定的因素

1. 温度对静态工作点的影响

静态工作点不稳定的原因很多，例如电源电压的波动，电路参数的变化，但最主要的是因为三极管的参数会随外部温度变化而变化。当温度升高时，三极管的 U_{BEQ} 将下降，I_{CBQ} 增加，β 值也将增加，这些都表现在静态工作点中的 I_{CQ} 值增加，从而造成静态工作点不稳定。

2. 静态工作点对输出波形失真的影响

对一个放大电路来说,要求输出波形的失真尽可能小。但是,当静态工作点设置不当时,输出波形将出现严重的非线性失真。

由于三极管参数的温度稳定性较差,在固定偏置放大电路(基本放大电路)中,当温度变化时,会引起电路静态工作点的变化,造成输出电压失真。为了稳定放大电路的性能,必须在电路的结构上加以改进,使静态工作点保持稳定。分压式偏置放大电路就是静态工作点比较稳定的放大电路。

2.5.2　分压式偏置放大电路

1. 电路组成

分压式偏置放大电路如图 2-5-1 所示。从电路的组成来看,三极管的基极连接有两个偏置电阻:上偏电阻 R_{B1} 和下偏电阻 R_{B2},发射极支路串接了电阻 R_E(称为射极电阻)和旁路电容 C_E(称为射极旁路电容)。

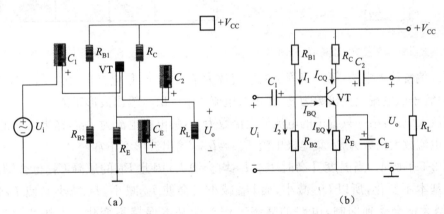

图 2-5-1　分压式偏置放大电路

(a)实物图;(b)电路原理图

2. 静态工作点稳定的条件

1) $I_1 \approx I_2 \gg I_B$,则忽略 I_B 的分流作用

分压式偏置放大电路的直流通路如图 2-5-2 所示,基极偏置电阻 R_{B1} 和 R_{B2} 的分压使三极管的基极电位固定。由于基极电流 I_{BQ} 远远小于 R_{B1} 和 R_{B2} 上的电流 I_1 和 I_2,因此 $I_1 \approx I_2$。三极管的基极电位 U_B 完全由 V_{CC} 及 R_{B1}、R_{B2} 决定,即

$$U_B = \frac{R_{B2}}{(R_{B1}+R_{B2})}V_{CC}$$

由上式可知,U_B 与三极管的参数无关,几乎不受温度影响。

2) $U_B \approx U_{BE}$

发射极电位 U_{EQ} 等于发射极电阻 R_E 乘电流 I_{EQ},即 $U_{EQ}=R_E I_{EQ}$

三极管发射结的正向偏压 U_{BE} 等于 U_{BQ} 减 U_{EQ},即 $U_{BE}=U_{BQ}-U_{EQ}$

3. 稳定静态工作点的原理

下面通过仿真演示来证明分压式偏置放大电路具有稳定静态工作点的作用。

仿真演示

实验一:按图 2-5-3 连接电路,改变三极管的电流放大倍数 β,观察静态工作点、输出波形失真和波形变化情况。

实验二:按图 2-4-6 连接电路,改变三极管的电流放大倍数 β,观察静态工作点、输出波形失真和波形变化情况。

比较两个实验的结果,说明稳定静态工作点的情况。

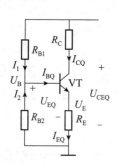

图 2-5-2 分压式偏置放大电路的直流通路

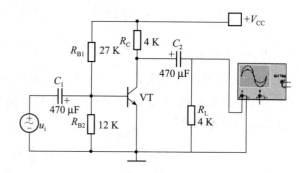

图 2-5-3 分压式偏置放大电路仿真图

分压式偏置放大电路:第一只管子的电流放大倍数为 β_1,集电极电流为 I_{CQ1},输出波形正常;第二只管子的电流放大倍数为 β_2,集电极电流 $I_{CQ2}=I_{CQ1}$,输出波形正常。

共射放大电路:第一只管子的电流放大倍数为 β_1,集电极电流为 I_{CQ1},输出波形正常;第二只管子的电流放大倍数为 β_2,集电极电流 $I_{CQ2}\neq I_{CQ1}$,输出波形不正常。

由图 2-5-1 所示,当温度升高时 I_{CQ}、I_{EQ} 均会增大,因此 R_E 的压降 U_{EQ} 也会随之增大,由于 U_{BQ} 基本不变化,所以 U_{BE} 减小,而 U_{BE} 减小又会使 I_{BQ} 减小,I_{BQ} 减小又使 I_{CQ} 减小,因此 I_{CQ} 的增大就会受到抑制,电路的静态工作点能基本保持不变化。上述变化过程可以表示为

$$温度上升 \rightarrow I_{CQ}\uparrow \rightarrow I_{EQ}\uparrow \rightarrow U_{EQ}\uparrow \rightarrow U_{BE}\downarrow \rightarrow I_{BQ}\downarrow \rightarrow I_{CQ}\downarrow$$

因此,只要满足 $I_2\gg I_B$ 和 $U_B\gg U_{BE}$ 两个条件,要调整分压式偏置电路的静态工作点,通常的方法是调整上偏置电阻 R_{B1} 的阻值。U_B 和 I_{EQ} 或 I_{CQ} 就与半导体三极管的参数几乎无关,不受温度变化的影响,从而静态工作点能得以基本稳定。

4. 分压式偏置放大电路性能参数计算

1)静态分析

用估算法计算静态工作点。当满足 $I_2\gg I_B$ 时,$I_1=I_2+I_B\approx I_2$。由如图 2-5-2 所示的直流通路得三极管基极电位的静态值为:

$$U_B=\frac{R_{B2}}{(R_{B1}+R_{B2})}V_{CC} \tag{2-5-1}$$

集电极电流的静态值为:

$$I_C\approx I_E=\frac{U_B-U_{BE}}{R_E} \tag{2-5-2}$$

基极电流的静态值为：

$$I_B = \frac{I_C}{\beta} \tag{2-5-3}$$

集电极与发射极之间电压的静态值为：

$$U_{CE} = V_{CC} - I_C(R_C + R_E) \tag{2-5-4}$$

2）动态分析

如图 2-5-4 所示电路为图 2-5-1 所示分压式射极偏置放大电路的交流通路和微变等效电路。

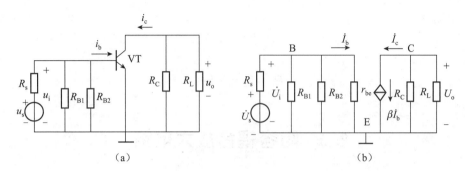

图 2-5-4　分压式偏置放大电路的交流通路和微变等效电路

(a)交流通路；(b)微变等效电路

因为在交流通路中电阻 R_{B1} 与 R_{B2} 并联，可等效为电阻 R_B，所以固定偏置电路（基本放大电路）的动态分析结果对分压式偏置电路同样适用。

电压放大倍数为：

$$A_u = \frac{\dot{U}_o}{\dot{U}_i} = -\frac{\beta(R_C /\!/ R_L)}{r_{be}} \tag{2-5-5}$$

输入电阻为：

$$R_i = R_{B1} /\!/ R_{B2} /\!/ r_{be} \tag{2-5-6}$$

输出电阻为：

$$R_o = R_C \tag{2-5-7}$$

例 2-5-1　在如图 2-5-1 所示的分压式偏置放大电路中，$V_{CC} = 12$ V，$R_{B1} = 20$ kΩ，$R_{B2} = 10$ kΩ，$R_C = 2$ kΩ，$R_E = 2$ kΩ，$R_L = 3$ kΩ，$\beta = 50$，$U_{BE} = 0.6$ V。试求：

（1）静态值 I_B，I_C 和 U_{CE}。

（2）电压放大倍数 A_u，输入电阻 R_i 和输出电阻 R_o。

解：（1）用估算法计算静态值。基极电位的静态值为：

$$U_B = \frac{R_{B2}}{(R_{B1} + R_{B2})} V_{CC} = \frac{10}{20 + 10} \times 12 = 4(V)$$

集电极电流的静态值为：

$$I_C \approx I_E = \frac{U_B - U_{BE}}{R_E} = \frac{4 - 0.6}{2} = 1.7(mA)$$

基极电流的静态值为：

$$I_B = \frac{I_C}{\beta} = \frac{1.7}{50}(mA) = 34(\mu A)$$

集-射极电压的静态值为：

$$U_{CE}=V_{CC}-I_C(R_C+R_E)=12-1.7\times(2+2)=5.2(V)$$

（2）半导体三极管的输入电阻为：

$$r_{be}=300+(1+\beta)\frac{26}{I_E}=300+(1+50)\frac{26}{1.7}=1\,080(\Omega)=1.08(k\Omega)$$

电压放大倍数为：

$$A_u=-\frac{\beta(R_C/\!/R_L)}{r_{be}}=-\frac{50\times\dfrac{2\times3}{2+3}}{1.08}=-55.6$$

输入电阻为：

$$R_i=R_{B1}/\!/R_{B2}/\!/r_{be}=20/\!/10/\!/1.08=0.93(k\Omega)$$

输出电阻为；

$$R_o=R_C=3\ k\Omega$$

2.6 阻容耦合放大电路

学习目标

1. 了解多级放大电路的结构特点及耦合方式。

2. 理解阻容耦合放大电路的电路结构及工作原理。

在许多情况下，单级放大电路的电压放大倍数往往不能满足要求，为此，要把放大电路前一级的输出端接到后一级的输入端，连成二级、三级或者多级放大电路。级与级之间的连接方式称为耦合方式。

放大电路级间的耦合方式，既要将前级的输出信号顺利传递到下一级，又要保证各级都有合适的静态工作点。常见的耦合方式有阻容耦合（常用于交流放大电路）、直接耦合（常用于直流放大电路和集成电路中）、变压器耦合（在功率放大电路中常用）等。

2.6.1 多级放大电路的组成框图

多级放大电路的组成框图如图 2-6-1 所示，其中输入级和中间级主要用作电压放大，可以将微弱的输入电压放大到足够的幅度；后面的末前级和输出级用作功率放大，向负载输出足够大的功率。

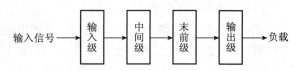

图 2-6-1 多级放大电路的组成框图

2.6.2 阻容耦合多级放大电路

1. 电路组成

图 2-6-2 是一个两级阻容耦合放大电路，第一级放大电路的输出是经过 C_2 与第二级放

大电路的输入电阻 R_{i2} 联系起来的,故称为阻容耦合方式。阻容耦合的特点是,各级的静态工作点相互独立,所以阻容耦合多级放大电路的静态分析与单级放大电路的静态分析完全相同。

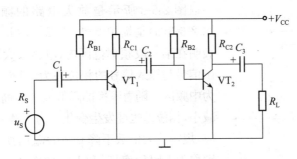

图 2-6-2　两级阻容耦合放大电路

2. 阻容耦合多级放大电路的计算

1）电压放大倍数

多级放大电路的电压放大倍数等于各级放大电路的电压放大倍数的乘积。即

$$A_u = A_{u1} A_{u2} \cdots A_{un}$$

值得注意的是,计算各级放大电路的电压放大倍数时,必须考虑后级对前级的影响,即后级的输入电阻是前级的负载电阻。对于图 2-6-2:

$$A_{u1} = -\frac{\beta_1 (R_{C1} /\!/ R_{i2})}{r_{be1}}$$

$$A_{u2} = -\frac{\beta_2 (R_{C2} /\!/ R_L)}{r_{be2}}$$

$$A_u = A_{u1} \cdot A_{u2} = \frac{\beta_1 \beta_2 (R_{C1} /\!/ R_{i2})(R_{C2} /\!/ R_L)}{r_{be1} r_{be2}}$$

2）输入电阻

多级放大电路的输入电阻就是第一级放大电路的输入电阻。对于图 2-6-2:

$$R_i = R_{i1} = R_{B1} /\!/ r_{be1}$$

3）输出电阻

多级放大电路的输出电阻就是末级放大电路的输出电阻。对于图 2-6-2:

$$R_o = R_{o2} = R_{C2}$$

2.6.3　频率响应和通频带的概念

电子电路中所遇到的信号往往不是单一频率的,而是工作在一段频率范围内的。例如广播中的音乐信号,其频率范围通常在几十至几十千赫之间。但是,由于放大电路中一般都有电抗元件(比如电容、电感),三极管的部分参数(比如 β)也会随着频率而变化,这就使得放大电路对不同频率信号的放大效果不完全一致。人们把放大电路对不同频率正弦信号的放大效果称为频率响应。放大电路的频率响应可直接用放大电路的电压放大倍数对频率的关系来描述,即

$$A_u = A_u(f) \angle \phi(f)$$

式中，$A_u(f)$表示电压放大倍数的模与频率的关系，称为幅频特性；而$\phi(f)$表示放大电路输出电压与输入电压之间的相位差与频率的关系，称为相频特性。两种综合起来称为放大电路的频率响应。

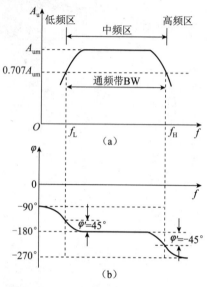

图 2-6-3　放大电路的频率响应特性
(a)幅频特性；(b)相频特性

图 2-6-3 所示是放大电路的频率响应特性，其中图 2-6-3(a)是幅频特性，图 2-6-3(b)是相频特性。图中表明在某一段频率范围内，电压放大倍数与频率无关，输出信号与输入信号的相位差为$-180°$，这一个频率范围称为中频区。随着频率的降低或者升高，电压放大倍数都要减小，相位差也要发生变化。为了衡量放大电路的频率响应，规定放大倍数下降 $0.707A_{um}$ 时所对应的两个频率，分别称为下限额率 f_L 和上限额率 f_H。这两个频率之间的频率范围称为放大电路的通频带 BW。BW 表示为：

$$BW = f_H - f_L$$

通频带是放大电路频率响应的一个重要指标。通频带越宽，表示放大电路工作的频率范围越宽。例如，质量好的音频放大器，其通频带可从 20 Hz 至 20 kHz。低于 f_L 的频率范围称为低频区，高于 f_H 的频率范围称为高频区。

2.7　共集电极放大电路

 学习目标

1. 能识读共集电极放大电路的电路图。

2. 了解共集电极放大电路的分析与计算。

共集电极放大电路又叫射极输出器，也叫射极跟随器，电路如图 2-7-1(a)所示。在电路结构上射极输出器与共发射极放大电路不同，负载接在发射极上，输出电压 U_o 从发射极取出，而集电极直接接电源 V_{CC}。对交流信号而言，集电极相当于接地，成为输入、输出电路的公共端，因此这是一种共集电极放大电路。前面已讨论过，在发射极回路中接入电阻 R_E 可以稳定集电极静态电流 I_C，因此，射极输出器的静态工作点是稳定的。

2.7.1　静态分析

射极输出器的直流通路如图 2-7-1(b)所示，由图可得

$$V_{CC} = I_B R_B + U_{BE} + I_E R_E = I_B R_B + U_{BE} + (1+\beta) I_B R_E \tag{2-7-1}$$

所以，基极电流的静态值为：

$$I_B = \frac{V_{CC} - U_{BE}}{R_B + (1+\beta) R_E} \tag{2-7-2}$$

集电极电流的静态值为：

$$I_C = \beta I_B \qquad (2\text{-}7\text{-}3)$$

集电极与发射极之间电压的静态值为：

$$U_{CE} = V_{CC} - I_E R_E \approx V_{CC} - I_C R_E \qquad (2\text{-}7\text{-}4)$$

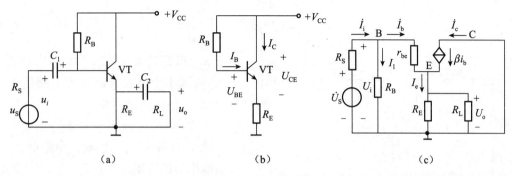

（a）　　　　　（b）　　　　　（c）

图 2-7-1　射极输出器

（a）电路图；（b）直流通路；（c）交流微变等效电路

2.7.2　动态分析

1. 电压放大倍数

图 2-7-1(c)所示射极输出器微变等效电路，电压放大倍数为：

$$A_u = \frac{\dot{U}_o}{\dot{U}_i} = \frac{(1+\beta)R'_L}{r_{be} + (1+\beta)R'_L} \qquad (2\text{-}7\text{-}5)$$

式中：$R'_L = R_E /\!/ R_L$

由上式可知：

（1）一般 $r_{be} \ll (1+\beta)R'_L$，故射极输出器的电压放大倍数接近于 1，但略小于 1。值得注意的是，尽管射极输出器没有电压放大作用，但是因为 $I_e = (1+\beta)I_b$，所以仍具有一定的电流放大作用和功率放大作用。

（2）输出电压 $\dot{U}_o$ 与输入电压 $\dot{U}_i$ 同相，输出信号跟随输入信号变化，因而它又称为射极跟随器或电压跟随器。

2. 输入电阻

$$R_i = \frac{\dot{U}_i}{\dot{I}_i} = R_B /\!/ [r_{be} + (1+\beta)R'_L] \qquad (2\text{-}7\text{-}6)$$

因此，射极输出器的输入电阻比共发射极电路的输入电阻要高得多，可达到数十千欧到数百千欧。

3. 输出电阻

将上图 2-7-1(c)电路中的信号源 $\dot{U}_s$ 短接，断开负载电阻 R_L，在输出端外加一交流电压 $\dot{U}_o$，产生电流 $\dot{I}_o$，如图 2-7-2 所示。

所以输出电阻为：

$$R_o = \frac{\dot{U}_o}{\dot{I}_o} = R_E /\!/ \frac{r_{be} + R'_S}{1 + \beta}$$

式中，$R'_S = R_S /\!/ R_B$。通常 $R_E \gg \dfrac{r_{be} + R'_S}{\beta}$，所以：

$$R_o = \frac{\dot{U}_o}{\dot{I}_o} \approx \frac{r_{be} + R'_S}{1 + \beta} \approx \frac{r_{be} + R'_S}{\beta} \tag{2-7-7}$$

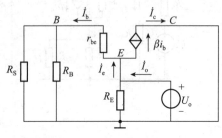

图 2-7-2　计算射极输出器输出电阻的电路

由于 β 一般都较大，因此，射极输出器的输出电阻很低，远远小于共发射极放大电路的输出电阻，所以它具有恒压输出特性。

综上所述，射极输出器的主要特点是电压放大倍数接近于 1，输入电阻高，输出电阻低。

射极输出器的应用十分广泛。由于它的输入电阻高，常被用作多级放大电路的输入级可以提高放大电路的输入电阻，减少信号源的负担；利用它的输出电阻低的特点，常用它作为输出级，可以提高放大电路带负载的能力；利用它的输入电阻高、输出电阻低的特点，把它作为中间级，起阻抗变换作用，使前后级共发射极放大电路阻抗匹配，实现信号的最大功率传输。

2.8　技能训练：三极管放大器的安装与调试

一、技能目标

1. 掌握晶体三极管放大电路静态工作点的测试方法。
2. 掌握基本焊接方法。
3. 能安装调试三极管放大电路。

二、工具和仪器

1. 万用表。
2. 三极管、电阻、电容等。
3. 电烙铁等常用电子装配工具。

三、相关知识

（一）手工焊接基本知识

1. 焊接操作的正确姿势

掌握正确的操作姿势，可以保证操作者的身心健康，焊接时桌椅高度要适宜，挺胸、端坐，为减少有害气体的吸入量，一般情况下，烙铁到鼻子的距离应在 30 cm 左右为宜。电烙铁的握法有三种,如图 2-8-1 所示。图 2-8-1(a)为反握法,其特点是动作稳定,长时间操作不易疲劳,适用于大功率烙铁的操作;图 2-8-1(b)为正握法,它适用于中功率烙铁操作;图 2-8-1(c)为握笔法,其特点是焊接角度变更比较灵活机动,焊接不易疲劳。一般适用于在印制板上焊接。

焊锡丝一般有两种拿法,如图 2-8-2 所示。正拿法如图 2-8-2(a)所示,它适宜连续焊接。图 2-8-2(b)所示为握笔法.它适用于间断焊接。

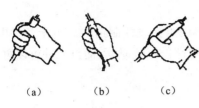

图 2-8-1　电烙铁的握法示意图
(a)反握法;(b)正握法;(c)握笔法

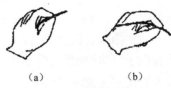

图 2-8-2　焊锡丝的拿法示意图
(a)连续焊锡时;(b)断续焊锡时

电烙铁使用完毕,一定要稳妥地放在烙铁架上,并注意电线不要碰到烙铁头,以避免烫伤电缆线,造成漏电、触电等事故。

2. 焊接操作的基本步骤

掌握好烙铁的温度和焊接时间,选择恰当的烙铁头和焊点的接触位置,才可能得到良好的焊点。正确的焊接操作过程可以分为五个步骤如图 2-8-3 所示。

(1) 准备施焊,如图 2-8-3(a)所示。左手拿焊锡丝、右手握烙铁,进入备焊状态。要求烙铁头保持干净,无焊渣等氧化物,并在表面镀有一层焊锡。

(2) 加热焊件,如图 2-8-3(b)所示。烙铁头靠在焊件与焊盘之间的连接处,进行加热,时间约 2 s 左右,对于在印制电路板上焊接元器件,要注意烙铁头同时接触焊盘和元件的引脚,元件引脚要与焊盘同时均匀受热。

(3) 送入焊锡丝,如图 2-8-3(c)所示。当焊件的焊接点被加热到一定温度时,焊锡丝从烙铁对面接触焊件。尽量与烙铁头正面接触,以便焊锡熔化。

(4) 移开焊锡丝。如图 2-8-3(d)所示。当焊锡丝溶化一定量后立即向左上 45°方向移开焊锡丝。

(5) 移开烙铁。如图 2-8-3(e)所示。当焊锡浸润焊盘和焊件的施焊部位以形成焊件周围的合金层后,向右上 45°方向移开烙铁。从第3步开始到第5步结束,时间大约 2 s。

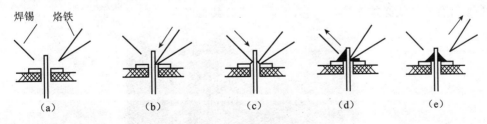

图 2-8-3　焊接方法

对于热容量小的焊件,可以简化为三步操作:
(1) 准备:左手拿锡丝。右手握烙铁,进入备焊状态。
(2) 加热与送锡丝:烙铁头放置焊件处,立即送入焊锡丝。

（3）去丝移烙铁：焊锡在焊接面上扩散并形成合金层后同时移开电烙铁。

注意移去锡丝的时间不得滞后于移开烙铁的时间。

对于吸收低热量的焊件而言，上述整个过程不过 2～4 s，各步骤时间的节奏控制，顺序的准确掌握，动作的熟练协调，都是要通过大量实践并用心体会才能解决的问题。

（二）万能板简介

万能板如图 2-8-4 所示，是专为电子电路的无焊接实验设计制造的。由于各种电子元器件可根据需要随意插入或拔出，免去了焊接，节省了电路的组装时间，而且元件可以重复使用，所以非常适合电子电路的组装、调试和训练。

万能板的使用方法及注意事项：

（1）安装分立元件时，应便于看到其极性和标志，将元件引脚理直后，在需要的地方折弯。为了防止裸露的引线短路，必须使用带套管的导线，一般不剪断元件引脚，以便于重复使用。一般不要插入引脚直径＞0.8 mm 的元器件，以免破坏插座内部接触片的弹性。

（2）对多次使用过的集成电路的引脚，必须修理整齐，引脚不能弯曲，所有的引脚应稍向外偏，这样能使引角与插孔可靠接触。要根据电路图确定元器件在万能板上的排列方式，目的是走线方便。为了能够正确布线并便于查线，所有集成电路的插入方向要保持一致，不能为了临时走线方便或缩短导线长度而把集成电路倒插。

（3）根据信号流程的顺序，采用边安装边调试的方法。元器件安装之后，先连接电源线和地线。为了查线方便，连线尽量采用不同颜色。例如：正电源一般采用红色绝缘皮导线，负电源用蓝色，地线用黑线，信号线用黄色，也可根据条件选用其他颜色。

（4）万能板宜使用直径为 0.6 mm 左右的单股导线。根据导线的距离以及插孔的长度剪断导线，要求线头剪成 45°斜口，线头剥离长度约为 6 mm，要求全部插入底板以保证接触良好。裸线不宜露在外面，防止与其他导线断路。

（5）连线要求紧贴在万能板上，以免碰撞弹出万能板，造成接触不良。必须使连线在集成电路周围通过，不允许跨接在集成电路上，也不得使导线互相重叠在一起，尽量做到横平竖直，这样有利于查线，更换元器件及连线。

（6）在布线过程中，要求把各元器件在万能板上的相应位置以及所用的引脚号标在电路图上，以保证调试和查找故障的顺利进行。

（7）所有的地线必须连接在一起，形成一个公共参考点。

图 2-8-4　万能电路板

（三）函数信号发生器简介

EE1641B 型函数信号发生器/计数器是一种精密的测试仪器，具有连续信号、扫频信号、函数信号、脉冲信号等多种输出信号和外部测频功能，在模拟电路及数字电路中提供输入信号，如图 2-8-5 所示。

部分功能及使用方法如下：

1—电源开关：此按键按下时，机内电源接通，整机工作。此键释放为关机。

2—函数输出波形选择按钮：可选择正弦波、三角波、脉冲波输出。

3—函数信号输出端：输出多种波形受控的函数信号，输出幅度 $20\ V_{p-p}$（$1\ M\Omega$ 负载），$10\ V_{p-p}$（$50\ \Omega$ 负载）。

4—TTL 信号输出端：输出标准的 TTL 幅度的脉冲信号，输出阻抗为 $600\ \Omega$。

5—外部输入插座：当"扫描/计数键"功能选择在外扫描外计数状态时，外扫描控制信号或外测频信号由此输入。

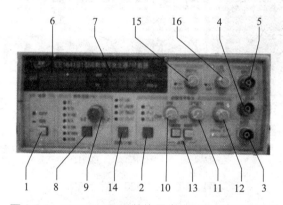

图 2-8-5 EE1641B 型函数信号发生器/计数器面板图

6—频率显示窗口：显示输出信号的频率或外测频信号的频率。

7—幅度显示窗口：显示函数输出信号的幅度。

8—频率范围粗选择旋钮：调节此旋钮可粗调输出频率的范围。

9—频率范围细选择旋钮：调节此旋钮可精细调节输出频率。

10—输出波形，对称性调节旋钮：调节此旋钮可改变输出信号的对称性。当电位器处在"OFF"位置时，则输出对称信号。

11—函数信号输出信号直流电平预置调节旋钮：调节范围：$-5\sim+5V$（$50\ \Omega$ 负载），当电位器处在"OFF"位置时，则为 0 电平。

12—函数信号输出幅度调节旋钮：信号输出幅度调节范围 20 dB。

13—函数信号输出幅度衰减开关："20 dB""40 dB"键均不按下，输出信号不经衰减，直接输出到插座口。"20 dB""40 dB"键分别按下，则可选择 20 dB 或 40 dB 衰减。

14—"扫描/计数"按钮：可选择多种扫描方式和外测频方式。

15—扫描宽度调节旋钮：调节此电位器可以改变内扫描的时间长短。在外测频时，逆时针旋到底（绿灯亮），为外输入测量信号经过衰低通开关进入测量系统。

16—速率调节旋钮：调节此电位器可调节扫频输出的频率宽度。在外测频时，逆时针旋到底（绿灯亮），为外输入测量信号经过衰减"20 dB"进入测量系统。

(四)双踪示波器简介

1. 面板介绍

目前常用的双踪示波器分为两种:一种是数字式示波器;一种为机械式示波器。图 2-8-6 为 EM6520 双踪示波器,其面板结构介绍如表 2-8-1 所示。

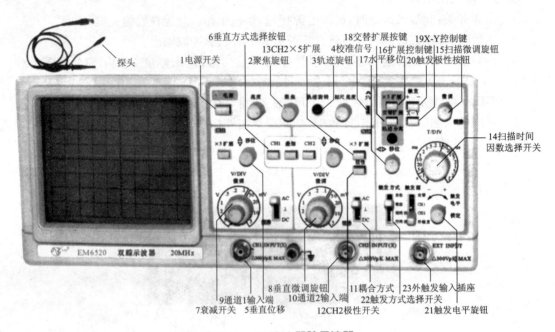

图 2-8-6 EM6520 双踪示波器

表 2-8-1 EM6520 双踪示波器面板按钮介绍

1	电源开关(POWER):电源的接通和关闭
2	聚焦旋钮(FOCUS):轨迹清晰度的调节
3	轨迹旋转钮(TRACE ROTATION):调节轨迹与水平刻度线的水平位置
4	校准信号(CAL):提供幅度为 0.5 V,频率为 1 kHz 的方波信号,用于调整探头的补偿和检测垂直和水平电路的基本功能
5	垂直位移(POSITION):调整轨迹在屏幕中的垂直位置
6	垂直方式选择按钮,选择垂直方向的工作方式。通道 CH1、通道 CH2 或双踪选择(DUAL):同时按下 CH1 和 CH2 按钮,屏幕上会出现双踪并自动以断续或交替方式同时显示 CH1 和 CH2 信号;叠加(ADD):显示 CH1 和 CH2 输入的代数和
7	衰减开关(VOLT/DIV):垂直偏转灵敏度的调节
8	垂直微调旋钮(VATIBLE):用于连续调节垂直偏转灵敏度
9	通道 1 输入端(CH1 INPUT):该输入端用于垂直方向的输入,在 X-Y 方式时,输入端得信号成为 X 轴信号
10	通道 2 输入端(CH2 INPUT):该输入端与通道 1 一样用于垂直方向的输入,只是在 X-Y 方式时,输入端得信号成为 Y 轴信号
11	耦合方式(AC-GND-DC):选择垂直放大器的耦合方式
12	CH2 极性开关(INVERT):按下此键 CH2 显示反向电压值
13	CH2×5 扩展(CH2 5MAG):按下×5 扩展按键,垂直方向的信号扩大 5 倍灵敏度为 1MV/DIV
14	扫描时间因数选择开关(TIME/DIV):共 20 挡,在 0.1 μs/DIV∼0.2 μs/DIV 范围选择扫描速率

15	扫描微调旋钮(VARIABLE):用于连续调节扫描速度
16	(×5)扩展控制键(MAG×5):按下此键扫描速度扩大5倍
17	水平移位(POSITION):调节轨迹在屏幕中的水平位置
18	交替扩展按键(ALT-MAG):按下此键扫描因数×1、×5交替显示,扩展以后的轨迹由轨迹分离控制键(31)移位离×1轨迹1.5DIV或更远的地方。同时使用垂直双踪方式和水平扩展交替可在屏幕上同时显示四条轨迹
19	X-Y控制键:在X-Y工作方式时,垂直偏转信号接入CH2输入端,水平偏转信号接入CH1输入端
20	触发极性按钮(SLOPE):用于选择信号的上升或下降沿触发扫描
21	触发电平旋钮(TRIG LEVEL):用于调节被测信号在某一电平触发同步
22	触发方式选择开关(TRIG MODE):用于选择触发方式
23	外触发输入插座(EXT INPUT):用于外部触发信号的输入

2. 测量方法

1)测量前的检查和调整

接通电源开关,电源指示灯亮,稍等一会儿,机器进行预热,屏幕中出现光迹,分别调节亮度旋钮和聚焦旋钮,使光迹的亮度适中、清晰,如图2-8-7所示。

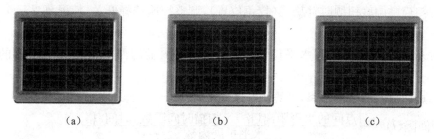

（a）　　　　　　　　　（b）　　　　　　　　　（c）

图2-8-7 示波器扫描调整

(a)聚焦不好；(b)扫描线与刻度不平行；(c)正常的扫描

在正常情况下,被显示波形的水平轴方向应与屏幕的水平刻度线平行,由于地磁或其他某些原因造成误差,如图2-8-7所示,可按下列步骤检查调整。

先预置仪器控制件,使屏幕获得一个扫描线;后调节垂直位移,看扫描基线与水平刻度线是否平行,如不平行,用起子调整前面板"轨迹旋转 TRACE ROTATION"控制件。

2)测量电压

对被测信号峰—峰电压的测量步骤如下:

a. 将信号输入至 CH1 或 CH2 插座,将垂直方式至被选用的通道;

b. 设置电压衰减器并观察波形,使被显示的波形幅度在 5 格左右,将衰减器微调顺时针旋足(校正位置);

c. 调整触发电平,使波形稳定;

d. 调整扫描控制器,使波形稳定;

e. 调整垂直位移,使波形的底部在屏幕中某一水平坐标上(如图2-8-8 A 点所示);

f. 调整水平位移,使波形的顶部在屏幕中央的垂直坐标上(如图2-8-8 B 点所示);

h. 测量垂直方向 A-B 两点的格数;

g. 按式 2-8-1 计算被测信号的峰—峰值:

$$U_{\mathrm{p-p}}=垂直方向的格数\times垂直偏转因数 \qquad (2\text{-}8\text{-}1)$$

例如：在图 2-8-9 中测出 A-B 两点的垂直格数为 4.6 格，用 1：1 探头，垂直偏转因数为 5 V/DIV. 则：$U_{\mathrm{p-p}}=4.6\times5=23(\mathrm{V})$

3）测量时间

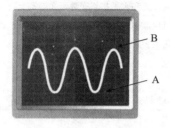

图 2-8-8　测量电压图形　　　图 2-8-9　测量时间图形

如图 2-8-9 所示，对一个波形中两点时间间隔的测量，可按下列步骤进行：

a. 将被测信号接入 CH1 或 CH2 插座，设置垂直方式为被选用的通道；

b. 调整触发电平使波形稳定显示；

c. 将扫描微调旋钮顺时针旋足（校正位置），调整扫速选择开关，使屏幕显示 1～2 个信号周期；

d. 分别调整垂直位移和水平位移，使波形中需测量的两点位于屏幕中央的水平刻度线上；

e. 测量两点间的水平距离，计算出时间间隔：

$$时间间隔(t)=\frac{两点间的水平距离（格）\times扫描时间因数（时间/格）}{水平扩展因数} \qquad (2\text{-}8\text{-}2)$$

例：在图 2-8-9 中，测量 A、B 两点的水平距离为 6 格，扫描时间因数为 2 ms/DIV，水平扩展为×1，则

$$t=5\ 格\times2\ \mathrm{ms/DIV}=10\ \mathrm{ms}$$

在图 2-8-9 的例子中，A、B 两点的时间间隔的测量结果即为该信号的周期（T），该信号的频率则为 1/T。例如，测出该信号的周期为 10 ms，则该信号的频率为：

$$f=\frac{1}{T}=\frac{1}{10\times10^{-3}}=100(\mathrm{Hz})$$

四、实训步骤

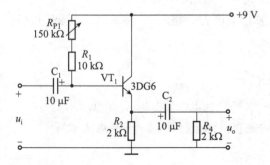

图 2-8-10　电路原理图

1. 工作原理与电路图

共集电极放大电路具有输入电阻高、输出电阻低、电压放大倍数接近于 1、输出电压与输入电压同相的特点，输出电压能够在较大的范围内跟随输入电压做线性变化，又称为射极跟随器，其电路原理图如图 2-8-10 所示。

2. 装配要求和方法

工艺流程:准备→熟悉工艺要求→绘制装配草图→核对元件数量、规格、型号→元件检测→元器件预加工→万能电路板装配、焊接→总装加工→自检。

(1) 准备:将工作台整理有序,工具摆放合理,准备好必要的物品。

(2) 熟悉工艺要求:认真阅读电路原理图和工艺要求。

(3) 绘制装配草图:绘制装配草图的要求和方法。

① 设计准备:熟悉电路原理、所用元器件的外形尺寸及封装形式。

② 按万能电路板实样1:1在图纸上确定安装孔的位置。

③ 装配草图以导线面(焊接面)为视图方向;元器件水平或垂直放置,不可斜放;布局时应考虑元器件外形尺寸,避免安装时相互影响,疏密均匀;同时注意电路走向应基本和电路原理图一致,一般由输入端开始向输出端逐步确定元件位置,相关电路部分的元器件应就近安放,按一字排列,避免输入输出之间的影响;每个安装孔只能插一个元器件引脚。

④ 按电路原理图的连接关系布线,布线应做到横平竖直,导线不能交叉(确需交叉的导线可在元件下穿过)。

⑤ 检查绘制好的装配草图上的元器件数量、极性和连接关系应与电路原理图完全一致。

(4) 清点元件:核对元件的数量和规格,应符合工艺要求,如有短缺、差错应及时补缺和更换。

(5) 元件检测:用万用表的电阻挡对元器件进行逐一检测,对不符合质量要求的元器件剔除并更换。

(6) 元器件预加工。

(7) 万能电路板装配工艺要求:

① 电阻采用水平安装方式,紧贴板面。

② 三极管离板高度 6 mm±1 mm。

③ 电解电容离板高度 4 mm±1 mm。

④ 所有焊点均采用直脚焊,焊接完成后剪去多余引脚,留头在焊面以上 0.5~1 mm,且不能损伤焊接面。

⑤ 万能接线板布线应正确、平直,转角处成直角;焊接可靠,无漏焊、短路等现象。

基本方法:

a. 将导线理直。

b. 根据装配草图用导线进行布线,并与每个有元器件引脚的安装孔进行焊接。

c. 焊接可靠,剪去多余导线。

(8) 自检:对已完成的装配、焊接的工件仔细检查质量,重点是装配的准确性,包括元件位置、电源变压器的绕组等;焊点质量应无虚焊、假焊、漏焊、搭焊及空隙、毛刺等;检查有无影响安全性能指标的缺陷;元件整形。

3. 调试、测量

1) 静态工作点测量

调节 W(150K 电位器),使静态工作点选在交流负载线的中点,所得数据填入表 2-8-2 中。

表 2-8-2　测量表

V_C/V	V_E/V	V_B/V	V_{CE}/V	V_{BC}/V	I_B/mA	I_C/mA	β

2）动态指标测量

从信号发生器输入 $f=1\,kHz$ 的正弦信号，使 $U_i=1\,V$ 有效值，用示波器的通道 1 观察 U_i，通道 2 观察 U_o 的波形。画出 U_i 和 U_o 的波形，比较它们的相位关系和幅值大小（表 2-8-3）。

表 2-8-3　测量表

	U_i	U_o
波形		
幅值/V		
相位关系		

五、项目评价

项目考核评价如表 4-7-3 所示。

表 2-8-4　项目考核评价表

评价指标	评价要点	评价结果				
		优	良	中	合格	差
理论知识	1. 共集电极放大电路知识掌握情况					
	2. 装配草图绘制情况					
技能水平	1. 元件识别与清点					
	2. 课题工艺情况					
	3. 课题调试测量情况					
	4. 低频信号发生器操作掌握情况					
	5. 示波器操作熟练度，测量波形读数是否准确					
安全操作	能否按照安全操作规程操作，有无发生安全事故，有无损坏仪表					

总评	评别	优	良	中	合格	差	总评得分
		100～88	87～75	74～65	64～55	≤54	

2.9　功率放大电路

学习目标

1. 了解功率放大电路的基本要求和分类。
2. 了解功放元件的安全使用知识。
3. 理解效率与甲类、乙类、甲乙类放大电路的关系。
4. 能识读 OTL、OCL 功率放大器的电路图,掌握其电路结构、特点。
5. 了解典型功放集成电路的引脚功能,能按工艺要求装接典型电路。

2.9.1　认识功率放大器

电子电路一般都由多级放大器组成。多级放大器在工作过程中,一般先由小信号放大电路对输入信号进行电压放大,再由功率放大电路进行功率放大,以控制或驱动负载电路工作。这种以功率放大为目的的电路,就是功率放大电路。能使低频信号放大的功率放大器,即为低频功率放大器,简称功率放大器。

1. 功率放大器的基本要求

功率放大器和电压放大器是有区别的,电压放大器的主要任务是把微弱的信号电压进行放大,一般输入及输出的电压和电流都比较小,是小信号放大器。它消耗能量少,信号失真小,输出信号的功率小。功率放大器的主要任务是输出大的信号功率,它的输入、输出电压和电流都较大,是大信号放大器。它消耗能量多,信号容易失真,输出信号的功率大。这就决定了一个性能良好的功率放大器应满足下列几点基本要求。

1) 具有足够大的输出功率

为了得到足够大的输出功率,三极管工作时的电压和电流应尽可能接近极限参数。

2) 效率要高

功率放大器是利用半导体三极管的电流控制作用,把电源的直流功率转换成交流信号功率输出,由于半导体三极管有一定的内阻,所以它会有一定的功率损耗 P_C。我们把负载获得的功率 P_o 与电源提供的功率 P_{DC} 之比定义为功率放大电路的转换效率 η,用公式表示为:

$$\eta = \frac{P_o}{P_{DC}} \times 100\% \quad P_{DC} = P_o + P_C$$

显然,功率放大电路的转换效率越高越好。

3) 非线性失真要小

功率大、动态范围大,由半导体三极管的非线性引起的失真也大。因此提高输出功率与减少非线性失真是有矛盾的,但是依然要设法尽可能减小非线性失真。

4) 散热性能好

功率放大器有一部分电能以热量的形式消耗在功放管上,使功放管温度升高,为了使功放电路既能输出较大的功率，又不损坏功放管，一般功放管的集电极具有金属散热外壳。

2. 功率放大器的分类

1) 以半导体三极管的静态工作点位置分类

常见的功率放大器按半导体三极管静态工作点 Q 在交流负载线上的位置不同，可分为甲类、乙类和甲乙类三种，如图 2-9-1 所示。

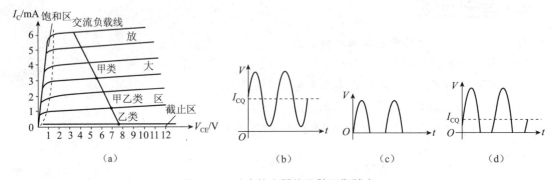

图 2-9-1　功率放大器的三种工作状态

(a)三种工作状态下对应的工作点位置；(b)甲类功放的输出波形；

(c)乙类功放的输出波形；(d)甲乙类功放的输出波形

(1) 甲类功率放大器。工作在甲类工作状态的半导体三极管，静态工作点 Q 选在交流负载线的中点附近，如图 2-9-1(a)所示。在输入信号的整个周期内，半导体三极管都处于放大区内，输出的是没有削波失真的完整信号，如图 2-9-1(b)所示，它允许输入信号的动态范围较大，但其静态电流大、损耗大、效率低，只有 30% 左右，最高不超过 50%。

(2) 乙类功率放大器。工作在乙类工作状态的半导体三极管，静态工作点 Q 选在半导体三极管放大区和截止区的交界处，即交流负载线和 $I_B=0$ 的交点处，如图 2-9-1(a)所示。在输入信号的整个周期内，三极管半个周期工作在放大区，半个周期工作在截止区，放大器只有半波输出，如图 2-9-1(c)所示。乙类工作状态的静态电流为零，故损耗小、效率高，可达 78.5%，但输出信号在越过功率放大管死区时得不到正常放大，从而产生非线性失真(即交越失真)。如果采用两个不同类型的半导体三极管组合起来交替工作，则可以放大输出完整的不失真的全波信号。

(3) 甲乙类功率放大器。工作在甲乙类工作状态的半导体三极管，静态工作点 Q 选在甲类和乙类之间，如图 2-9-1(a)所示。在输入信号的一个周期内，半导体三极管有时工作在放大区，有时工作在截止区，其输出为单边失真的信号，如图 2-9-1(d)所示。甲乙类工作状态的电流较小，效率也比较高。

2) 以功率放大器输出端特点分类

(1) 有输出变压器功率放大器。

(2) 无输出变压器功率放大器（又称 OTL 功率放大器）。

(3) 无输出电容器功率放大器（又称 OCL 功率放大器）。

(4) 平衡式无输出变压器功率放大器（又称 BTL 功率放大器）。

3. 功放管的散热和安全使用

在功率放大器中，给负载输送功率的同时，功放管本身也消耗一部分功率，表现为功放管集电结温度的升高。当结温超过一定值（锗管一般为 90 ℃，硅管一般为 150 ℃）以后，管子因过热而损坏。所以，功放输出功率的大小就会受到功放管允许的最大集电极损耗的限制，对于大功率的功放电路，这个问题尤为突出。值得注意的是，功放管允许的管耗与它的散热情况有密切的关系。如果采取适当措施把管子产生的热量散发出去，降低结温，就能进一步发挥管子的潜力，输出更大的功率。

1）提高功放管散热能力的措施

功放管的集电极功耗是产生热量的主要来源。这热量从管壳向四周散发出去。这种依靠管壳本身来散热的方式，效果是很差的。利用金属材料热阻小的特点，将功放管的集电极（通常就是管壳）安装在金属片上，这金属片一般选用铜或铝材，为增大散热面积而做成凹凸形，为增大散热效果而制作成黑色，通常称作散热器、散热片、散热板。例如 3AD50A 型功放管，不加散热片时，它允许的最大集电极功耗 P_{CM} 为 1 W；若加接（$120 \times 120 \times 4$）mm^3 的

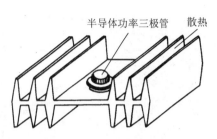

图 2-9-2　安装散热器的功放管

散热片时，允许的 P_{CM} 为 10 W，如图 2-9-2 所示。若要求集电极（管壳）与散热片绝缘又要使热阻小，可用薄云母片隔在管壳和散热片之间。如果想进一步提高散热性能，可在管壳、云母片、散热板的接触面上涂以硅油（硅油是导热绝缘材料，其形状如凡士林），涂上它可使管壳与云母片之间及云母片与散热片之间有良好的接触，减小了空气间隙，减小了热阻，提高了散热效果。

2）功放管的安全使用问题

（1）应使功放管工作在安全区以内，耐压和功耗要留有充分的余量，注意改善功放管集电极的散热条件，防止集电结温度过高。

（2）在使用时尽量避免功放管过压和过流的可能性，避免负载出现开路、短路或过载。不要突然加大信号，不允许电源电压有较大的波动。

2.9.2　功率放大器的应用

音频信号的频率范围为 20 Hz～20 kHz，放大这一频率范围信号的放大器称为音频放大器。音频放大器是使用非常广泛的一种放大器。音频功率放大器是低频功率放大器的典型应用。

在多种家用电器（收音机、录音机、黑白电视机、彩色电视机和组合音响）电路中广泛使用音频放大器。而在组合音响和扩音机电路中，对音频功率放大器有更高的要求。

互补对称功率放大电路是利用特性对称的 NPN 型和 PNP 型三极管在信号的正、负半周轮流工作，互相补充，以此来完成整个信号的功率放大。互补对称功率放大器一般工作在甲乙类状态。按功率放大器输出端特点分为 OTL 功率放大器和 OCL 功率放大器。

1. 单电源互补对称功率放大电路（OTL 功率放大器）

OTL 功率放大器采用输出端耦合电容取代输出耦合变压器。图 2-9-3（a）所示为乙类单电源互补对称功率放大器。电路中，VT_1 和 VT_2 是 OTL 功率放大器输出管，C 是输出端耦合电容，B_L 是扬声器。

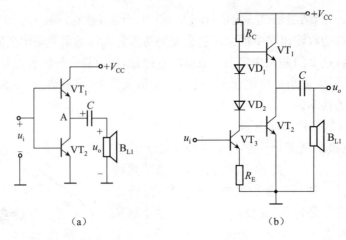

图 2-9-3　单电源互补对称功率放大器

(a)乙类单电源互补对称功率放大器；(b)甲乙类单电源互补对称功率放大器

静态时($u_i = 0$，无信号输入状态)，由于电路对称，两管发射极 A 点电位为电源电压的一半，即 $V_{CC}/2$，电容 C 上电压被充到 $V_{CC}/2$ 后，扬声器中无电流流过，因而，扬声器上电压为零。而两管的集电极与发射极之间都有 $V_{CC}/2$ 的直流电压，此时两个三极管均处于截止状态。动态时，u_i 有信号输入，负载电压 u_o 是以 $V_{CC}/2$ 为基准交流电压。当 u_i 处于正半周时，VT_1 导通，VT_2 截止，电容 C 开始充电，输出电流在负载上形成输出电压 u_o 的正半周部分。当 u_i 处于负半周时，VT_1 截止，VT_2 导通，电容 C 对 VT_2 放电，在扬声器上形成反向电流，形成输出电压 u_o 的负半周部分，这样在一个周期内，通过电容 C 的充放电，在扬声器上得到完整的电压波形。

归纳

在输入信号的一个周期内，两只管子轮流交替工作，共同完成对输入信号的放大工作，最后输出波形在负载上合成得到完整的正弦波。

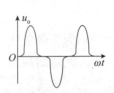

图 2-9-4　交越失真

分析时，把三极管的门限电压看做为零，但实际中，门限电压不能为零，且电压和电流的关系不是线性的。在输入电压较低时，输出电压存在着死区，此段输出电压与输入电压不存在线性关系，即产生失真。这种失真出现在通过零值处，因此它被称为交越失真，如图 2-9-4 所示。同样，该电路的输出波形 u_o 存在交越失真，为了克服交越失真，采用甲乙类单电源互补对称功率放大电路，如图 2-9-3(b)所示。它是在静态时利用 VD_1、VD_2 两个二极管的偏置作用，给两功放管设置小数值的静态电流，使两功放管处于微导通状态，从而有效地克服了死区电压的影响。

从单电源互补对称功率放大电路的工作原理可以得出，电容的放电起到了负电源的作用，从而相当于双电源工作。只是输出电压的幅度减少了一半，因此，最大输出功率、效率也都相应降低。

2. 双电源互补对称功率放大电路(OCL 功率放大器)

OCL 功率放大器是指没有输出端耦合电容的功率放大器电路。如图 2-9-5 所示。从电路中可以看出，这一放大器电路采用正、负电源供电，即 $+V_{CC}$ 和 $-V_{CC}$，并且是对称的正、负电源供电,也就是$+V_{CC}$和$-V_{CC}$的电压大小相等,这是 OCL 功率放大器电路的一个特点。

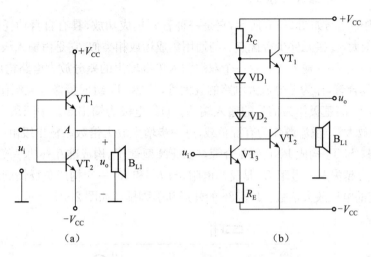

图 2-9-5 双电源互补对称功率放大器

(a)乙类双电源互补对称功率放大器;(b)甲乙类双电源互补对称功率放大器

由于电路对称,静态时两功率管 VT$_1$ 和 VT$_2$ 的电流相等,所以负载扬声器中无电流通过,两管的发射极电位 $V_A=0$。它的工作原理与无输出变压器(OTL)的单电源互补对称放大电路相似。

归纳

OCL 功率放大器与 OTL 功率放大器比较具有下列特点:

(1)省去了输出端耦合电容器,扬声器直接与放大器输出端相连,如果电路出现故障,功率放大器输出端直流电压异常,这一异常的直流电压直接加到扬声器上,因为扬声器的直流电阻很小,便有很大的直流电流通过扬声器,损坏扬声器是必然的。所以,OCL 功率放大器使扬声器被烧坏的可能性大大增加,这是一个缺点。在一些 OCL 功率放大器中为了防止扬声器损坏,设置了扬声器保护电路。

(2)由于要求采用正、负对称直流电源供电,电源电路的结构复杂,增加了电源电路的成本。所谓正、负对称直流电源就是正、负直流电源电压的绝对值相同,极性不同。

(3)无论什么类型的 OCL 功率放大器,其输出端的直流电压都等于 0 V,这一点要牢记,对检修十分有用。检查 OCL 功率放大器是否出现故障,只要测量这一点的直流电压是不是为 0 V,不为 0 V 就说明放大器已出现故障。

2.9.3 集成功率放大电路 LM386

采用集成工艺把功率放大器中的半导体三极管和电阻器等元件组合的电路制作在一块硅片上就制成了集成功率放大器。由于集成功率放大器具有使用方便,成本不高,体积小,重量轻等优点,因而被广泛应用在收音机、录音机、电视机,直流伺服电路等功率放大中。下面以低频功率放大器 LM386 为例,介绍集成功率放大器的电路组成、工作原理和应用。

1. LM386 的内部电路及工作原理

LM386 的内部电路如图 2-9-6 所示，它是一种音频集成功放，具有自身功耗低，电压增益可调，电源电压范围大，外接元件少等优点。与通用集成运放相类似，它是由输入级、中间级和输出级组成的三级放大电路。输入级是由一个双端输入单端输出的差分放大电路构成，T_1 和 T_2、T_3 和 T_4 分别构成复合管，作为差分放大电路的放大管，T_5 和 T_6 组成镜像电流源作为 T_1 和 T_2 的有源负载，T_3 和 T_4 的基极作为信号的输入端，T_2 的集电极为输出端。中间级由一个共射放大电路构成，T_7 为放大管，恒流源作为有源负载，进一步增大放大倍数。输出级由一个互补型功率放大电路构成，T_8 与 T_9 构成 PNP 型复合管，与 NPN 型管 T_{10} 构成准互补功率放大电路输出级。D_1、D_2 用于消除交越失真。电阻 R_7 是反馈电阻，与 R_5 和 R_6 一起构成负反馈网络，使整个功率放大器具有稳定的电压放大倍数。LM386 的外形和引脚排列如图 2-9-7 所示。

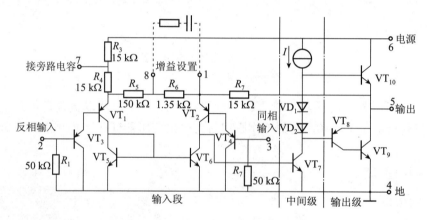

图 2-9-6　LM386 内部电路原理图

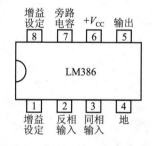

图 2-9-7　LM386 的外形和引脚的排列

2. LM386 的主要性能指标

集成功率放大电路的主要性能指标主要有最大输出功率，电源电压范围，电源静态电流、电压增益、频带宽、输入阻抗、输入偏置电流等。LM386—4 的主要性能指标参数见表 2-9-1。

表 2-9-1　LM386—4 的主要参数

型　号	输出功率	电源电压范围	电源静态电流	输入阻抗	电压增益	频带宽
LM386	1 W（V_{CC}=16 V，R_L=32 Ω）	5～18 V	4 mA	50 kΩ	26～46 dB	300 kHZ（1、8 脚开路）

3. LM386 的应用

图 2-9-8 所示扬声器驱动电路是集成功率放大电路 LM386 的一般用法。C_1 为输出电容，可调电位器只 R_W 可调节扬声器的音量，R 和 C_2 串联构成校正网络来进行相位补偿，R_2 用来改变电压增益，C_5 为电源滤波电容，C_4 为旁路电容。

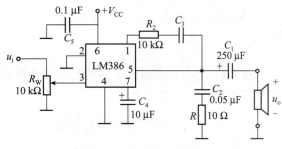

图 2-9-8 LM386 的一般用法

2.10 放大电路中的负反馈

学习目标

1. 掌握放大电路中反馈的种类与判断方法。

2. 理解负反馈对放大电路的影响。

反馈在科学技术中的应用非常广泛，通常的自动调节和自动控制系统都是基于反馈原理构成的。利用反馈原理还可以实现稳压、稳流等。在放大电路中引入适当的反馈，可以改善放大电路的性能，实现有源滤波及模拟运算，也可以构成各种振荡电路等。

2.10.1 反馈的基本概念

将放大电路输出信号（电压或电流）的一部分或全部，通过某种电路（称为反馈电路）送回到输入回路，从而影响输入信号的过程称为反馈。反馈到输入回路的信号称为反馈信号。

如图 2-10-1 所示为负反馈放大电路的原理框图，它由基本放大电路、反馈网络和比较环节 3 部分组成。**基本放大电路**由单级或多级组成，完成信号从输入端到输出端的正向传输。反馈网络一般由电阻元件组成，完成信号从输出端到输入端的反向传输，即通过它来实现反馈。图中箭头表示信号的传输方向，x_i、x_o、x_f 和 x_d 分别表示外部输入信号、

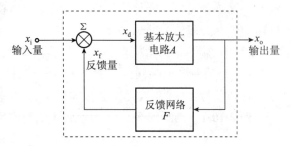

图 2-10-1 负反馈放大电路的原理框图

输出信号、反馈信号和基本放大电路的净输入信号，它们既可以是电压，也可以是电流。比较环节实现外部输入信号与反馈信号的叠加，以得到净输入信号 x_d。

设基本放大电路的放大倍数为 A，反馈网络的反馈系数为 F 则由图 2-10-1 可得：

$$x_d = x_i - x_f$$

$$x_o = Ax_d$$

$$x_f = Fx_o$$

反馈放大电路的放大倍数为：

$$A_f = \frac{x_o}{x_i} = \frac{x_o}{x_d + x_f} = \frac{A}{1 + AF}$$

通常称 A_f 为反馈放大电路的闭环放大倍数，A 为开环放大倍数，$1 + AF$ 为反馈深度，它反映了负反馈的程度。

2. 10. 2 反馈的类型和判别方法

放大电路中是否引入反馈和引入何种形式的反馈，对放大电路的性能影响是有很大区别的。因此，在具体分析反馈放大电路之前，首先要搞清楚是否有反馈，反馈量是直流还是交流？是电压还是电流？反馈到输入端后与输入信号是如何叠加的，是加强了原输入信号还是削弱了原输入信号？下面我们从定性的角度研究这几个问题。

1. 正反馈与负反馈

在反馈放大电路中，由于是将输出量通过反馈网络引回到输入回路来影响输入量，这必然会使电路的放大倍数受到影响。其影响有两种可能：一种是反馈量 x_f 与输入量 x_i 比较的结果，使净输入量 x_d 增大，导致放大倍数提高，此为正反馈；另一种是反馈量 x_f 与输入量 x_i 比较的结果使净输入量 x_d 减少，导致放大倍数降低，此为负反馈。正反馈和负反馈也叫反馈的极性。可见，放大电路中引入不同极性的反馈，对电路的影响截然不同。正反馈能使放大倍数提高，但正反馈过强时，将引起电路产生自激振荡，破坏了放大电路性能，因此，放大电路中很少采用正反馈，一般多用于振荡电路之中。负反馈虽然使放大倍数降低，但却以此为代价换得放大电路性能的改善，因此，被广泛地采用。

判断放大电路中引入的是正反馈还是负反馈，通常采用的方法是"瞬时极性法"，具体方法如下：

（1）假定放大电路工作在中频信号频率范围，则电路中电抗元件的影响可以忽略；

（2）假定放大电路输入的正弦信号处于某一瞬时极性（用 ⊕、⊖ 号表示瞬时极性的正、负，或代表该点瞬时信号变化的升高或降低），然后按照先放大，后反馈的正向传输顺序逐级推出电路中各有关点信号的瞬时极性；

（3）反馈网络一般为线性电阻网络，其输入、输出端信号的瞬时极性相同；

（4）最后判断反馈到输入回路信号的瞬时极性是增强还是减弱原输入信号（或净输入信号），增强者为正反馈，减弱者则为负反馈。

例 2-10-1 判断图 2-10-2 所示放大电路中反馈的极性。

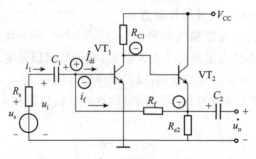

图 2-10-2　反馈放大电路

解：判断反馈极性前先判断电路中是否存在反馈，只须判断电路中有无反馈通路（即反馈网络）。有者存在反馈，无者则不存在反馈。找反馈网络，即找出将电路的输出与输入联系起来的元件，如图中电阻元件 R_f，说明电路中存在反馈。再根据"瞬时极性法"（对交流或动态而言）进行判断：假定电路输入中频信号电压 u_s 的瞬时极性为上正下负（见图中所标＋、－号），则 VT_1 基极信号电压的瞬时极性为⊕，集电极电压的瞬时极性为⊖（共发射极电路集电极和发射极电压的瞬时极性与基极电压瞬时极性的关系为"射同、集反"）；VT_2 的基极电压瞬时极性为⊖，发射极电压瞬时极性为⊖（共集电极放大电路电压的瞬时极性关系为"基、射相同"）；经反馈网络 R_f 反馈到 VT_1 基极时，电压的瞬时极性仍为⊖，这一⊖极性的反馈信号与原输入信号的瞬时极性⊕相比较（叠加），结果使净输入信号减小，由此便可判断此电路引入的是负反馈。

瞬时极性法的关键在于要清晰地判断放大电路的组态，是共发射极、共集电极还是共基极放大。每一种组态放大电路的信号输入点和输出点都不一样，其瞬时极性也不一样。基本放大电路的三种组态见表 2-10-1 所示。相位差 180°则瞬时极性相反；相位差 0°则瞬时极性相同。

表 2-10-1　不同组态放大电路的相位差

电路类型	输入极	公共极	输出极	相位差
共发射极放大电路	基极	发射极	集电极	180°
共集电极放大电路	基极	集电极	发射极	0°
共基电极放大电路	发射极	基极	集电极	0°

2. 直流反馈与交流反馈

反馈信号中只含直流成分的称直流反馈，只含交流成分的，则称交流反馈，但是，在很多情况下，交、直流反馈是同时存在的。直流反馈仅对放大电路的直流性能（如静态工作点）有影响；交流反馈则只对其交流性能（如放大倍数、输入电阻、输出电阻等）有影响；而交、直流反馈则对二者均有影响。判断反馈的交、直流性质，只须判断反馈网络的交、直流通路即可。如图 2-10-2 所示电路，因反馈网络 R_f 既可通过直流，又可通过交流。使反馈信号中含交、直流两种成分，故为交、直流反馈。

3. 电压反馈与电流反馈

反馈信号取自输出电压的称电压反馈，取自输出电流的则称电流反馈。电压反馈时，反馈网络与基本放大电路在输出端并联连接，反馈信号正比于输出电压；电流反馈时，反馈网络与基本放大电路在输出端串联连接，反馈信号正比于输出电流。

一般，在放大电路中引入电压负反馈，可以稳定输出电压；引入电流负反馈，则可以稳定输出电流。判断电路中引入的是电压反馈还是电流反馈，通常采用"交流短路法"。具体方法是：假定将放大电路的输出端交流短路（即令 $u_o=0$），如果反馈信号 x_f 消失，则引入的是电压反馈，如果 x_f 依然存在，则为电流反馈。如图 2-10-3(a)、图 2-10-3(b)所示。

4. 串联反馈与并联反馈

反馈信号与输入信号在输入回路中串联连接者，称串联反馈；并联连接者则称并联反馈。在放大电路中引入串联负反馈，可以使放大电路的输入电阻增大；引入并联负反馈，则可以使放大电路的输入电阻减小。

判断电路中引入的是串联反馈还是并联反馈，可同样采用"交流短路法"。具体方法是：假定将放大电路的输入端交流短路，如果反馈信号 x_f 依然能加到基本放大电路的输入端，则为串联反馈，否则为并联反馈。如图 2-10-3(c)、图 2-10-3(d)所示。

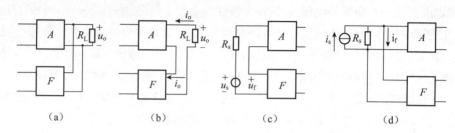

图 2-10-3　负反馈电路的四种组态

(a)电压负反馈；(b)电流负反馈；(c)串联负反馈；(d)并联负反馈

例 2-10-2　判断图 2-10-4 所示放大电路中引入的反馈是电压反馈，还是电流反馈；是串联反馈，还是并联反馈。

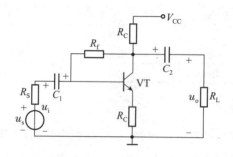

图 2-10-4　反馈放大电路

解：先判断反馈信号的取样对象，用"交流短路法"进行；假设将图中电路的输出端交流短路，由于反馈网络 R_f 接在输出端（共发射极放大电路的集电极），故短路后，反馈信号消失，说明反馈信号是取自于输出电压的，肯定是电压反馈。再判断反馈信号在输入端的连接方式，依"交流短路法"，假设将输入端交流短路，由于反馈网络 R_f 接在输入端（共发射极电路的基极），短路的结果使反馈信号不复存在，故是并联反馈。综合上述分析的结果：判断该电路引入的反馈为电压并联反馈。

由上例还可以看出，对于共发射极放大电路，只要看反馈网络与输入、输出回路的连接点即可判断出反馈形式。如反馈网络与输出端子（集电极）连接，肯定是电压反馈，否则为电流反馈；如反馈网络与输入端子（基极）连接，肯定是并联反馈，否则是串联反馈。

总之，放大电路中的反馈形式从极性来看有正反馈与负反馈两种，从反馈信号的交、直流性质来看，有直流反馈与交流反馈；从反馈信号的取样对象来看，有电压反馈与电流反馈；从反馈信号与输入信号的连接方式来看，有串联反馈与并联反馈。

2.10.3　负反馈对放大电路性能的影响

负反馈放大电路中，反馈信号削弱了输入信号，使净输入信号减小，放大倍数下降。但是，其他指标却可以因此而得到改善。

1. 降低放大倍数

由带有负反馈的放大电路方框图可见,在未引入负反馈时的放大倍数(称开环放大倍数)为 A。引入负反馈后的放大倍数为 A_f 则有:

$$A_f = \frac{A}{1+AF} \tag{2-10-1}$$

反馈系数越大,闭环放大倍数 A_f 越小,甚至小于1。

2. 提高放大倍数的稳定性

当外界条件变化时(如温度变化、管子老化、元件参数变化、电源电压波动等等),会引起放大倍数的变化,甚至引起输出信号的失真。而引入负反馈后,则可以利用反馈量进行自我调节,提高放大倍数的稳定性,这是牺牲了一定的放大倍数而获得的好处。

3. 减小非线性失真

一个无负反馈的放大电路,即使设置了合适的静态工作点,由于存在三极管等非线性元件,也会产生非线性失真。当输入信号为正弦波时,输出信号不是正弦波,比如产生了正半周大而负半周小的非线性失真,如图 2-10-5(a)所示。

引入负反馈可以使非线性失真减小。因为引入负反馈后,这种失真了的信号经反馈网络又送回到输入端,与输入信号反相叠加,得到的净输入信号为正半周小而负半周大。这样正好弥补了放大电路的缺陷,使输出信号比较接近于正弦波,如图 2-10-5(b)所示。

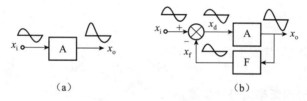

图 2-10-5 负反馈对非线性失义的改善

(a)无反馈时波形失真;(b)加反馈时改善失真

4. 展宽通频带

前已述及,放大电路对不同频率信号的放大倍数不同,只有在通频带范围内的信号,放大倍数才可视为基本一致,可以得到正常的放大。因此,对于频率范围较宽的信号,通常要求放大电路具有较宽的通频带。负反馈电路能扩展放大电路的通频带宽度,使放大电路具有更好的通频特性。

5. 改变输入电阻和输出电阻

负反馈对输入电阻和输出电阻的影响,因反馈方式而异。

对输入电阻的影响仅与输入端反馈的连接方式有关。对于串联负反馈,由于反馈网络和输入回路串联,总输入电阻为基本放大电路本身的输入电阻与反馈网络的等效电阻两部分串联相加,故可使放大电路的输入电阻增大。对于并联负反馈,由于反馈网络和输入回路并联,总输入电阻为基本放大电路本身的输入电阻与反馈网络的等效电阻两部分并联,故可使放大电路的输入电阻减小。

对输出电阻的影响仅与输出端反馈的连接方式有关。对于电压负反馈,由于反馈信号正比于输出电压,反馈的作用是使输出电压趋于稳定,使其受负载变动的影响减小,也就是使放大电路的输出特性接近理想电压源特性,故而使输出电阻减小。对于电流负反馈,由于反馈信号正比于输出电流,反馈的作用是使输出电流趋于稳定,使其受负载变动的影响减小,也就是使放大电路的输出特性接近理想电流源特性,故而使输出电阻增大。

在电路设计中,可根据对输入电阻和输出电阻的具体要求,引入适当的负反馈。例如,若希望减小放大电路的输出电阻,可引入电压负反馈;若希望提高输入电阻,可引入串联负反馈等。

2.11 技能训练:集成功率放大器的安装与调试

一、技能目标

1. 掌握基本的手工焊接技术。
2. 能熟练使用示波器以及低频信号发生器。
3. 会判断并检修音频功放电路的简单故障。
4. 会安装与调试音频功放电路。
5. 根据原理图,能准确规划印制板线路。

二、工具、元件和仪器

1. 电烙铁等常用电子装配工具。
2. LM386、电阻等。
3. 万用表、示波器和低频信号发生器。

三、实训步骤

1. 电路原理图

图 2-11-1 所示为电路原理图。

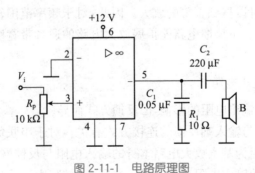

图 2-11-1 电路原理图

2. 装配要求和方法

工艺流程:准备→熟悉工艺要求→绘制装配草图→核对元件数量、规格、型号→元件检测→元件预加工→装配、焊接→总装加工→自检。

(1) 准备:将工作台整理有序,工具摆放合理,准备好必要的物品。

(2) 熟悉工艺要求:认真阅读电路原理图和工艺要求。

(3) 绘制装配草图。如图 2-11-2 所示。

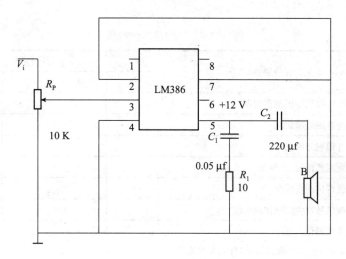

图 2-11-2 装配草图

(4) 元件检测:用万用表的电阻挡对元件进行逐一检测,对不符合质量要求的元件剔除并更换。

(5) 元件预加工。

(6) 万能电路板装配工艺要求。

①电阻采用水平安装方式,紧贴印制板,色码方向一致。

②电容采用垂直安装方式,高度要求为电容的底部离板 6 mm。

③微调电位器应贴板安装。

④所有焊点均采用直脚焊,焊接完成后剪去多余引脚,留头在焊面以上 0.5～1 mm,且不能损伤焊接面。

⑤万能接线板布线应正确、平直,转角处成直角;焊接可靠,无漏焊、短路等现象。

(7) 自检:对已完成的装配、焊接的工件仔细检查质量,重点是装配的准确性,包括元件位置等;检查有无影响安全性能指标的缺陷。

3. 调试、测量

(1) 在 V_i 处接入音频信号,听喇叭有无放大声音。

(2) 将低频信号发生器产生一个 30 mV、1 kHz 的信号,用示波器分别观察输入、输出波形,完成表 2-11-1。

表2-11-1 测量表

输入波形	输出波形

四、项目评价

项目考核评价如表 2-11-2 所示。

表 2-11-2 项目考核评价表

评价指标	评价要点	评价结果				
		优	良	中	合格	差
理论知识	1.LM386 应用知识掌握情况					
	2.装配草图绘制情况					
技能水平	1.元件识别与清点					
	2.课题工艺情况					
	3.课题调试测量情况					
	4.低频信号发生器操作熟练度					
	5.示波器操作熟练度					
安全操作	能否按照安全操作规程操作,有无发生安全事故,有无损坏仪表					

总评	评别	优	良	中	合格	差	总评得分	
		100～88	87～75	74～65	64～55	≤54		

 本章小结

1. 半导体三极管是一种电流控制元件,具有电流放大作用。所谓电流放大作用,实质上是一种能量控制作用。放大作用的实现,必须满足三极管的发射结正向偏置和集电结反向偏置的条件,并且合理设置静态工作点。

2. 分析放大电路的目的主要有两个:一是确定静态工作点,二是计算放大电路的动态性能指标,比如电压放大倍数、输入电阻和输出电阻等。主要的分析方法有两种:一是利用放大电路的直流通路、交流通路和微变等效电路进行分析和估算;二是利用图解法进行分析和估算。

3. 多级放大电路常用的耦合方式有阻容耦合、直接耦合、变压器耦合和光电耦合等。本章以阻容耦合电路为例介绍了多级放大电路的性能指标。

4. 场效应管通常用转移特性来表示输入电压对输出电流的控制性能,用输出特性的三个区来表示它的输出性能:工作于可变电阻区的 FET 可作为压控电阻使用;工作于放大区可作为放大器件使用;工作于截止区和导通区(通常指可变电阻区)时可作为开关使用。绝缘栅场效应管是利用改变栅源电压来改变导电沟道宽窄的。MOS 管分 N 沟道和 P 沟通两种,每一种还分增强型和耗尽型。MOS 管由于制造工艺简单,十分便于大规模集成,所以在大规模和超大规模数字集成电路中得到极为广泛的应用,同时在集成运算放大器和其他模拟集成电路中已得到迅速发展。

5. 按反馈性质的不同,反馈有正反馈和负反馈之分,可用瞬间极性法来判别。按输出端取样的不同,反馈分为电压反馈和电流反馈;按输入端比较对象的不同,反馈分为串联反馈和并联反馈。在放大电路中广泛采用的是负反馈放大电路。

思考题和习题

2—1　半导体三极管主要功能是什么? 放大的实质是什么? 放大的能力用什么来衡量?

2—2　在电路中测出各三极管的三个电极对地电位如习题图 2-1 所示,试判断各三极管处于何种工作状态(设习题图 2-1 中 PNP 型均为锗管,NPN 型为硅管)。

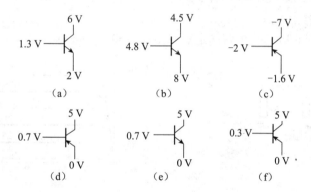

习题图 2-1　题 2—2 图

2—3　场效应管和三极管相比有何特点?

2—4　什么叫非线性失真? 非线性失真与线性失真的区别是什么?

2—5　如习题图 2-2 所示的共射放大电路中各元器件的作用分别是什么?

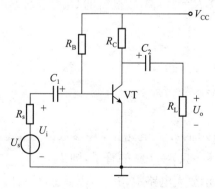

习题图 2-2　题 2—5 图

2－6 电路如习题图 2-3 所示，调整电位器 R_w 可以调整电路的静态工作点。

试问：(1)要使 $I_C＝2\ mA$，R_w 应为多大？

(2)使电压 $U_{CE}＝4.5\ V$，R_w 应为多大？

2－7 放大电路及元件参数如习题图 2-4 所示，三极管选用 3DG105，$\beta＝50$。分别计算 R_L 开路和 $R_L＝4.7\ k\Omega$ 时的电压放大倍数 A_u。

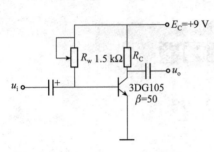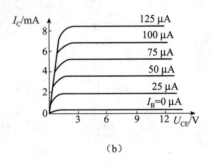

习题图 2-3 题 2－6 图　　　　　习题图 2-4 题 2－7 图

2－8 放大电路和三极管的输出特性曲线如习题图 2-5 所示。已知 $V_{CC}＝12\ V$，$R_B＝160\ k\Omega$，$R_C＝2\ k\Omega$，I_{BQ} 按 V_{CC}/R_B 估算。

(1)求出静态工作点 Q_1；

(2)若 R_C 增大到 $6\ k\Omega$ 时，重新确定静态工作点 Q_2，试问 Q_2 点合理吗？为什么？

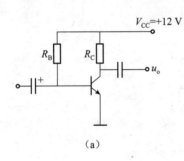

(a)　　　　　　　　　　　　(b)

习题图 2-5 题 2－8 图

(a)电路；(b)输出特性曲线

2－9 在如习题图 2-6 所示的放大电路中，$V_{CC}＝12\ V$，$R_B＝360\ k\Omega$，$R_C＝3\ k\Omega$，$R_E＝2\ k\Omega$，$R_L＝3\ k\Omega$，三极管的 $U_{BE}＝0.7\ V$，$\beta＝60$。

(1)求静态工作点；

(2)画出微变等效电路；

(3)求电路输入输出电阻；

(4)求电压放大倍数 A_u。

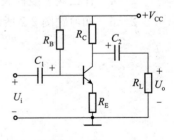

习题图 2-6 题 2－9 图

2－10 在习题图 2-7 所示的放大电路中，各参数的数值已标注在图上，现测得 $I_{BQ}＝30\ \mu A$，$I_{CQ}＝1.5\ mA$。若更换一只 $\beta＝100$ 的管子，则 $I_{BQ}＝$＿＿＿＿＿ μA，$I_{CQ}＝$＿＿＿＿＿ mA。

2－11 在习题图 2-8 所示放大电路中，$\beta＝50$，U_{BE} 忽略不计。

(1)当 R_P 最大时，$I_{BQ}\approx$＿＿＿＿＿ μA，$I_{CQ}＝$＿＿＿＿＿ mA，$U_{CEQ}\approx$＿＿＿＿＿ V，晶体三极管

处于_____状态；

(2)当 R_P 最小时，$I_{BQ}\approx$_____μA，$I_{CQ}=$_____mA，$U_{CEQ}\approx$_____V，晶体三极管处于_____状态；

(3)若基极脱焊，$U_{CEQ}\approx$_____V，晶体三极管处于_____状态。

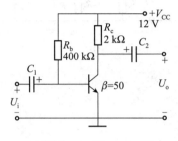

习题图 2-7　题 2—10 图

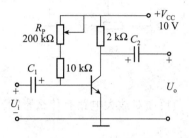

习题图 2-8　题 2—11 图

2—12　什么叫饱和失真？什么叫截止失真？如何消除这两种失真？

2—13　如习题图 2-9 所示分压式偏置放大电路中，已知三极管的 $\beta=50$，$V_{CC}=16V$，$R_{B1}=60\ k\Omega$，$R_{B2}=20\ k\Omega$，$R_C=3\ k\Omega$，$R_E=2\ k\Omega$，$R_L=6\ k\Omega$，三极管的 $U_{BE}=0.7\ V$。

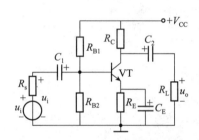
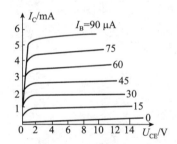

习题图 2-9　题 2—13 图

(1)画出放大电路的直流通路和交流通路；

(2)求放大电路的静态工作点。

2—14　射极输出器有哪些主要特点与用途？

2—15　功率放大电路的主要任务是什么？对功率放大电路有什么要求？

2—16　反馈有哪几种类型？直流负反馈和交流负反馈有什么作用？

2—17　什么是反馈信号？反馈信号与输出信号的类型是否相同？

2—18　串联和并联反馈有什么有关？电压和电流反馈有什么有关？

2—19　某负反馈放大器的基本电压增益 $A=1250$，若反馈系数 F 分别为 0.1、0.01、0.001，那么放大器的闭环增益 $A_f=$？

2—20　某负反馈放大电路其电压反馈系数 $F=0.1$，如果要求放大倍数 A_f 在 30 以上，其开环放大倍数最少应为多少？

2—21　如习题图 2-10 电路，分别指出反馈元件，并判断各引入何种反馈类型。

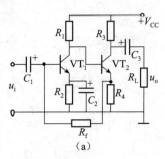

（a）

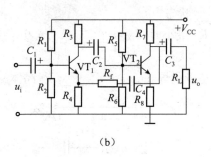

（b）

图 2-10 题 2-21 图

2-22 负反馈对放大电路有什么影响？

第 3 章　集成运算放大电路

··

  任务导入

集成运算放大器是一种通用性很强的集成电路,是集成化的运算放大器,应用相当广泛。通俗地讲,运算放大器是一种开环放大倍数高达万倍的直流放大器,它早期用于模拟计算机中作为基本运算单元,完成加、减、乘、除等数学运算,所以有运算放大器之称。重点掌握集成运放的符号及元件的引脚功能,从理解它的基本运算电路入手,逐步掌握其他的集成运算放大器电路的分析,并且会安装和使用集成运放组成的应用电路。

3.1　差动放大电路

  学习目标

1. 了解集成运放的电路结构及抑制零点漂移的方法。
2. 了解差动放大器的工作原理。
3. 理解差模与共模、共模抑制比的概念。

3.1.1　零点漂移

1. 零点漂移现象

用来放大直流信号的放大电路称为直流放大器,直流放大器不能使用阻容耦合或变压器耦合方式,应采用直接耦合方式才能使直流信号逐级顺利传送。我们知道,当放大电路处于静态时,即输入信号电压为零时,输出端的静态电压应为恒定不变的稳定值。但是在直流放大电路中,即使输入信号电压为零,输出电压也会偏离稳定值而发生缓慢的、无规则的变化,这种现象叫做零点漂移,简称零漂,如图 3-1-1(b)所示。如图 3-1-1(a)所示直接耦合放大电路中,即使将输入端短路,在其输出端也会有变化缓慢的电压输出,即 $\Delta U_i = 0$,$\Delta U_o \neq 0$。

2. 产生零点漂移的原因

产生零点漂移的原因有电源电压的波动、温度变化、元件老化等,其中温度变化是产生零漂的最主要的原因,因此,也称为温度漂移。

3. 抑制零点漂移的措施

（1）选用稳定性能好的高质量的硅管。

（2）采用高稳定性的稳压电源可以抑制由电源电压波动引起的零漂。

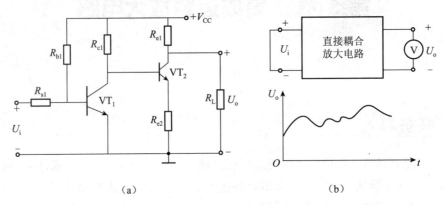

（a）   （b）

图 3-1-1   直接耦合放大电路及其零点漂移现象

(a)直接耦合放大电路；(b)零点漂移现象

（3）利用恒温系统来减小由温度变化引起的零漂。

（4）利用两只特性相同的三极管组成差动放大器，它可以有效地抑制零漂。

3.1.2   差动放大电路

1. 电路组成

图 3-1-2 所示是一个基本差动放大电路，它由完全相同的两个共发射极单管放大电路组

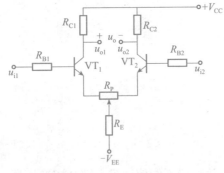

图 3-1-2   基本差动放大电路

成。要求两个晶体管特性一致，两侧电路参数对称。电路有两个输入端和两个输出端。当输入信号从某个管子的基极与"地"之间加入，称为单端输入如 u_{i1}、u_{i2}；而输入信号从两个基极之间加入，称为双端输入 u_i，因此 $u_i = u_{i1} - u_{i2}$。若输出电压从某个管子的集电极和"地"之间取出，称为单端输出，如 u_{o1}、u_{o2}；而输出电压从两集电极之间取出，称为双端输出 u_o，显然 $u_o = u_{o1} - u_{o2}$。差动放大电路没有耦合电容，是直接耦合放大电路。

2. 静态特性

在静态时，$u_{i1} = u_{i2} = 0$，即在图 3-1-2 中将两个输入端短路，此时由负电源 V_{EE} 通过电阻 R_E 和两管发射极提供两管的基极电流。由于电路的对称性，两管的集电极电流相等，集电极电位也相等，即：$I_{C1} = I_{C2}$，$U_{C1} = U_{C2}$ 故输出电压 $u_o = U_{C1} - U_{C2} = 0$

当温度发生变化时，例如当温度升高时，两管的集电极电流都会增大，集电极电位都会下降。由于电路是对称的，所以两管的变化量相等。即：

$$\Delta I_{C1} = \Delta I_{C2}$$

$$\Delta U_{C1} = \Delta U_{C2}$$

虽然每个管子都产生了零点漂移,但是,由于两管集电极电位的变化是互相抵消的,所以输出电压依然为零,即:

$$u_o = (U_{C1} + \Delta U_{C1}) - (U_{C2} + \Delta U_{C2}) = \Delta U_{C1} - \Delta U_{C2} = 0$$

可见零点漂移完全被抑制了。对称差动放大电路对两管所产生的同向漂移(不管是什么原因引起的)都具有抑制作用,这是它的突出优点。但是在实际应用中,很难做到电路的严格对称,因此只能尽可能地减少零点漂移现象。对称性越好的电路,抑制零点漂移的能力越好。

3. 动态特性

当有信号输入时,对称差动放大电路(图3-1-2)的工作情况可以分为下列几种输入方式来分析。

1) 共模输入

若两个输入信号电压 u_{i1} 和 u_{i2} 的大小相等、极性相同,即 $u_{i1} = u_{i2} = u_{ic}$,这样的输入称为共模输入。大小相等,极性相同的信号称为共模信号。

在共模输入信号作用下,对于完全对称的差动放大电路来说,显然两管的集电极电位变化相同,即 $u_{o1} = u_{o2}$,因而输出电压为: $u_o = u_{o1} - u_{o2} = 0$。

可见,差动放大电路对共模信号没有放大能力,共模电压放大倍数为:

$$A_C = \frac{u_o}{u_{ic}} = 0$$

实际上,差动放大电路对零点漂移的抑制就是该电路抑制共模信号的一个特例。因为折合到两个输入端的等效漂移电压如果相同,就相当于给放大电路加了一对共模信号。所以,差动放大电路抑制共模信号能力的大小,也反映出它对零点漂移的抑制水平。

2) 差模输入

若两个输入信号电压 u_{i1} 和 u_{i2} 的大小相等、极性相反,即 $u_{i1} = -u_{i2} = \frac{1}{2} u_{id}$,这样的输入称为差模输入。大小相等,极性相反的信号称为差模信号。

设 $u_{i1} > 0, u_{i2} < 0$,则 VT_1 管集电极电流的增加量等于 VT_2 管集电极电流的减小量。这样,两个集电极电位一增一减,呈现异向变化,因而 VT_1 管集电极输出电压 u_{o1} 与 VT_2 管集电极输出电压 u_{o2} 大小相等、极性相反,即 $u_{o1} = -u_{o2}$,输出电压为:

$$u_o = u_{o1} - u_{o2} = 2u_{o1} \neq 0$$

可见在差模输入信号的作用下,差动放大电路的输出电压为两管各自输出电压变化量的两倍,即差动放大电路对差模信号有放大能力。

差模电压放大倍数为: $A_d = \frac{u_o}{u_{id}} = \frac{2u_{o1}}{2u_{i1}} = -\frac{\beta R'_L}{R_B + r_{be}}$,与共发射极单管放大电路的电压放大倍数相同。式中: $R'_L = R_C // \left(\frac{R_L}{2}\right)$

差模输入电阻: $r_{id} = 2(R_B + r_{be})$

差模输出电阻: $r_o = 2r_{o1} = 2R_C$

3) 比较输入

两个输入信号电压的大小和相对极性是任意的,既非共模,又非差模,这种输入称为比较输入。比较输入在自动控制系统中是常见的。

比较输入可以分解为一对共模信号和一对差模信号的组合,即

$$u_{i1} = u_{ic} + u_{id}$$
$$u_{i2} = u_{ic} - u_{id}$$

式中:u_{ic}——共模信号;

u_{id}——差模信号。

由以上两式可解得:

$$u_{ic} = \frac{1}{2}(u_{i1} + u_{i2})$$

$$u_{id} = \frac{1}{2}(u_{i1} - u_{i2})$$

例如,比较输入信号为 $u_{i1} = 10$ mV,$u_{i2} = -4$ mV,则共模信号为 $u_{ic} = 3$ mV,差模信号为 $u_{id} = 7$ mV。

对于线性差动放大电路,可用叠加定理求得输出电压:

$$u_{o1} = A_c u_{ic} + A_d u_{id}$$
$$u_{o2} = A_c u_{ic} - A_d u_{id}$$
$$u_o = u_{o1} - u_{o2} = 2A_d u_{id} = A_d(u_{i1} - u_{i2})$$

上式表明,输出电压的大小仅与输入电压的差值有关,而与信号本身的大小无关,这就是差动放大电路的差值特性。

归纳

对于差动放大电路来说,差模信号是有用信号,要求对差模信号有较大的放大倍数;而共模信号是干扰信号,因此对共模信号的放大倍数越小越好。对共模信号的放大倍数越小,就意味着零点漂移越小,抗共模干扰的能力越强,当用作差动放大时,就越能准确、灵敏地反映出信号的偏差值。

4. 共模抑制比

为了说明差动放大电路抑制共模信号的能力,常用共模抑制比 K_{CMR} 这项指标来衡量。共模抑制比 K_{CMR} 的定义为:放大电路对差模信号的电压放大倍数 A_d 和对共模信号的电压放大倍数 A_c 之比的绝对值,即

$$K_{CMR} = \left| \frac{A_d}{A_c} \right| \tag{3-1-1}$$

差模电压放大倍数越大,共模电压放大倍数越小,则共模抑制能力越强,放大电路的性能越优良,也就是说,希望 K_{CMR} 的值越大越好。共模抑制比通常用分贝(dB)数来表示

$$K_{CMR} = 20\lg \left| \frac{A_d}{A_c} \right| (dB) \tag{3-1-2}$$

在图 3-1-2 所示的差动放大电路中,若电路参数完全对称,则共模电压放大倍数 $A_c = 0$,其 K_{CMR} 将是一个很大的数值,理想情况下可以看成无穷大。

注意

在差动放大电路中,温度或电源电压的波动,会引起两管集电极电流相同的变化,其效果相当于共模输入方式。由于电路元件的对称性及发射极接有恒流源,在理想情况下,可使输出

电压保持不变,从而抑制了零点漂移。当然,实际上要做到两管电流完全对称和理想恒流源是比较困难的,由于实际的电路元件存在微小的不对称,造成差动放大电路静态时的输出电压不为 0。但是,可以在差动放大电路中加上调零电路使静态时的输出电压为 0。

3.2 集成运算放大电路简介

 学习目标

1. 了解集成电路。
2. 掌握集成运放的符号及元件的引脚功能。
3. 了解集成运放的主要参数。
4. 了解理想集成运放的特点。

3.2.1 认识集成电路

集成电路是相对于分立电路而言的,就是把整个电路的各个元件以及相互之间的连接同时制造在一块半导体芯片上,组成一个不可分割的整体。它与晶体管等分立元件连成的电路比较,体积更小,重量更轻,功耗更低。

就集成度而言,集成电路有小规模、中规模、大规模和超大规模集成电路之分。目前的超大规模集成电路,每块芯片上制有上亿个元件,而芯片面积只有几十平方毫米。就导电类型而言,有双极型、单极型(场效应管)和两者兼容的集成电路。就功能而言,集成电路有数字集成电路和模拟集成电路,而后者又有集成运算放大器、集成功率放大器、集成稳压电源和集成数模和模数转换器等许多种。表 3-2-1 列出了四种不同引脚分布的集成电路外形图。

表 3-2-1 四种不同引脚分布集成电路外形示意图

名 称	实物图	解 说
单列直插集成电路		它的引脚只有一列,引脚是直的
单列曲插集成电路		它的引脚只有一列,引脚是弯曲的
双列集成电路		它的引脚分成两列分布
四列集成电路		它的引脚分成四列分布

在模拟集成电路中,集成运算放大器(简称集成运放)是应用最为广泛的一种。集成运放是一种有高电压放大倍数、高输入电阻和低输出电阻的多级直接耦合放大电路。下面介绍集成运放的主要特点及组成原理。

3.2.2　集成运算放大器

1. 集成运放的特点

(1) 集成运放采用直接耦合方式,是高质量的直接耦合放大电路。

(2) 集成运放采用差动放大电路克服零点漂移。由于在很小的硅片上制作很多元件,所以可使元件的特性达到非常好的对称性,加之采用其他措施,集成运放的输入级具有高输入电阻、高差模放大倍数、高共模抑制比等良好性能。

(3) 用有源元件取代无源元件。用电流源电路提供各级静态电流,并以恒流源替代大阻值电阻。

(4) 采用复合管以提高电流放大系数。

2. 集成运放的组成及各部分的作用

集成运放有两个输入端,一个称为同相输入端,一个称为反相输入端;一个输出端。符号如图 3-2-1(b)所示。图中,带"－"号的输入端称为反相输入端,带"＋"号的输入端称为同相输入端,三角形符号表示运算放大器,"∞"表示开路增益极高。它的三个端分别用 U_-、U_+ 和 U_o 来表示。一般情况下可以不画出电源连线。其输入端对地输入,输出端对地输出。

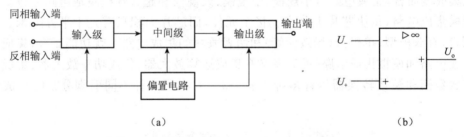

图 3-2-1　集成运放的符号及内部电路框图

(a)集成运放内部电路;(b)集成运放的符号

集成运放内部电路由四个部分组成,包括输入级、中间级、输出级和偏置电路,如图3-2-1(a)所示。

1) 输入级

输入级又称前置级,它是一个高性能的差动放大电路。输入级的好坏影响着集成运放的大多数参数。一般要求其输入电阻高,放大倍数大,抑制温度漂移的能力强,输入电压范围大,且静态电流小。

2) 中间级

中间级是整个电路的主放大器,主要功能是获得高的电压放大倍数。一般由多级放大电路组成,并以恒流源取代集电极电阻来提高电压放大倍数,其电压放大倍数可达千倍以上。

3) 输出级

输出级应具有输出电压范围宽,输出电阻小,有较强的带负载能力,非线性失真小等特点。

大多数集成运放的输出级采用准互补输出电路。

4）偏置电路

偏置电路用于设置集成运放各级放大电路的静态工作点。与分立元件电路不同,它采用电流源电路为各级提供合适的集电极静态电流,从而确定合适的管压降,以便得到合适的静态工作点。理想的集成运放,当同相输入端与反向输入端同时接地时,输出电压为 0 V。

3. 集成运放的主要参数

为了合理地选用和正确使用集成运放,必须了解表征其性能的主要参数(或称技术指标)的意义。

1）开环差模电压放大倍数 A_{od}

集成运放不外接反馈电路,输出不接负载时测出的差模电压放大倍数,称为开环差模电压放大倍数 A_{od}。此值越高,所构成的运算电路越稳定,运算精度也越高。A_{od} 一般为 $10^4 \sim 10^7$,即 $80 \sim 140$ dB。

2）输入失调电压 U_{io}

理想的集成运算放大器,当输入电压为 0(即反相输入端和同相输入端同时接地)时,输出电压应为 0。但在实际的集成运放中,由于元件参数不对称等原因,当输入电压为 0 时,输出电压 $U_o \neq 0$。如果这时要使 $U_o = 0$,则必须在输入端加一个很小的补偿电压,它就是输入失调电压 U_{io}。U_{io} 的值一般为几微伏至几毫伏,显然它越小越好。

3）输入失调电流 I_{io}

当输入信号为 0 时,理想的集成运放两个输入端的静态输入电流应相等,而实际上并不完全相等,定义两个静态输入电流之差为输入失调电流 I_{io}。$I_{io} = |I_{B1} - I_{B2}|$。$I_{io}$ 越小越好,一般为几纳安到 $1\mu A$ 之间。

4）最大输出电压 U_{omax}

指集成运放工作在不失真情况下能输出的最大电压。

5）最大输出电流 I_{omax}

指集成运放所能输出的正向或负向的峰值电流。通常给出输出端短路的电流。

除以上介绍的指标外,还有差模输入电阻、开环输出电阻、共模抑制比、带宽、转换速度等。

4. 集成运放的种类

目前国产集成运放的种类很多,根据用途不同可分为以下几类。

1）通用型

其性能指标适合一般情况下使用,按产品投产先后和性能先进程度分为Ⅰ、Ⅱ、Ⅲ型。如 CF741 为Ⅲ型产品,其特点是电源电压适应范围较广,不需要外接补偿电容来防止电路自激,允许有较大的输入电压等。

2）低功耗型

静态功耗≤2 mW,如 FX253 等。

3）高精度型

在温度变化时其漂移电压很小,能保证运算放大器组成的电路对微弱信号检测的准确性,如 CF725(国外的 pA725)、CF7650(国外的 ICL7650)等。

4）高阻型

输入级采用 MOS 场效应管，集成运放几乎不从信号源索取电流，其输入阻抗很高，可达 10^{12} 以上，如 F55 系列等。

应当指出，除有特殊要求外，一般应该选用通用型集成运放，因为它们既容易得到，价格又较低。

图 3-2-2 所示为集成电路的几种封装形式，常见的集成运放有两种封装形式：金属圆壳式封装、陶瓷或塑料双列直插式封装。其中图 3-2-2(a)为金属圆壳封装，有 8、12、14 根引出线；图 3-2-2(b)是扁平式塑料封装，用于尺寸要求较小的场合，一般有 14、18、24 根引出线；图 3-2-2(c)是双列直插式封装，用途较广，通常设计成 2.5 mm 的引线间距，以便与印刷电路板上标准插孔配合，对于集成功率放大器和集成稳压电源，还带有金属散热片及安装孔，封装的引线有 14、18、24 根等；图 3-2-2(d)为超大规模集成电路的一种封装形式，外壳多为塑料，四面都有引出线。

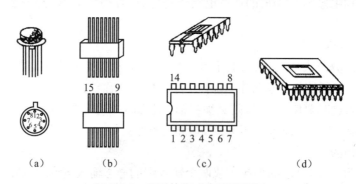

图 3-2-2 半导体集成电路外形图

(a)金属圆壳封装；(b)扁平式塑料封装；(c)双列直插式封装；(d)超大规模集成电路的封装

3.2.3 理想运算放大器

尽管集成运放的应用是多种多样的，但是其工作区域只有两个。在电路中，它不是工作在线性区，就是工作在非线性区。而且，在一般分析计算中，都将其看成为理想运放。

1. 理想运放

所谓理想运放就是将各项技术指标都理想化的集成运放，即认为：

(1) 开环电压放大倍数 $A_{od} \to \infty$；

(2) 差模输入电阻 $r_{id} \to \infty$；

(3) 输出电阻 $r_o \to 0$；

(4) 共模抑制比 $K_{CMR} \to \infty$；

(5) 输入偏置电流 $I_{B1} = I_{B2} = 0$。

其等效电路如图 3-2-3 所示。

由以上理想特性可以推导出如下两个重要结论。

(1) 虚短路原则（简称虚短）。集成运放工作在线性区，其输出电压 U_o 是有限值，而开环电压放大倍数 $A_{od} \to$

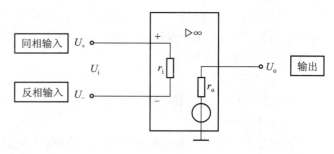

图 3-2-3 理想运放等效电路

∞,则

$$U_i = \frac{U_o}{A_{od}} \approx 0$$

即 $$U_- = U_+ \tag{3-2-1}$$

式(3-2-1)中的"U_+"为集成运放同相输入端电位,"U_-"为集成运放反相输入端电位。反相端电位和同相端电位几乎相等,近似于短路又不可能是真正的短路,称为虚短。

(2)虚断路原则(简称虚断)。理想集成运放输入电阻 $r_{id} \to \infty$,这样,同相、反相两端没有电流流入运算放大器内部,即

$$I_- = I_+ = 0 \tag{3-2-2}$$

式(3-2-2)中的"I_+"为集成运放同相输入端电流,"I_-"为集成运放反相输入端电流。输入电流好像断开一样,称为虚断。

2. 集成运放的传输特性

表示输出电压与输入电压之间关系的特性曲线称为传输特性曲线,如图 3-2-4 所示,可分为线性区和非线性区。集成运算放大器可工作在线性区,也可工作在非线性区,两个区的分析方法不同。

1)线性区

工作在线性区时,U_o 和 U_i 是线性关系,即

$$U_o = A_{od}U_i = A_{od}(U_- - U_+) \tag{3-2-3}$$

式(3-2-3)中,A_{od} 是开环电压放大倍数。由于 A_{od} 很大,即使输入毫伏级以下的电压信号,也足以使输出电压 U_o 饱和,其饱和值 $+U_{om}$ 和 $-U_{om}$ 接近正、负电源电压值。所以,只有引入负反馈后,才能保证输出不超出线性范围,集成运放接入负反馈网络,电路如图 3-2-5 所示。

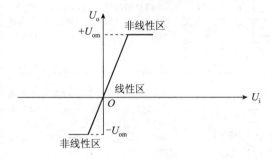

图 3-2-4 集成运放的传输特性曲线

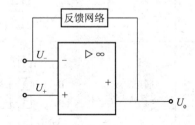

图 3-2-5 集成运放工作在线性区

2)非线性区

集成运算放大器工作在非线性区时,这时输出电压只有两种可能:

当 $U_- > U_+$ 时,$U_o = -U_{om}$;

当 $U_- < U_+$ 时,$U_o = +U_{om}$。

此时虚短原则不成立,$U_- \neq U_+$,虚断原则仍然成立,即有 $I_- = I_+ = 0$。

注意

虚短和虚断原则简化了集成运算放大器的分析过程。由于许多应用电路中集成运算放大器都工作在线性区,因此,上述两条原则极其重要,应牢固掌握。

3.2.4 常见集成运放的引脚功能及芯片介绍

集成运算放大器有 8～14 个引脚，它们都按一定顺序用数字编号，每个编号的引脚都连接着内部电路的某一特定位置，以便于与外部电路连接。引脚排列的规则，对于双列直插式封装，是将器件正放（顶视），切口或圆形标记放在左边，由左下角开始按逆时针方向排列，如图 3-2-6(a)所示。对于金属圆壳式封装，则面向引脚正视（底视），由标志键右面第一脚开始，按顺时针方向排列，如图 3-2-6(b)所示。

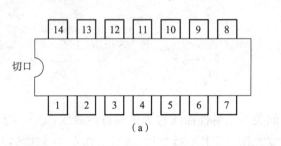
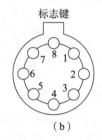

图 3-2-6 集成运放的引脚排列方式

(a)双列直插式（顶视）；(b)金属圆壳式（底视）

几种典型的集成运放的引脚图及引脚功能如表 3-2-1 所示。

表 3-2-1 几种典型的集成运放的引脚图及引脚功能

型号	名称	引脚图	引脚功能
OP07	低噪声、高精度运算放大器	（引脚图：1 OA、8 OA；2 IN(−)、7 VCC+；3 IN(+)、6 OUT；4 VCC−、5 NC）	1 脚和 8 脚是调零端，2 脚是反相输入端，3 脚是同相输入端，4 脚接负电源，5 脚为空引脚以，6 脚为输出端，7 脚接正电源
LM358	通用型双运算放大器	（引脚图：1 OUT1、8 VCC；2 IN1(−)、7 OUT2；3 IN1(−)、6 IN2(−)；4 GND、5 IN2(+)）	内部包含两组形式完全相同的运算放大器，除电源共用外，两组运放相互独立，每个运放包含同相输入端、反相输入端和输出端。8 脚接正电源，4 脚为接地端
LM324	四运放集成电路	（引脚图：1 OUT1、14 OUT4；2 IN1(−)、13 IN4(−)；3 IN1(+)、12 IN4(+)；4 VCC、11 GMD；5 IN2(−)、10 IN3(−)；6 IN2(+)、9 IN3(+)；7 OUT2、8 OUT3）	内部包含四组形式完全相同的运算放大器，除电源共用外，四组运放相互独立。4 脚接正电源，11 脚为接地端

3.3　集成运算放大器的基本运算电路

学习目标

1. 能识读常见的反相比例运算电路、同相比例运算电路、减法运算电路和加法运算电路等集成运算电路。

2. 会估算基本运算电路的输出电压值。

集成运放外接不同的反馈电路和元件等,就可以构成比例、加减、积分、微分等各种运算电路。

3.3.1　反相比例运算电路

1. 电路结构

反相比例运算电路如图 3-3-1 所示,输入信号 U_i 从反相输入端与地之间加入,R_F 是反馈电阻,接在输出端和反相输入端之间,将输出电压 U_o 反馈到反相输入端,实现负反馈。R_1 是输入耦合电阻,R_2 是补偿电阻(也叫平衡电阻),$R_2 = R_1 /\!/ R_F$。

2. 输出与输入的关系

由前面学习的虚断可知 $I_- = I_+ = 0$,所以图 3-3-1 电路中的 $I_1 \approx I_f$,同时 R_2 上电压降等于零,即同相输入端与地等电位;根据虚短有 $U_- = U_+ \approx 0$,则反相输入端也与地等电位,即反相端近于接地,称反相输入端为"虚地",即并非真正"接地"。"虚地"是反相比例运算电路的一个重要特点。

由上述分析可得其电压放大倍数

$$A_{of} = \frac{U_o}{U_i} = \frac{-R_F I_f}{R_1 I_1} = -\frac{R_F}{R_1} \qquad (3\text{-}3\text{-}1)$$

因此输出电压与输入电压的关系为

$$U_o = -\frac{R_F}{R_1} U_i \qquad (3\text{-}3\text{-}2)$$

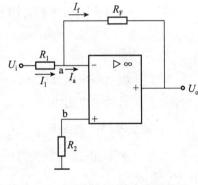

图 3-3-1　反相比例运算电路原理图

可见输出电压与输入电压存在着比例关系,比例系数为 $\frac{R_F}{R_1}$,负号表示输出电压 U_o 与输入电压 U_i 相位相反。只要开环放大倍数 A_{od} 足够大,那么闭环放大倍数 A_{of} 就与运算电路的参数无关,只决定于电阻 R_F 与 R_1 的比值。故该放大电路通常称为反相比例运算放大器。

3. 实际应用(反相器)

根据反相比例运算放大器输入与输出的关系:$U_o = -\dfrac{R_F}{R_1} U_i$,若式中 $R_F = R_1$,则电压放大倍数等于 -1,输出与输入的关系为:

$$U_o = -U_i$$

上式表明，该电路无电压放大作用，输出电压 U_o 与输入电压 U_i 数值相等，但相位是相反的。所以它只是把输入信号进行了一次倒相，因此把它称为反相器。电路图及符号图如图3-3-2所示。

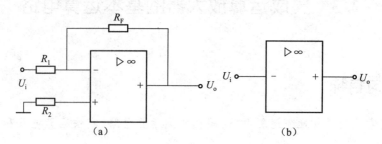

图 3-3-2　反相器

(a)电路；(b)符号

例 3-3-1　反相比例运算电路如图 3-3-1 所示，已知 $U_i = 0.3$ V，$R_1 = 10$ kΩ，$R_F = 100$ kΩ，试求输出电压 U_o 及平衡电阻 R_2。

解：(1)根据式(3-3-2)可得

$$U_o = -\frac{R_F}{R_1}U_i = -0.3 \times \frac{100}{10} = -3(\text{V})$$

(2)平衡电阻 $R_2 = R_1 /\!/ R_F = \frac{10 \times 100}{10 + 100} = 9.09(\text{k}\Omega)$

3.3.2　同相比例运算电路

1. 电路结构

同相比例运算电路如图 3-3-3 所示，输入信号电压 U_i 接入同相输入端，输出端与反相输入端之间接有反馈电阻 R_F 与 R_1，为使输入端保持平衡，$R_2 = R_1 /\!/ R_F$。

2. 输出与输入的关系

根据虚断可知，流入放大器的电流趋近于零；根据虚短可知，反相输入端与同相输入端的电位近似相等，

所以 $\frac{0 - U_-}{R_1} = \frac{U_- - U_o}{R_F}$；即 $-\frac{U_i}{R_1} = \frac{U_i - U_o}{R_F}$

得输出电压与输入电压的关系为：

$$U_o = \left(1 + \frac{R_F}{R_1}\right)U_i \tag{3-3-3}$$

同相放大器的电压放大倍数为：

$$A_{uf} = \frac{U_o}{U_i} = 1 + \frac{R_F}{R_1} \tag{3-3-4}$$

可见输出电压与输入电压也存在着比例关系，比例系数为 $\left(1 + \frac{R_F}{R_1}\right)$，而且输出电压 U_o 与输入电压 U_i 相位相同。只要开环放大倍数 A_{od} 足够大，那么闭环放大倍数 A_{of} 就与运算电路的参数无关，只决定于电阻 R_F 与 R_1。故该放大电路通常称为同相比例运算电路。

3. 实际应用(电压跟随器)

在前面学习的同相比例运算电路中,当反馈电阻 R_F 短路或 R_1 开路的情况下,由式(3-3-3)、式(3-3-4)可知,其电压放大倍数等于1,输出与输入的关系为

$$U_o = U_i$$

即输出电压的幅度和相位均随输入电压幅度和相位的变化而变化,故称之为电压跟随器,它是同相比例运算电路的一种特例。电路如图 3-3-4 所示。

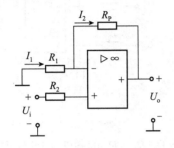

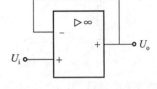

图 3-3-3 同相比例运算电路原理图   图 3-3-4 电压跟随器

例 3-3-2 试求图 3-3-5 所示电路中输出电压 U_o 的值。

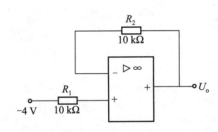

图 3-3-5 例 3-1-2 用图

解: 分析电路可知,该电路是一个电压跟随器,它是同相比例运算电路的特例。所以输出电压与输入电压大小相等,相位相同。即

$$U_o = U_i = -4 \text{ V}$$

3.3.3 差动比例(减法)运算电路

1. 电路结构

差动比例运算电路如图 3-3-6 所示,它是把输入信号同时加到反相输入端和同相输入端,使反相比例运算和同相比例运算同时进行,集成运算放大器的输出电压叠加后,即是减法运算结果。

2. 输出与输入电压关系

根据理想运放的虚断、虚短可得

$$U_o = \left(1 + \frac{R_F}{R_1}\right)\left(\frac{R_3}{R_2 + R_3}\right)U_{i2} - \frac{R_F}{R_1}U_{i1}$$

当 $R_1 = R_2$,且 $R_F = R_3$ 时,上式变为

$$U_o = \frac{R_F}{R_1}(U_{i2} - U_{i1}) \tag{3-3-5}$$

式(3-3-4)说明，该电路的输出电压与两个输入电压之差成正比例，因此该电路称为减法比例运算电路，比例系数为$\frac{R_F}{R_1}$。

例 3-3-3 试写出图 3-3-7 所示电路中输出电压和输入电压的关系式。

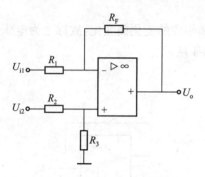

图 3-3-6　减法运算电路

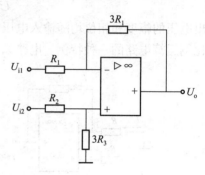

图 3-3-7　例 3-3-3 用图

解： 比较图 3-3-6 电路，图 3-3-7 电路满足 $R_1 = R_2$，$R_F = R_3$ 的条件，因此输出与输入的关系为

$$U_o = \frac{R_F}{R_1}(U_{i2} - U_{i1}) = \frac{3R_1}{R_1}(U_{i2} - U_{i1}) = 3(U_{i2} - U_{i1})$$

3.3.4　加法运算电路（加法器）

1. 电路结构

这里介绍的加法运算电路实际上是在反相比例运算电路基础上又多加了几个输入端构成的。图 3-3-8 所示的是有三个输入信号的反相加法运算电路。R_1、R_2、R_3 为输入电阻，R_4 为平衡电阻，其值 $R_4 = R_1 /\!/ R_2 /\!/ R_3 /\!/ R_F$。

2. 输出与输入的关系

根据虚断、虚短可得

$$U_o = -I_f R_F = -R_F \left(\frac{U_{i1}}{R_1} + \frac{U_{i2}}{R_2} + \frac{U_{i3}}{R_3} \right) \tag{3-3-6}$$

当 $R_1 = R_2 = R_F = R_3$ 时，有 $U_o = -(U_{i1} + U_{i2} + U_{i3})$

上式表明，图 3-3-8 所示电路的输出电压 U_o 为各输入信号电压之和，由此完成加法运算。式中的负号表示输出电压与输入电压相位相反。若在同相输入端求和，则输出电压与输入电压相位相同。

例 3-3-4 试写出图 3-3-9 所示电路中输出电压和输入电压的关系式。

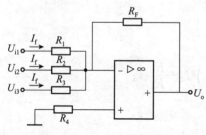

图 3-3-8　加法运算电路

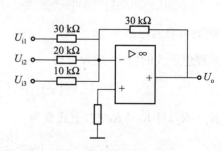

图 3-3-9　例 3-3-4 用图

解:根据式(3-3-6)有

$$U_o = -I_f R_F = -R_F\left(\frac{U_{i1}}{R_1} + \frac{U_{i2}}{R_2} + \frac{U_{i3}}{R_3}\right) = -30\left(\frac{U_{i1}}{10} + \frac{U_{i2}}{20} + \frac{U_{i3}}{30}\right)$$
$$= -(3U_{i1} + 1.5U_{i2} + U_{i3})$$

3.4 集成运算放大电路中的负反馈

学习目标

1. 理解集成运算放大电路中负反馈的概念。

2. 了解负反馈应用于运算放大器中的类型。

在2.10节中已讲过分立元件放大电路中的负反馈。对集成运算放大电路,亦将讨论其中的负反馈。图3-4-1所示的是运算放大电路四种类型的负反馈电路,分别说明如下。

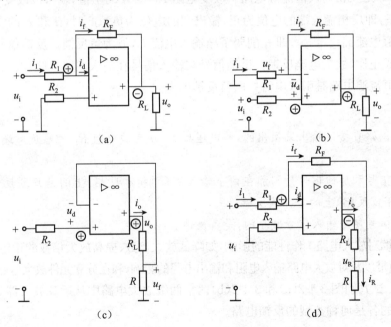

图 3-4-1 四种类型负反馈

(a)电压并联负反馈;(b)电压串联负反馈;(c)电流串联负反馈;(d)电流并联负反馈

3.4.1 电压并联负反馈

图3-4-1(a)是反相比例运算电路。反馈信号与输入信号在输入回路中并联,故为并联反馈。反馈信号取自输出电压,故为电压反馈。因此,反相比例运算电路是引入电压并联负反馈的电路。由前面讨论可知,电压负反馈的作用是稳定输出电压,并联反馈电路则降低输入电阻。

3.4.2　电压串联负反馈

图 3-4-1(b)是同相比例运算电路。反馈信号取自输出电压,并与之成正比,故为电压反馈。反馈信号与输入信号在输入回路中串联,故为串联反馈。因此,同相比例运算电路是引入电压串联负反馈的电路。

电压负反馈的作用是稳定输出电压,串联反馈电路则有很高的输入电阻。

3.4.3　电流串联负反馈

参照上述的同相比例运算电路可知,图 3-4-1(c)的电路也引入了负反馈。反馈电压 $u_f = Ri_o$ 取自输出电流(即负载电流)i_o,并与之成正比,故为电流反馈。反馈信号与输入信号在输入回路中串联,故为串联反馈,故为串联反馈。因此,同相输入恒流源电路是引入电流串联负反馈的电路。

3.4.4　电流并联负反馈

图 3-4-1(d)是反相输入恒流源电路。改变电阻 R_F 或 R 的阻值,就可以改变 i_o 的大小。

设 u_i 为正,即反相输入端的电位为正,输出端的电位为负。此时,i_1 和 i_f 的实际方向即如图中所示,差值电流 $i_d = i_1 - i_f$,即 i_f 削弱了净输入电流 i_d,故为负反馈。反馈信号取自输出电流 i_o,并与之成正比,故为电流反馈。反馈信号与输入信号在输入回路并联,故为并联反馈,因此,反相输入恒流源电路是引入电流并联负反馈的电路。

归纳

(1) 反馈电路直接从输出端引出的,是电压反馈;从负载电阻 R_L 的靠近地端引出的,是电流反馈;

(2) 输入信号和反馈信号分别加在两个输入端(同相和反相)上的是串联反馈;加在同一个输入端(同相或反相)上的是并联反馈;

(3) 反馈信号使净输入信号减小的,是负反馈。

至于负反馈对放大电路工作性能的影响,如降低放大倍数、提高放大倍数的稳定性、改善波形失真、展宽通频带以及对放大电路输入电阻和输出电阻的影响,和在分立元件放大电路中所述相同。

例 3-4-1　试判别图 3-4-2(a)和 3-4-2(b)两个两级放大电路中从运算放大器 A2 输出端引至 A1 输入端的各是何种类型的反馈电路。

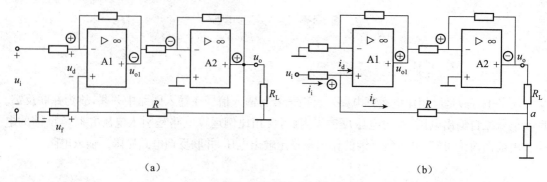

(a)　　　　　　　　　　　　　(b)

图 3-4-2　例 3-4-1 图

解:(1) 在图 3-4-2(a)中,从运算放大器 A2 输出端引至 A1 同相输入端的是电压串联负反馈;

①反馈电路从 A2 的输出端引出,故为电压反馈;

②反馈电压 u_f 和输入电压 u_i 分别加在 A1 的同相和反相两个输入端,故为串联反馈;

③设 u_i 为正,则 u_{o1} 为负,u_o 为正。反馈电压 u_f 使净输入电压 $u_d=u_i-u_f$ 减小,故为负反馈。

(2) 在图 3-4-2(b)中,从负载电阻 R_L 的靠近"地"端引入至 A1 同相输入端的是电流并联负反馈电路:

①反馈电路从 R_L 的靠近"地"端引出,故为电流反馈;

②反馈电流 i_f 和输入电流 i_1 加在 A1 的同一个输入端,故为并联反馈;

③设 u_i 为正,则 u_{o1} 为正,u_o 为负。A1 同相输入端的电位高于 a 点,反馈电流 i_f 的实际方向即图中所示,它使净输入电流 $i_d=i_1-i_f$ 减小,故为负反馈。

3.5 集成运算放大器的应用

学习目标

1. 了解积分和微分运算电路的电路结构及应用。

2. 了解电压比较器、正弦波振荡器的电路结构及应用。

集成运算放大器具有可靠性高、使用方便、放大性能好(如极高的放大倍数、较宽的通频带、很低的零漂等)等特点,是应用最广泛的集成电路,目前已经应用于自动控制、精密测量、通信、信号运算、信号处理及电源等电子技术应用的各个领域。

3.5.1 积分和微分运算电路

1. 积分运算电路

将反相输入比例运算电路的反馈电阻 R_F 用电容 C 替换,则成为积分运算电路,如图 3-5-1 所示。

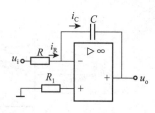

图 3-5-1 积分运算电路

由于反相输入端虚地,且 $i_+=i_-=0$,由图可得:

$$i_R=i_C$$

$$i_R=\frac{u_i}{R}$$

$$u_o=-\frac{1}{RC}\int u_i \mathrm{d}t$$

输出电压与输入电压对时间的积分成正比。

若 u_i 为恒定电压 U,则输出电压 u_o 为:

$$u_o=-\frac{U}{RC}t$$

输出电压与时间成正比,设 $t=0$ 时输出电压为零,则波形如图 3-5-2 所示。最大输出电压可达 $\pm U_{OM}$。

积分电路应用很广,除了积分运算外,还可用于方波——三角波转换、示波器显示和扫描、模数转换和波形发生等。图 3-5-3 是将积分电路用于方波——三角波转换时的输入电压 u_i (方波)和输出电压 u_o(三角波)的波形。

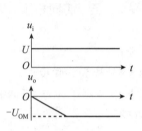

图 3-5-2 u_i 为恒定电压 U 时积分电路 u_o 的波形

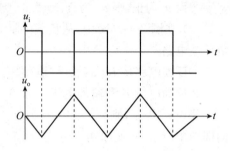

图 3-5-3 积分电路输入输出波形

2. 微分运算电路

将积分运算电路的 R、C 位置对调即为微分运算电路,如图 3-5-4 所示。由于反相输入端虚地,且 $i_+ = i_- = 0$,由图可得:

$$i_R = i_c$$

$$i_R = -\frac{u_o}{R}$$

$$i_c = C\frac{du_c}{dt} = C\frac{du_i}{dt}$$

输出电压与输入电压对时间的微分成正比。

$$u_o = -RC\frac{du_i}{dt}$$

若 u_i 为恒定电压 U,则在 u_i 作用于电路的瞬间,微分电路输出一个尖脉冲电压,波形如图 3-5-5 所示。

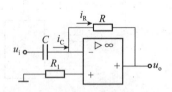

图 3-5-4 微分运算电路

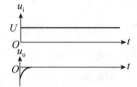

图 3-5-5 u_i 为恒定电压 U 时微分电路 u_o 的波形

微分电路应用广泛,可用于自动控制、自动化仪表器等领域。

3.5.2 电压比较器

电压比较器的基本功能是对输入端的两个电压进行比较,判断出哪一个电压大,在输出端输出比较结果。输入端的两个电压,一个为参考电压或基准电压 U_R,另一个为被比较的输入信号电压 u_i。作为比较结果的输出电压 u_o,则是两种不同的电平,高电平或低电平,即数字信号 1 或 0。

图 3-5-6(a)所示为一简单的电压比较器,参考电压 U_R 加在同相输入端,输入电压 u_i 加在反相输入端。图中的运算放大器工作于开环状态,由于开环电压放大倍数极高,因而输入端之

间只要有微小电压,运算放大器便进入非线性工作区域,使输出电压饱和。即当 $u_i < U_R$,时,$u_o = U_{OM}$;当 $u_i > U_R$ 时,$u_o = -U_{OM}$。图 3-5-6(b)所示是电压比较器的电压传输特性。根据输出电压 u_o 的状态,便可判断输入电压 u_i 相对于参考电压 U_R 的大小。

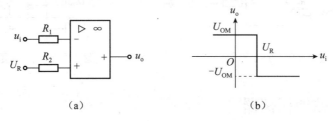

图 3-5-6 电压比较器及其电压传输特性

(a)电压比较器电路;(b)电压比较器电压传输特性

当基准电压 $U_R = 0$ 时,称为过零比较器,输入电压 u_i 与零电位比较,电路图和电压传输特性如图 3-5-7 所示。

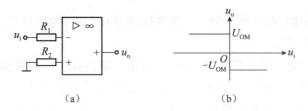

图 3-5-7 过零比较器及其电压传输特性

(a)过零比较器电路;(b)过零比较器电压传输特性

为了限制输出电压 u_o 的大小,以便和输出端连接的负载电平相配合,可在输出端用稳压管进行限幅,如图 3-5-8(a)所示。图中稳压管的稳定电压为 U_Z,忽略正向导通电压,当 $u_i > U_R$ 时,稳压管正向导通,$u_o = 0$;当 $u_i < U_R$ 时,稳压管反向击穿,$u_o = U_Z$,电压传输特性如图 3-5-9(b)所示。

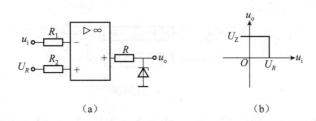

图 3-5-8 单向限幅比较器及其电压传输特性

(a)单向限幅比较器电路;(b)单向限幅比较器电压传输特性

图 3-5-9 所示为双向限幅比较器,其电压传输特性请读者自行分析。

集成电压比较器是把运算放大器和限幅电路集成在一起的组件,与数字电路(如 TTL)器件可直接连接,广泛应用在模数转换器、电平检测及波形变换等领域。图 3-5-10 所示为由图 3-5-7(a)所示的过零比较器把正弦波变换为矩形波的例子。

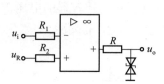

图 3-5-9　双向限幅比较器

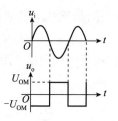

图 3-5-10　波形变换

3.5.3　正弦波振荡器

1. 正弦波振荡器的工作原理

在测量、自动控制、无线电等技术领域中，常常需要各种类型的信号源。用于产生信号的电子电路称为信号发生器。由于信号发生器是依靠电路本身的自激振荡来产生输出信号的，因此又称为振荡器。

按产生的波形不同，振荡器可分为正弦波振荡器和非正弦波（如方波、三角波等）振荡器。本书仅介绍正弦波振荡器。

一个放大电路的输入端不外接输入信号，在输出端仍有一定频率和幅值的信号输出的现象称为自激振荡。放大电路必须引入正反馈并满足一定的条件才能产生自激振荡。

放大电路产生自激振荡的条件，可以用图 3-5-11 所示反馈放大电路的方框图说明。在无输入信号（$x_i = 0$）时，电路中的噪扰电压（如元件的热噪声、电路参数波动引起的电压及电流的变化、电源接通时引起的瞬变过程等）使放大电路产生瞬间输出 x'_o，经反馈网络反馈到输入端，得到瞬间输入 x_d，再经基本放大电路放大，又在输出端产生新的输出信号 x'_o，如此反复。在无反馈或负反馈情况下，输出 x'_o 会逐渐减小，直到消失。但在正反馈（如图极性所示）情况下，x'_o 会很快增大，最后由于饱和等原因输出稳定在 x_o，并靠反馈永久保持下去。

图 3-5-11　振荡器的原理图

可见产生自激振荡必须满足 $\dot{X}_f = \dot{X}_d$。由于 $\dot{X}_f = \dot{F}\dot{X}_o$，$\dot{X}_o = \dot{A}\dot{X}_d$，由此可得产生自激振荡的条件为：

$$\dot{A}\dot{F} = 1$$

由于 $\dot{A} = A \underline{/\varphi_A}$，$\dot{F} = F \underline{/\varphi_F}$，所以：

$$\dot{A}\dot{F} = A \underline{/\varphi_A}\ F \underline{/\varphi_F} = AF \underline{/(\varphi_A + \varphi_F)} = 1$$

于是产生自激振荡条件为：

①幅值条件：$\dot{A}\dot{F} = 1$，表示反馈信号与输入信号的大小相等；

②相位条件：$\varphi_A + \varphi_F = \pm 2n\pi$，表示反馈信号与输入信号的相位相同，即必须是正

反馈。

幅值条件表明反馈放大电路要产生自激振荡,还必须有足够的反馈量。事实上,由于电路中的噪扰信号通常都很微弱,只有使 $\dot{A}F>1$,才能经过反复的反馈放大,使幅值迅速增大而建立起稳定的振荡,随着振幅的逐渐增大,放大电路进入非线性区,使放大电路的放大倍数 A 逐渐减小,最后满足 $\dot{A}F=1$,振幅趋于稳定。

2. 正弦波振荡电路

1) 振荡电路的组成

(1) 放大电路:由三极管、场效应管、运放等构成的各种基本放大电路。

(2) 选频网络:有 LC 选频网络、RC 选频网络等,这部分决定了正弦波发生器的振荡频率。

(3) 反馈网络:有变压器反馈、LC 反馈网络、RC 反馈网络及其组合电路。

2) 正弦波振荡器的分类

根据选频网络的不同,可将振荡器分为 RC 振荡器(振荡频率范围为几十赫兹至几十千赫兹);LC 振荡器(振荡频率的范围为几千赫兹至几百千赫兹);石英晶体振荡器(约为兆赫兹数量级)。每一类电路中,放大电路和反馈网络又可采用各种不同的电路形式。

3.6　技能训练:集成运算放大器的使用与测试

一、技能目标

1. 能熟练地在万能板上进行合理布局布线。
2. 了解集成运放的使用常识,根据要求,能正确选用元件。
3. 会正确安装和调试集成运放电路。

二、工具、元件和仪器

1. 电烙铁等常用电子装配工具。
2. LM358(管脚排列如图 3-6-1 所示)、电阻等。
3. 万用表、示波器。

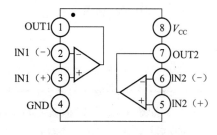

图 3-6-1　LM358 管脚排列图

三、实训步骤

1. 工作原理

集成运算放大器电路原理图如图 3-6-2 和图 3-6-3 所示。

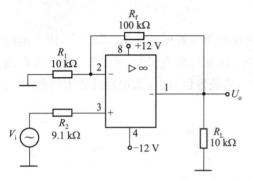

图 3-6-2　同相比例输入放大器

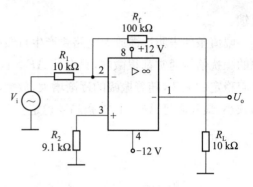

图 3-6-3　反相比例输入放大器

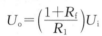

$$U_o = \left(\frac{1+R_f}{R_1}\right)U_i$$

$$U_o = -\frac{R_f}{R_1}U_i$$

2. 装配要求和方法

工艺流程:准备→熟悉工艺要求→绘制装配草图→核对元件数量、规格、型号→元件检测→元件预加工→装配、焊接→总装加工→自检。

(1) 准备:将工作台整理有序,工具摆放合理,准备好必要的物品。

(2) 熟悉工艺要求:认真阅读电路原理图和工艺要求。

(3) 绘制装配草图:绘制装配草图的要求和方法。如图 3-6-4 所示。

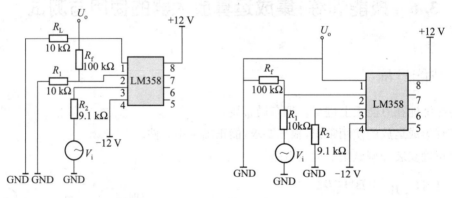

图 3-6-4　装配草图

①设计准备:熟悉电路原理、所用元件的外形尺寸及封装形式。

②按万能电路板实样 1:1 在图纸上确定安装孔的位置。

③装配草图以导线面(焊接面)为视图方向;元件水平或垂直放置,不可斜放;布局时应考虑元件外形尺寸,避免安装时相互影响,疏密均匀;同时注意电路走向应基本和电路原理图一致,一般由输入端开始向输出端逐步确定元件位置,相关电路部分的元件应就近安放,按一字排列,避免输入输出之间的影响;每个安装孔只能插一个元件引脚。

④按电路原理图的连接关系布线,布线应做到横平竖直,导线不能交叉(确需交叉的导线可在元件下穿过)。

⑤检查绘制好的装配草图上的元件数量、极性和连接关系应与电路原理图完全一致。

(4) 清点元件:核对元件的数量和规格,应符合工艺要求,如有短缺、差错应及时补缺和更换。

（5）元件检测：用万用表的电阻挡对元件进行逐一检测，对不符合质量要求的元件剔除并更换。

（6）元件预加工。

（7）万能电路板装配工艺要求。

①电阻采用水平安装方式，紧贴印制板，色码方向一致。

②所有焊点均采用直脚焊，焊接完成后剪去多余引脚，留头在焊面以上 $0.5 \sim 1$ mm，且不能损伤焊接面。

③万能接线板布线应正确、平直，转角处成直角；焊接可靠，无漏焊、短路等现象。

基本方法：

a. 将导线理直。

b. 根据装配草图用导线进行布线，并与每个有元件引脚的安装孔进行焊接。

c. 焊接可靠，剪去多余导线。

（8）自检：对已完成的装配、焊接的工件仔细检查质量，重点是装配的准确性，包括元件位置等；焊点质量应无虚焊、假焊、漏焊、搭焊及空隙、毛刺等；检查有无影响安全性能指标的缺陷。

3. 调试、测量

1）验证同相比例运算关系

电路如图 3-6-2 所示，将测量结果填入表 3-6-1 中。输入信号为 $f = 1$ kHz 的正弦波。

表 3-6-1　测量结果表（1）

U_i/V ＼ U_o/V	U_o（测试）	U_o（理论）
0.1		
0.2		

同时用示波器观察输入、输出波形，其相位关系是_____。

2）验证反相比例运算关系

电路如图 3-6-3 所示，将测量结果填入表 3-6-2 中。输入信号为 $f = 1$ kHz 的正弦波。

表 3-6-2　测量结果表（2）

U_i/V ＼ U_o/V	U_o（测试）	U_o（理论）
0.1		
0.2		

同时用示波器观察输入、输出波形，其相位关系是_____。

四、项目评价

项目考核评价如表 3-6-3 所示。

表 3-6-3　项目考核评价表

评价指标	评价要点	评价结果				
		优	良	中	合格	差
理论知识	1. 同相、反相比例放大电路知识掌握情况					
	2. 装配草图绘制情况					
技能水平	1. 元件识别与清点					
	2. 课题工艺情况					
	3. 课题调试测量情况					
	4. 低频信号发生器操作熟练度					
	5. 示波器操作熟练度					
安全操作	能否按照安全操作规程操作，有无发生安全事故，有无损坏仪表					

总评	评别	优	良	中	合格	差	总评得分	
		100～88	87～75	74～65	64～55	≤54		

 本章小结

1. 随时间变化极其缓慢的电信号和直流电统称直流信号。因为电容器和变压器不能传递直流信号，所以要传递直流信号只能采用直接耦合方式。

2. 直接耦合会带来一些特殊的问题，即前后两级放大器的静态工作点相互影响、零输入时如何实现零输出以及零点漂移，其中零点漂移最为主要。零漂主要由温度变化引起，并且它被逐级放大，给整个电路的工作带来严重影响。所以减小第一级放大器的零漂尤为重要。

3. 可采用热敏元件进行温度补偿、负反馈等措施来抑制零漂。目前用得最多的抑制零漂较有效的方法是采用差分放大电路。它是利用电路的对称性及共模负反馈等措施来抑制零漂的共模抑制比 K_{CMR} 是衡量差放性能的主要指标之一。K_{CMR} 越大其零漂越小。

4. 集成运放是采用半导体集成工艺制成的高增益的多级直流放大器，因其体积小、质量轻、功耗小、功能全、技术性能好、可靠性高等而被广泛地应用于各个领域。

集成运放一般由四部分构成。输入级采用差放形式以抑制零漂，提高输入电阻。中间级主要是提高电压放大倍数。输出级采用射极输出器以提高带负载的能力。另外是确保各级正常工作的偏置电路。集成运放的参数很多，主要有开环差模电压增益 A_{uo}、输入失调电压 U_{io}、输入失调电流 I_{io}、输入偏置电流 I_{ib}、共模抑制比 K_{CMR} 和温漂等。实际运放的特性与理想运放十分接近，在分析运放应用电路时，一般将实际运放视作理想运放。运放引入负反馈后工作在线性区，虚断和虚短是分析运放线性应用时的重要概念和基本依据。

5. 集成运放除通用型外，还有满足各种特殊要求的专用型，如高输入电阻型、低漂移型、低功耗型等等，可根据实际需要选用。

6. 负反馈有电压串联、电压并联、电流串联和电流并联 4 种不同的类型,实际应用中可根据不同的要求引入不同的反馈方式。

7. 模拟运算电路的输出电压与输入电压之间有一定的函数关系,如比例运算、加减运算、积分运算、微分运算等。

3—1　解释什么是共模信号、差模信号、共模放大倍数、差模放大倍数、共模抑制比?

3—2　集成运放由哪几个部分组成? 试分析各自的作用。

3—3　什么是"虚短""虚断""虚地"?

3—4　运算放大器工作在线性区时,为什么通常要引入深度电压负反馈?

3—5　集成运放的输入级为什么采用差动放大电路? 对集成运放的中间级和输出级各有什么要求? 一般采用什么样的电路形式?

3—6　试求习题图 3-1 所示各电路中输出电压 U_o 的值。

3—7　设同相比例电路中,$R_1 = 5\ \text{k}\Omega$,若希望它的电压放大倍数等于 10,试估算电阻 R_F 和 R_2 各应取多大?

3—8　试写出习题图 3-2 所示电路中输出电压和输入电压的关系式。

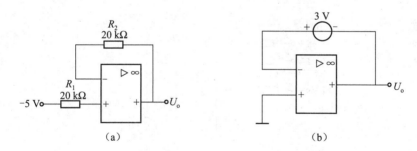

习题图 3-1　题 3—6 图

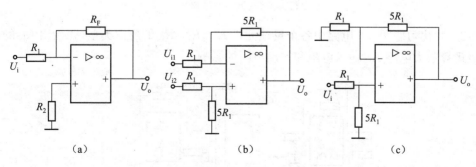

习题图 3-2　题 3—8 图

3—9　试写出习题图 3-3 所示电路中输出电压和输入电压的关系式。

电子技术与技能训练(第2版)

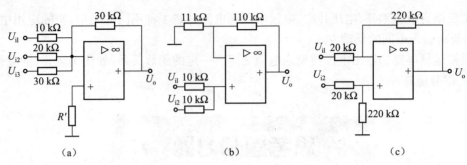

（a）　　　　　　　　　　（b）　　　　　　　　　　（c）

习题图 3-3　题 3－9 图

3－10　在习题图 3-4 所示电路中,已知 $R_F=2R_1$,$U_i=-2$ V,试求输出电压 U_o 的值。

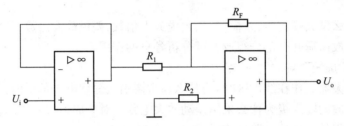

习题图 3-4　题 3－10 图

3－11　如习题图 3-5 所示是应用运算放大器构成的电压表原理图,输出端接有满量程为 5 V、500 μA 的电压表头,通过开关可以选择测量的量程,设有 0.1 V、0.5 V、1 V、5 V、10 V 五种量程,试计算电阻 R_{11}、R_{12}、R_{13}、R_{14}、R_{15} 的阻值。

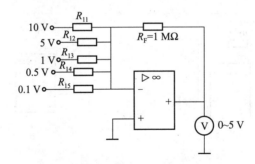

习题图 3-5　题 3－11 图

3－12　指出习题图 3-6 电路中各个反馈元件 R_{F1}、R_{F2}、R_{F3} 的反馈类型,并指出 R_{F3} 的反馈对第三级运算放大电路 A3 输入电阻和输出电阻的影响。

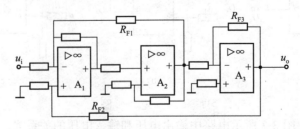

习题图 3-6　题 3－12 图

106

3—13 习题图 3-7 所示各电路中,运算放大器的 $U_{OM} = \pm 12$ V,稳压管的稳定电压 U_Z 为 6 V,正向导通电压 u_o 为 0.7 V,试画出各电路的电压传输特性曲线。

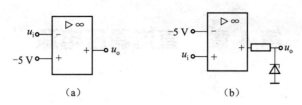

习题图 3-7 题 3—13 图

3—14 正弦波振荡电路由哪几部分组成? 试说明产生自激振荡必须满足哪些条件,正弦波振荡电路中为什么要有选频电路? 没有它是否也能产生振荡?

第4章 直流稳压电源

 任务导入

很多常用电子仪器或设备都需要用直流电源供电,而电能大多是交流电形式,因此需要将交流电转换成稳定的直流电。

直流稳压器又称作直流稳压电源,是一种当电压波动或负载改变时,能保持输出直流电压基本不变的电源电路。

直流稳压电源最基本的应用遍布于我们的生活中。笔记本电脑、手机以及很多数码产品的电源充电器都属于稳压电源,直流稳压电源也是实验室和维修领域最常用的基础仪器。稳压电源为用电器和电路提供可靠的电源供应。直流稳压器实物如图4-1所示。

直流稳压电源一般由电源变压器、整流电路、滤波电路和稳压电路几部分组成。它们各部分的作用如下。

(1)电源变压器:将常规的输入交流电压(220 V、380 V)变为整流电路所要求的交流电压值。

(2)整流电路:由整流器件组成,它将交流电变换成方向不变但大小随时间变化的脉动直流电。

(3)滤波电路:将单方向脉动直流电中所含的大部分交流成分滤掉,得到一个较平滑的直流电。

(4)稳压电路:用来消除由于电网电压波动、负载改变对其产生的影响,从而使输出电压稳定。

图 4-1 直流稳压电源实例图

通过本章的学习,应掌握单相整流、滤波电路的原理和简单计算、调试方法;理解串联型稳压电路的组成及工作原理,熟悉三端稳压器的应用电路,学会使用、调试直流稳压电源。

4.1 整 流 电 路

 学习目标

1. 通过示波器观察整流电路输出电压的波形；掌握整流电路的工作原理及应用。

2. 能从实际电路图中识读整流电路，通过估算，会合理选择整流电路元件的参数；能列举整流电路在电子技术领域的应用。

3. 能搭接由整流桥组成的应用电路，会使用整流桥。

整流电路是利用二极管的单向导电性，将正负交替的正弦交流电变换成单方向的脉动电，因此二极管是构成整流电路的核心元件。在小功率的直流电源中，整流电路的主要形式有单相半波、单相全波和单相桥式整流电路。单相桥式整流电路用得最为普遍。

为了简单起见，分析计算整流电路时把二极管当做理想元件来处理，即认为二极管的正向导通电阻为零，而反向电阻为无穷大。

4.1.1 认识整流电路

电源电路中的整流电路主要有半波整流电路、全波整流电路和桥式整流电路三种。

1. 图解单相半波整流电路(见图 4-1-1)

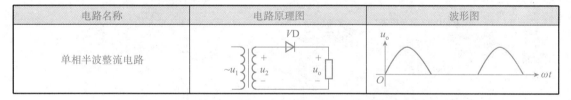

电路名称	电路原理图	波形图
单相半波整流电路		

图 4-1-1　单相半波整流电路原理图及波形图

半波整流电路是电源电路中一种最简单的整流电路，它的电路结构最为简单，只用一只整流二极管。由于这一整流电路的输出电压只是利用了交流输入电压的半周，因此被称为半波整流电路。半波整流电路是各种整流电路的基础，掌握了这种整流电路工作原理的分析思路，便能分析其他的整流电路。

2. 图解单相全波整流电路(见图 4-1-2)

电路名称	电路原理图	波形图
单相全波整流电路		

图 4-1-2　单相全波整流电路原理图及波形图

全波整流电路使用两只整流二极管构成一组全波整流电路，且要求电源变压器有中心抽头。全波整流电路的效率高于半波整流电路，因为交流输入电压的正、负半周都被作为输出电压输出了。本电路二极管极性不能接反，否则会烧毁二极管。

3. 图解单相桥式整流电路(见图 4-1-3)

电路名称	电路原理图	波形图
单相桥式整流电路	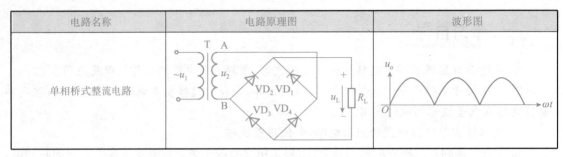	

图 4-1-3　单相桥式整流电路原理图及波形图

　　单相桥式整流电路的变压器次级绕组不用设中心抽头，但要用四只整流二极管。从整流电路的输出电压波形中可以看出，通过桥式整流电路，可以将交流电压转换成单向脉动的直流电压，这一电路作用同全波整流电路一样，也是将交流电压的负半周转到正半周来。

4.1.2　单相半波整流电路

　　单相半波整流电路如图 4-1-4 所示。整流变压器将电压 u_1 变为整流电路所需的电压 u_2，它的瞬时表达式为 $u_2=\sqrt{2}U_2\sin\omega t$，波形如图 4-1-5(a)所示。

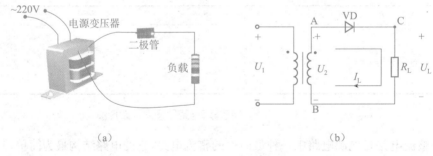

（a）　　　　　　　　　　　　　　（b）

图 4-1-4　单相半波整流电路

(a)实物图；(b)电路原理图

 仿真演示

　　按图 4-1-4 所示连接电路。用示波器观察 U_2 两端电压波形和输出电压 U_L 的波形。

　　对一个周期的正弦交流信号来说，U_2 是正弦波，而 U_L 只有正弦波的正半周（半个波形），如图 4-1-5 所示。

1. 工作原理

　　设在交流电压正半周($0\sim t_1$)，$u_2>0$，A 端电位比 B 端电位高，二极管 VD 因加正向电压而导通，电流 I_L 的路径是 A→VD→R_L→B→A。注意到，忽略二极管正向压降时，A 点电位与

C 点电位相等,则 u_2 几乎全部加到负载 R_L 上,R_L 上电流方向与电压极性如图 4-1-4 所示。

在交流电压负半周($t_1 \sim t_2$),$u_2 < 0$,A 端电位比 B 端电位低,二极管 VD 承受反向电压而截止,u_2 几乎全部降落在二极管上,负载 R_L 上的电压基本为零。

由此可见,在交流电一个周期内,二极管半个周期导通半个周期截止,以后周期性地重复上述过程,负载 R_L 上电压和电流波形如图 4-1-5(b)、图 4-1-5(c)所示。

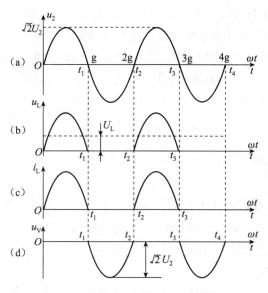

图 4-1-5 单相半波整流电路波形图

归纳

利用整流二极管的单向导电性将双向的交流电路变成单方向的脉动直流电,这一过程称为整流。由于输出的脉动直流电的波形是输入的交流电波形一半,故称为半波整流电路。

2. 负载 R_L 上的直流电压和电流的计算

依据数学推导或实验都可以证明,单相半波整流电路中,负载 R_L 上的半波脉动直流电压平均值可按下式计算:

$$U_L \approx 0.45U_2 \tag{4-1-1}$$

式中,U_2 为整流输入端的交流电压有效值。

为了便于计算,有时依据负载 R_L 上的电压 U_L 来求得整流变压器副边电压 U_2,这时,

$$U_2 \approx \frac{1}{0.45}U_L \approx 2.22U_L \tag{4-1-2}$$

流过负载 R_L 的直流电流平均值 I_L 可根据欧姆定律求出,即

$$I_L = \frac{U_L}{R_L} \approx 0.45\frac{U_2}{R_L} \tag{4-1-3}$$

3. 整流二极管上的电流和最大反向电压

二极管导通后,流过二极管的平均电流 I_F 与 R_L 上流过的平均电流相等,即

$$I_F = I_L \approx 0.45\frac{U_2}{R_L} \tag{4-1-4}$$

由于二极管在 u_2 负半周时截止，承受全部 u_2 反向电压，所以二极管所承受的最大反向电压 U_{RM} 就是 u_2 的峰值，即

$$U_{RM} = \sqrt{2}U_2 \approx 1.41U_2 \qquad (4\text{-}1\text{-}5)$$

整流二极管所承受的电压波形如图 4-1-5(d)所示。

在单相半波整流电路中，二极管中的电流等于输出电流，所以在选用二极管时，二极管的最大整流电流 I_F 应大于负载电流 I_L。二极管的最高反向电压就是变压器副边电压的最大值。根据 I_F 和 U_{RM} 的值，查阅半导体手册就可以选择到合适的二极管。

例 4-1-1 某一直流负载，电阻为 1.5 kΩ，要求工作电流为 10 mA，如果采用半波整流电路，试求整流变压器二次绕组的电压值，并选择适当的整流二极管。

解：因为 $U_L = R_L I_L = 1.5 \times 10^3 \times 10 \times 10^{-3} = 15(V)$

所以 $U_2 \approx \dfrac{1}{0.45}U_L \approx 2.22 \times 15 \approx 33(V)$

流过二极管的平均电流为：

$$I_F = I_L = 10 \text{ mA}$$

二极管承受的最大反向电压为：

$$U_{RM} = \sqrt{2}U_2 \approx 1.41 \times 33 \approx 47(V)$$

根据以上参数，查晶体管手册，可选用一只额定整流电流为 100 mA，最高反向工作电压为 50 V 的 2CZ82B 型整流二极管。

单相半波整流的特点是：电路简单，使用的器件少，但是输出电压脉动大。由于只利用了正弦半波，理论计算表明其整流效率仅 40% 左右，因此只能用于小功率以及对输出电压波形和整流效率要求不高的设备。

4.1.3　单相桥式整流电路

单相桥式整流电路如图 4-1-6(a)所示。电路中四只二极管接成电桥形式，所以称为桥式整流电路，图 4-1-6(b)为桥式整流电路的简化形式。

 仿真演示

按图 4-1-6 所示连接电路。用示波器观察 U_2 两端电压波形和输出电压 U_L 的波形。

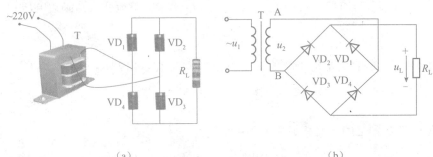

（a）　　　　　　　　　　　　　　　　（b）

图 4-1-6　单相桥式整流电路

（a）实物图；（b）电路原理图

对一个周期的正弦交流信号来说，U_2 是正弦波，而 U_L 为正弦波的两个正半周（两个半形），如图 4-1-7（b）所示。

1. 工作原理

变压器二次绕组电压 u_2 波形如图 4-1-7（a）所示。设在交流电压正半周（$0\sim t_1$），$u_2>0$，A 点电位高于 B 点电位。二极管 VD_1、VD_3 正偏导通，VD_2、VD_4 反偏截止，电流 I_{L1} 通路是 A→VD_1→R_L→VD_3→B→A，如图 4-1-8（a）所示。这时，负载 R_L 上得到一个半波电压，如图 4-1-7（b）中 $0\sim t_1$ 段。

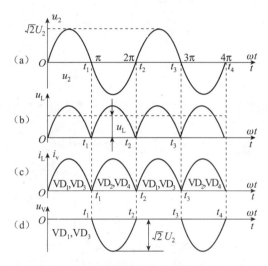

图 4-1-7　单相桥式整流电路波形图

在交流电压负半周（$t_1\sim t_2$），$u_2<0$，B 点电位高于 A 点电位，二极管 VD_2、VD_4 正偏导通，二极管 VD_1、VD_3 反偏截止，电流 I_{L2} 通路是 B→VD_2→R_L→VD_4→A→B，如图 4-1-8（b）所示。同样，在负载 R_L 上得到一个半波电压，如图 4-1-7（b）中 $t_1\sim t_2$ 段。

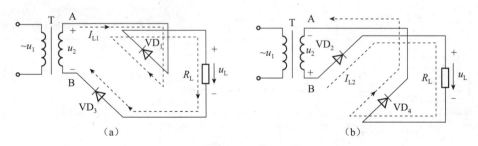

图 4-1-8　单相桥式整流电路的电流通路

注意

本电路二极管不能接反，否则会烧毁二极管。

2. 负载 R_L 上直流电压和电流的计算

在单相桥式整流电路中，交流电在一个周期内的两个半波都有同方向的电流流过负载，因此在同样的 U_2 时，该电路输出的电流和电压均比半波整流大一倍。输出电压为：

$$U_L \approx 0.9U_2$$

依据负载 R_L 上的电压 U_L 求得整流变压器副边电压：

$$U_2 \approx \frac{1}{0.9}U_L \approx 1.11U_L$$

流过负载 R_L 的直流电流平均值：

$$I_L = \frac{U_L}{R_L} \approx 0.9\frac{U_2}{R_L}$$

3. 整流二极管上的电流和最大反向电压

在桥式整流电路中，由于每只二极管只有半周是导通的，所以流过每只二极管的平均电流只有负载电流的一半，即

$$I_F = \frac{1}{2}I_L \approx 0.45\frac{U_2}{R_L}$$

要注意的是，在单相桥式整流电路中，每只二极管承受的最大反向电压也是 u_2 的峰值，即

$$U_{RM} = \sqrt{2}U_2 = \frac{\sqrt{2}}{0.9}U_L \approx 1.57U_L$$

> 归纳

常见的几种整流电路如表 4-1-1 所示。由表 4-1-1 可见，半波整流电路的输出电压相对较低，且脉动大。两管全波整流电路则需要变压器的副边绕组具有中心抽头，且两个整流二极管承受的最高反向电压相对较大，所以这两种电路应用较少。桥式整流电路的优点是输出电压高，电压脉动较小，整流二极管所承受的最高反向电压较低，同时因整流变压器在正负半周内部有电流供给负载，整流变压器得到了充分的利用，效率较高。因此桥式整流电路在半导体整流电路中得到了广泛的应用。桥式整流电路的缺点是二极管用的较多。

表 4-1-1　各种整流电路性能比较表

类　型	整流电路	整流电压波形	整流电压平均值	二极管电流平均值	二极管承受的最高反向电压
单相半波			$0.45U_2$	I_o	$\sqrt{2}U_2$
单相全波			$0.9U_2$	$\frac{1}{2}I_o$	$2\sqrt{2}U_2$
单相桥式			$0.9U_2$	$\frac{1}{2}I_o$	$\sqrt{2}U_2$

例4-1-2 试设计一台输出电压为 24 V,输出电流为 1 A 的直流电源,电路形式可采用半波整流或全波整流,试确定两种电路形式的变压器二次绕组的电压有效值,并选定相应的整流二极管。

解:(1)当采用半波整流电路时,变压器二次绕组电压有效值为:

$$U_2 = \frac{U_o}{0.45} = \frac{24}{0.45} = 53.3(V)$$

整流二极管承受的最高反向电压为:

$$U_{RM} = \sqrt{2}U_2 = 1.41 \times 53.3 = 75.2(V)$$

流过整流二极管的平均电流为:

$$I_F = I_o = 1 \text{ A}$$

因此可选用 2CZ12B 整流二极管,其最大整流电流为 3 A,最高反向工作电压为 200 V。

(2)当采用桥式整流电路时,变压器二次绕组电压有效值为:

$$U_2 = \frac{U_o}{0.9} = \frac{24}{0.9} = 26.7(V)$$

整流二极管承受的最高反向电压为:

$$U_{RM} = \sqrt{2}U_2 = 1.41 \times 26.7 = 37.6(V)$$

流过整流二极管的平均电流为:

$$I_F = \frac{1}{2}I_o = 0.5 \text{ A}$$

因此可选用 4 只 2CZ11A 整流二极管,其最大整流电流为 1 A,最高反向工作电压为 100 V。

变压器二次电流有效值为:

$$I_2 = 1.11I_o = 1.11 \times 1 = 1.11(A)$$

变压器的容量为:

$$S = U_2 I_2 = 26.7 \times 1.11 = 29.6(V \cdot A)$$

例4-1-3 有一直流负载,要求电压为 $U_o = 36$ V,电流为 $I_o = 10$ A,采用图 4-1-6 所示的单相桥式整流电路。(1)试选用所需的整流元件;(2)若 VD_2 因故损坏开路,求 U_o 和 I_o,并画出其波形;(3)若 VD_2 短路,会出现什么情况?

解:(1)根据给定的条件 $I_o = 10$ A,整流元件所通过的电流 $I_F = \frac{1}{2}I_o = 5$ A

变压器副边电压有效值 $U_2 = \frac{U_o}{0.9} = \frac{36}{0.9} = 40(V)$

负载电阻 $R_L = 3.6 \ \Omega$

整流元件所承受的最大反向电压 $U_{RM} = \sqrt{2}U_2 = 1.41 \times 40 = 56(V)$

因此选用的整流元件,必须是额定整流电流大于 5 A,最高反向工作电压大于 56 V 的二极管,可选用额定整流电流为 10 A,最高反向工作电压为 100 V 的 2CZ10 型的整流二极管。

(2)当 VD_2 开路时,只有 VD_1 和 VD_2 在正半周时导通,而负半周时,VD_1、VD_3 均截止,VD_4 也因 VD_2 开路而截止,故电路只有半周是导通的,相当于半波整流电路,输出为桥式整流

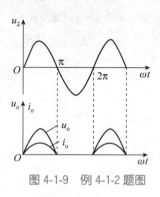

图 4-1-9 例 4-1-2 题图

电路输出电压、电流的一半。所以有

$$U_o = 0.45U_2 = 0.45 \times 40 = 18(\text{V})$$

$$I_o = \frac{U_o}{R_L} = 5 \text{ A}$$

而流过二极管的电流 I_F 和其最大反向电压 U_{RM} 与（1）中相同，输出 u_o 和 i_o 波形如图4-1-9所示。

（3）当 VD_2 短路后，在正半周中电流的流向为 $A \rightarrow VD_1 \rightarrow VD_3 \rightarrow B$，一只二极管的导通压降只有 0.6 V，因此变压器二次电流迅速增加，容易烧坏变压器和二极管。

归纳

二极管作为整流元件，要根据不同的整流方式和负载大小加以选择。如选择不当，则或者不能安全工作，甚至烧了管子；或者大材小用，造成浪费。

4.2 滤 波 电 路

学习目标

1. 能识读电容滤波、电感滤波、复式滤波电路图；了解滤波电路的应用实例。
2. 掌握滤波电路的作用及工作原理。
3. 通过示波器观察滤波电路的输出电压波形，会估算电容滤波电路的输出电压。

电源电路中，220 V 交流电压输入到电源变压器后经整流电路，得到的是脉动性直流电压，这一电压还不能直接加到电子电路中，因为其中有大量的交流成分，必须通过滤波电路的滤波，才能加到电子电路中。

1. 电容器储能特性

理论上讲电容器不消耗电能，电容器中所充的电荷会储存在电容器中，只要外电路中不存在让电容器放电的条件（放电电路），电荷就一直储存在电容器中，电容器的这一特性称为储能特性。

2. 电容两端电压不能突变的特性

许多电容电路分析中需要用到电容两端电压不能突变的特性，这是分析电容电路工作原理时的一个重要特性，也是一个难点。电容两端电压不能突变的特性理解非常困难，在电容电路的分析中这一特性的运用也很困难。电容是个储能元件，电容两端的电压变化是由电容极板上电荷的积累和释放决定的，电荷的转移是需要时间的，所以电压的变化也是需要时间的，不能突变。根据公式 $U = \dfrac{Q}{C}$ 可知，电容器内部没有电荷时，电容两端的电压为 0 V；电容中电荷越多，电容两端的电压越大。当电容开始充放电的瞬间，电容两端的电压也不能发生突变。因为电容上的电荷量在充、放电时只能逐渐积累或释放，它是一个渐变的过程，因此其上的电压也只能是渐变而非突变。

3. 电感线圈的储能特性

当流过电感的电流变化时,电感线圈中产生的感生电动势将阻止电流的变化,所以,流过电感的电流不能突变。当通过电感线圈的电流增大时,电感线圈产生的自感电动势与电流方向相反,阻止电流的增加,同时将一部分电能转化成磁场能存储于电感之中;当通过电感线圈的电流减小时,自感电动势与电流方向相同,阻止电流的减小,同时释放出存储的能量,以补偿电流的减小。

4.2.1 认识滤波电路

单相半波和单相桥式整流电路,虽然都可以把交流电转换为直流电,但是所输出的都是脉动直流电压,其中含有较大的交流成分,因此这种不平滑的直流电仅能在电镀、电焊、蓄电池充电等要求不高的设备中使用,而对于有些仪器仪表及电气控制装置等,往往要求直流电压和电流比较平滑,因此必须把脉动的直流电变为平滑的直流电。保留脉动电压的直流成分,尽可能滤除它的交流成分,这就是滤波。这样的电路叫做滤波电路(也叫滤波器)。滤波电路直接接在整流电路后面,它通常由电容器、电感器和电阻器按照一定的方式组合而成。

1. 图解电容滤波电路(见图 4-2-1)

电路名称	电路图	应用范围
电容滤波电路	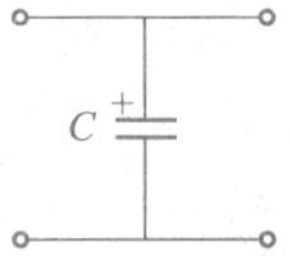 C	用于要求输出电压较高,负载电流较小并且变化也较小的场合

图 4-2-1 电容滤波电路图及应用范围

2. 图解电感滤波电路(见图 4-2-2)

电路名称	电路图	应用范围
电感滤波电路	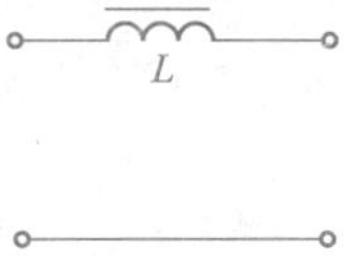 L	用于低电压、大电流的场合

图 4-2-2 电感滤波电路图及应用范围

3. 图解复式滤波电路(见图 4-2-3)

电路名称	电路图	应用场合
复式滤波电路	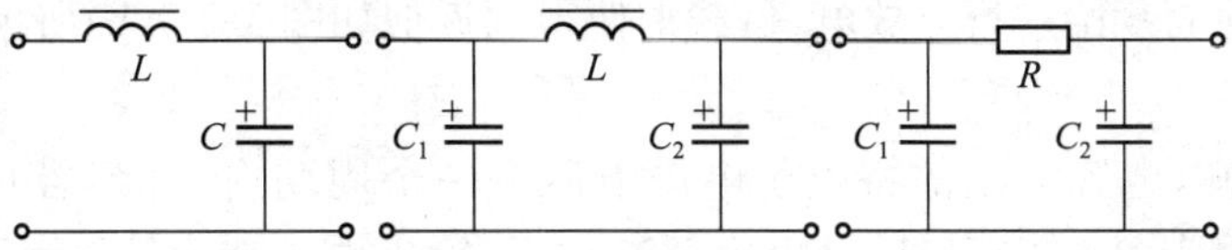 L C C_1 L C_2 C_1 R C_2	不同的滤波器,特性不一,应用场合也不一样

图 4-2-3 复式滤波电路图及应用范围

4.2.2 电容滤波电路

1. 电路结构

在桥式整流电路输出端并联一个电容量很大的电解电容器,就构成了它的滤波电路,如图 4-2-4 所示。

2. 工作原理

 仿真演示

按图 4-2-4 连接电路,用示波器观察电路输出电压 U_L 的波形。

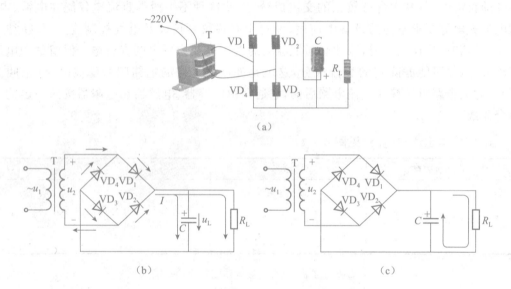

图 4-2-4 单相桥式整流电容滤波电路图

(a)实物图;(b)充电过程;(c)放电过程

 演示结果

滤波后输出电压 U_L 的波形脉动很小,且是比较平滑的直流电,如图 4-2-5 所示。

单相桥式整流电路,在不接电容器 C 时,其输出电压波形如图 4-2-5(a)所示。在接上电容器 C 后,当输入次级电压为正半周上升段期间,电容充电;当输入次级电压 u_2 由正峰值开始下降后,电容开始放电,直到电容上的电压 $u_C < u_2$,电容又重新充电;当 $u_2 < u_C$ 时,电容又开始放电,电容器 C 如此周而复始进行充放电,负载上便得到近似如图 4-2-5(b)所示的锯齿波的输出电压。

从上面分析可知,电容滤波的特点是电源电压在一个周期内,电容器 C 充放电各两次。比较图 4-2-5(a)和图 4-2-5(b)可见,经电容器滤波后,输出电压就比较平滑了,交流成分大大减少,而且输出电压平均值得到提高,这就是滤波的作用。

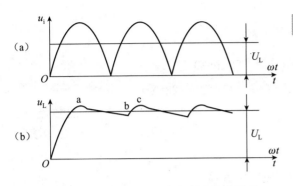

图 4-2-5　单相桥式整流电容滤波波形图

电容器在电路中有储存和释放能量的作用,电源供给的电压升高时,它把部分能量储存起来,而当电源电压降低时,就把能量释放出来,从而减少脉动成分,使负载电压比较平滑,即电容器具有滤波作用。

3. 电路特点

在电容滤波电路中,R_LC 越大,电容 C 放电越慢,输出的直流电压就越大,滤波效果也越好,但是在采用大容量的滤波电容时,接通电源的瞬间充电电流特别大。电容滤波器只用于负载电流较小的场合。

注意

1. 在分析电容滤波电路时,要特别注意电容器两端电压对整流器件的影响。整流器件只有受正向电压作用时才导通,否则截止。

2. 一般滤波电容是采用电解电容器,使用时电容器的极性不能接反。如果接反则会击穿、爆裂。电容器的耐压应大于它实际工作时所承受的最大电压,即大于 $\sqrt{2}U_2$。滤波电容器的容量选择见表 4-2-1。

3. 单相半波整流电容滤波中二极管承受的反向电压也发生了变化,各种整流电路加上电容滤波后,其输出电压、整流器件上反向电压等电量如表 4-2-2 所示。

表 4-2-1　滤波电容器容量表

输出电流 I_L/A	2	1	0.5～1	0.1～0.5	0.05～0.14	0.05 以下
电容器容量 C/μF	4000	2000	1000	500	200～500	200

注:表中所列为桥式整流电容滤波 U_L=12～36 V 时的参考值。

表 4-2-2　电容滤波的整流电路电压和电流

整流电路形式	输入交流电压（有效值）	整流电路输出电压		整流器件上电压和电流	
		负载开路时的电压	带负载时的 U_L（估计值）	最大反向电压 U_{RM}	通过的电流 I_L
半波整流	U_2	$\sqrt{2}U_2$	U_2	$2\sqrt{2}U_2$	I_L
桥式整流	U_2	$\sqrt{2}U_2$	$1.2U_2$	$\sqrt{2}U_2$	$\frac{1}{2}I_L$

例 4-2-1　在桥式整流电容滤波电路中,若负载电阻 R_L 为 240 Ω,输出直流电压 24 V,试确定电源变压器副边电压,并选择整流二极管和滤波电容。

解:(1) 电源变压器副边电压 U_2

根据表 4-2-2 可知 $U_L \approx 1.2U_2$,所以 $U_2 \approx U_L/1.2 = 24/1.2 = 20$(V)

（2）整流二极管的选择

负载电流：$I_L = U_L/R_L = 24/240 = 0.1(A)$

通过每只二极管的直流电流：$I_F = I_L/2 = 0.1/2 = 50(mA)$

每只二极管承受的最大反向电压：$U_{RM} = \sqrt{2}U_2 \approx 1.41 \times 20 \approx 28(V)$

查晶体管手册，可选用额定正向电流为 100 mA，最大反向电压为 100 V 的整流二极管 2CZ82C。

（3）滤波电容的选择

根据表 4-2-1 及 $I_L = 0.1$ A，可选用 500 μF 电解电容器。

根据电容器耐压公式：$U_C \geqslant \sqrt{2}U_2 \approx 1.41 \times 20 \approx 28(V)$

因此，可选用容量为 500 μF，耐压为 50 V 的电解电容器。

4.2.3 电感滤波电路

当一些电气设备需要脉动小、输出电流大的直流电时，往往采用电感滤波电路，即在整流输出电路中串联带铁芯的大电感线圈。这种线圈称为阻流圈，如图 4-2-6(a) 所示。

由于电感线圈的直流电阻很小，脉动电压中直流分量很容易通过电感线圈，几乎全部加到负载上；而电感线圈对交流的阻抗很大，因此脉动电压中交流分量很难通过电感线圈，大部分降落在电感线圈上。根据电磁感应原理，线圈通过变化的电流时，它的两端要产生自感电动势来阻碍电流变化，当整流输出电流增大时，它的抑制作用使电流只能缓慢上升；而整流输出电流减小时，它又使电流只能缓慢下降，这样就使得整流输出电流变化平缓，其输出电压的平滑性比电容滤波好，如图 4-2-6(b) 中所示。

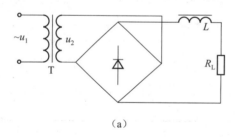
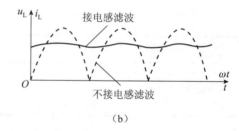

图 4-2-6 单相桥式整流电感滤波

(a)电感滤波电路；(b)电感滤波电压波形图

一般来说，电感越大，滤波效果越好，但是电感太大的阻流圈其铜线直流电阻相应增加，铁心也需增大，结果使滤波器铜耗和铁耗均增加，成本上升，而且输出电流、电压下降。所以滤波电感常取几亨到几十亨。如果忽略电感线圈的铜阻，滤波电路输出电压为 $U_o \approx 0.9U_2$。

有的整流电路的负载是电动机线圈、继电器线圈等电感性负载，那就如同串入了一个电感滤波器一样，负载本身就能起到平滑脉动电流的作用，这时可以不另加滤波器。

4.3 硅稳压管并联型稳压电路

学习目标

1. 了解稳压二极管的特性及主要参数。

2. 了解硅稳压管稳压电路的稳压原理及应用。

交流电经过整流滤波后变成较平滑的直流电压,但是负载电压是不稳定的。电网电压的变化或负载电流的变化都会引起输出电压的波动,要获得稳定的直流输出电压,必须在滤波之后再加一级稳压电路。

所谓稳压电路,就是当电网电压波动或负载发生变化时,能使输出电压稳定的电路。硅稳压管稳压电路是最简单的直流稳压电路,电路中的主要元器件是稳压二极管。这种电路结构简单,稳压效果一般,而且直流输出工作电压不能进行连续调节。

4.3.1 稳压二极管

1. 稳压二极管结构

稳压管是一种特殊的硅二极管,由于它在电路中与适当数值的电阻配合后能起稳定电压的作用,故称为稳压管。在稳压设备和一些电子电路中经常用到。

小型稳压管与二极管外形无异,图形符号如图 4-3-1(a)所示。

2. 稳压二极管的伏安特性

仿真演示

利用晶体管图示仪观测稳压二极管的伏安特性曲线。

演示结果

稳压二极管的伏安特性曲线如图 4-3-1(b)所示。

由稳压管的伏安特性曲线可知,其正向特性与普通二极管的类似,其差异是稳压管的反向特性曲线比较陡。稳压管正常工作于反向击穿区,且在外加反向电压撤除后,稳压管又恢复正常,即它的反向击穿是可逆的。从反向特性曲线上可以看出,当稳压管工作于反向击穿区时,电流虽然在很大范围内变化,但稳压管两端的电压变化很小,即它能起稳压的作用。

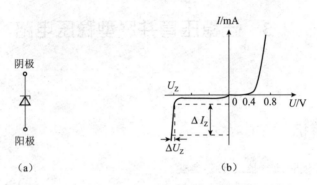

图 4-3-1 稳压管的符号与伏安特性曲线

(a)符号；(b)伏安特性曲线

注意

由"击穿"转化为"稳压"，还有一个值得注意的条件，那就是要适当限制通过稳压二极管的反向电流。否则，过大的反向电流，将造成稳压二极管击穿后的永久性损坏。因此，在实际工作中，为了保护稳压管，要在外电路串联一个限流电阻。

3. 稳压管的主要参数

(1) 稳定电压 U_Z。U_Z 指稳压管的稳压值。由于制造工艺和其他的原因，稳压值也有一定的分散性。同一型号的稳压管稳压值可能略有不同。手册给出的都是在一定条件(工作电流、温度)下的数值。例如，2CW18 稳压管的稳压值为 $10\sim12$ V。

(2) 稳定电流 I_Z。I_Z 指稳压管工作电压等于稳定电压 U_Z 时的工作电流。稳压管的稳定电流只是一个参考数值，设计选用时要根据具体情况(例如工作电流的变化范围)来考虑。但对每一种型号的稳压管都规定有一个最大稳定电流 I_{ZM}。

(3) 动态电阻 r_z。r_z 指稳压管两端电压的变化量与相应电流变化量的比值，即：

$$r_z = \frac{\Delta U_Z}{\Delta I_Z}$$

稳压管的反向伏安特性曲线越陡，则动态电阻越小，稳压性能越好。

(4) 最大允许耗散功率 P_{ZM}。P_{ZM} 指管子不致发生热击穿的最大功率损耗，即：

$$P_{ZM} = U_Z I_{ZM}$$

稳压管在电路中的主要作用是稳压和限幅，也可和其他电路配合构成欠压或过压保护、报警环节等。

4.3.2 硅稳压管并联型稳压电路

经整流和滤波后的电压往往会随交流电压的波动和负载的变化而变化。电压的不稳定有时会产生测量和计算的误差，引起控制装置的工作不稳定，甚至设备根本无法正常工作。特别精密的电子测量仪器、自动控制、计算机装置及晶闸管的触发电路等都要求有很稳定的直流电源供电。最简单的直流稳压电源是采用稳压管来稳定电压的。

1. 电路组成

图 4-3-2 所示的是硅稳压管稳压电路。图中可见稳压管 VDz 并联在负载 R_L 两端,因此它是一个并联型稳压电路。电阻 R 是稳压管的限流电阻,是稳压电路中不可缺少的元件。稳压电路的输入电压 U_i 是整流、滤波电路的输出电压。

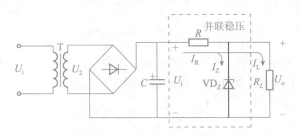

图 4-3-2　硅稳压管稳压电路

2. 稳压原理

稳压管是利用调节流过自身的电流大小(端电压基本不变)来满足负载电流的改变的,并和限流电阻配合将电流的变化转换成电压的变化,以适应电网电压的波动。

引起输出电压不稳的主要原因有交流电源电压的波动和负载电流的变化。我们来分析在这两种情况下稳压电路的作用。

输入电压 U_i 经电阻 R 加到稳压管和负载 R_L 上,$U_i = I_R R + U_o$。在稳压管上有工作电流 I_Z 流过,负载上有电流 I_L 流过,且 $I_R = I_Z + I_L$。

若负载 R_L 不变,当交流电源电压增加,即造成变压器副边电压 U_2 增加而使整流滤波后的输出电压 U_i 增加时,输出电压 U_o 也有增加的趋势,但输出电压 U_o 就是稳压管两端的反向电压(或叫稳定电压)U_Z,当负载电压 U_o 稍有增加时(即 U_Z 稍有增加),稳压管中的电流 I_Z 大大增加,使限流电阻两端的电压降 U_R 增加。以抵偿 U_i 的增加,从而使负载电压 U_o 保持近似不变。这一稳压过程可表示成:

电源电压 ↑ → U_2 ↑ → U_i ↑ → U_L ↑ → I_Z ↑ ↑ → $I_R = I_Z + I_o$ ↑ ↑ → U_R ↑ ↑ → U_o ↓ → 稳定

若电源电压不变,使整流滤波后的输出电压 U_i 不变,此时若负载 R_L 减小时,则引起负载电流 I_o 增加,电阻 R 上的电流 I_R 和两端的电压降 U_R 均增加,负载电压 U_o 因而减小,U_o 稍有减少将使 I_Z 下降较多,从而补偿了 I_L 的增加,保持 $I = I_Z + I_L$ 基本不变,也保持 U_o 基本恒定。这个过程可归纳为:

R_L ↓ → I_o ↑ → $I_R = I_Z + I_L$ ↑ → U_R ↑ → U_o ↓ → I_Z ↓ ↓ → $I_R = I_Z + I_L$ ↓ ↓ → U_R ↓ → U_o ↑ → 稳定

3. 稳压元件的选择

从上述讨论中可见:首先,稳压管的稳压值 U_Z 就是硅稳压电路的输出电压值 U_o,另外考虑到当负载开路时输出电流可能全部流过稳压管,故选择稳压管的最大稳定电流时要留有余地,一般取稳压管的最大稳定电流是输出电流的二至三倍。另外,整流滤波后得到直流电压 U_i 应为输出电压的二至三倍。

$$U_Z = U_o$$
$$I_{Zmax} = (2 \sim 3) I_o$$

$$U_i = (2 \sim 3) U_o$$

其次，在稳压调整过程中，限流电阻 R 是实现稳压的关键，限流电阻值的选取就十分重要，必须满足两个条件：

（1）当输入直流电压最小（为 U_{imin}）而负载电流最大（为 I_{Lmax}）时，流过稳压管的电流最小，这个电流应大于稳压管稳压范围内的最小工作电流 I_{Zmin}（一般取 1 mA），即：

$$\frac{U_{imin} - U_o}{R} - I_{omax} \geqslant I_{Zmin}$$

（2）当输入直流电压最高（为 U_{imax}）而负载电流最小（为 I_{Lmin}）时，流过稳压管的直流电流最大，这个最大电流不应超过稳压管允许的最大稳定电流（I_{Zmax}），即：

$$\frac{U_{imax} - U_o}{R} - I_{Lmin} \leqslant I_{Zmax}$$

可在下列范围内进行选择：

$$\frac{U_{imin} - U_o}{I_{Zmin} + I_{Lmax}} \geqslant R \geqslant \frac{U_{imax} - U_o}{I_{Zmax} + I_{Lmin}}$$

稳压管稳压电路结构简单，调试方便，使用元件少，但输出电流较小，输出电压不能调节，且稳压管的电流调整范围较小。

例 4-3-1 设计一直流稳压电源，要求输入交流电源的电压为 220 V，直流电压输出为 6 V，负载电阻为 $R_L = 300\ \Omega$，采用桥式整流、电容滤波、硅稳压管稳压，选择各元件参数。

解： 直流稳压电源电路如图 4-3-1 所示。

（1）先估算变压器副边电压的有效值：

由 $U_o = 6$ V 及稳压电路输入电压 $U_i = (2 \sim 3) U_o$，取 $U_i = 3U_o = 18$ V

U_i 是电源的桥式整流、电容滤波后的输出，它与变压器副边电压的关系是 $U_i = 1.2 u_2$，所以变压器副边电压的有效值 $u_2 = 15$ V。

（2）选择整流、滤波元件。先不考虑稳压电路则有：

输出电压 $U_i = 18$ V

输出电流 $I_o = \dfrac{U_o}{R_L} = \dfrac{18}{300} = 0.06\,(\text{A}) = 60\,(\text{mA})$

整流二极管（有电容滤波后，考虑冲击电流）：$I_F = I_o = 60$ mA，反向工作电压为：$\sqrt{2} U_2 = 22$ V。

选取 2CP11 二极管四个（整流电流 $I_F = 100$ mA，最高反向工作电压为 50 V）。

电容：$C = (3 \sim 5) \dfrac{T}{2 R_L}$，取为 3，则 $C = \dfrac{3}{2} \times \dfrac{0.02}{300} = 100 \times 10^{-6}\,(\text{F}) = 100\ \mu\text{F}$

选取耐压为 50 V、电容量为 100 μF 的电解电容。

（3）选择稳压元件。

根据题意，取 $U_Z = U_o = 6$ V

这时输出电流为 $I_o = \dfrac{U_o}{R_L} = \dfrac{6}{300} = 20\,(\text{mA})$

选稳压管 2CW13（$U_Z = 6$ V，$I_Z = 10$ mA，$I_{zmax} = 38$ mA）

限流电阻 R，由 $\dfrac{U_{\mathrm{imin}}-U_{\mathrm{o}}}{I_{\mathrm{Zmin}}+I_{\mathrm{omax}}}\geqslant R\geqslant\dfrac{U_{\mathrm{imax}}-U_{\mathrm{o}}}{I_{\mathrm{Zmin}}+I_{\mathrm{omin}}}$

得：$R\leqslant\dfrac{18-6}{1+20}=570(\Omega)$；$R\geqslant\dfrac{18-6}{38}=316(\Omega)$，这里未计电源电压变化。

取 $R=360\ \Omega$。

4. 电路特点

硅稳压管稳压电路结构简单，元件少。但输出电压由稳压管的稳压值决定，不可随意调节，因此输出电流的变化范围较小，只适用于小型的电子设备中。

4.4 串联型晶体管稳压电路

学习目标

1. 了解串联型晶体管稳压电路的电路结构。

2. 了解串联型晶体管稳压电路的稳压原理及其应用。

稳压管稳压电路的稳压效果不够理想，并且它只用于负载电流较小的场合。为此，为了提高稳压电路的稳压性能，可采用晶体管串联型直流稳压电路。

1. 电路结构

图 4-4-1 所示为晶体管串联稳压电路实物图和原理图，它由取样电路、基准电压、比较放大器及调整元件等环节组成，其方框图如图 4-4-2 所示。

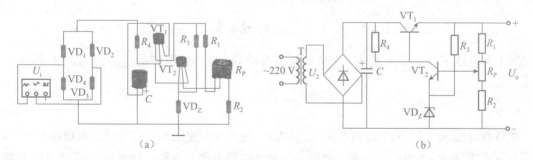

图 4-4-1 晶体管串联稳压电路原理图

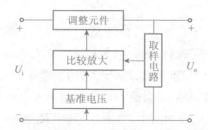

图 4-4-2 串联型稳压电源方框图

2. 电路中各部分的作用

(1) 取样电路:由 R_1、R_P、R_2 组成,取出输出电压 U_o 的一部分送到比较放大电路 VT_2 的基极。

(2) 基准电压:由稳压管 VD_Z 与电阻 R_3 组成。其作用是提供一个稳定性较高的直流电压 U_Z。其中 R_3 为稳压管 VD_Z 的限流电阻。

(3) 比较放大电路:以三极管 VT_2 构成直流放大器。其作用是将取样电压 U_{B2} 和基准电压 U_Z 进行比较,比较的误差电压 U_{BE2} 经 VT_2 管放大后去控制调整管 VT_1。R_4 既是 VT_2 的集电极负载电阻,又是 VT_1 的偏置电阻。

(4) 调整电路:调整管 VT_1 是该稳压电源的关键元件,利用其集射之间的电压 U_{CE} 受基极电流控制的原理,与负载 R_L 串联,用于调整输出电压。

3. 稳压原理

注意观察图 4-4-1 电路的输出电压 U_o 的波形。

输出电压 U_o 的波形是一条直线(直流电)。

当电网电压升高或负载电阻增大而使输出电压有上升的趋势时,取样电路的分压点升高,因 U_Z 不变,所以 U_{BE2} 升高,I_{C2} 随之增大,U_{C2} 降低,则调整管 U_{B1} 降低,发射结正偏电压 U_{BE1} 下降,I_{B1} 下降,I_{C1} 随着减小,U_{CE1} 增大,从而使输出电压 U_o 下降。因此使输出电压上升的趋势受到遏制而保持稳定。上述稳压过程可用下式表示为:

$$\left.\begin{array}{c} U_1 \uparrow \\ R_L \uparrow \end{array}\right\} U_o \uparrow \rightarrow U_{B2} \uparrow \rightarrow U_{BE2} \uparrow \rightarrow I_{C2} \uparrow \rightarrow U_{C2} \downarrow \rightarrow U_{B1} \downarrow \rightarrow U_{CE1} \uparrow \rightarrow U_o \downarrow$$

当电网电压下降或负载变小时,输出电压有下降的趋势,电路的稳压过程与上面情形相反。

4. 输出电压的调节

调节电位器 R_P 可以调节输出电压 U_o 的大小,使其在一定的范围内变化。若将电位器 R_P 分为上下两部分,$R_{P'}$ 为电位器上部分电阻,$R_{P''}$ 为电位器下部分电阻。则由原理图可得输出电压如下:

$$U_o = \frac{R_1 + R_2 + R_P}{R_2 + R_{P''}} U_Z$$

电位器的作用是把输出电压调整在额定的数值上。电位器滑动触点下移,$R_{P''}$ 变小,输出电压 U_o 调高。反之,电位器滑动触点上移,$R_{P''}$ 变大,输出电压 U_o 调低。输出电压 U_o 调节范围是有限的,其最小值不可能调到零,最大值不可能调到输入电压 U_i。

例 4-4-1 串联型直流稳压电路如图 4-4-3 所示,其中 $R_1 = 600\ \Omega$,$R_2 = 300\ \Omega$,$R_P = 300\ \Omega$,$U_Z = 5.3\ V$,$U_{BE2} = 0.7\ V$,求输出电压的可调范围。

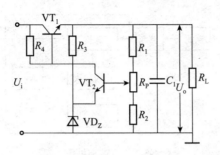

图 4-4-3 例 4-4-1 用图

解：电位滑动端滑到最上端时，输出电压为：

$$U_o = \frac{R_1 + R_2 + R_P}{R_1 + R_{P''}} U_{B2} = \frac{R_1 + R_2 + R_P}{R_2 + R_{P''}} (U_{BE2} + U_Z)$$

$$= \frac{600 + 300 + 300}{300 + 300} \times (0.7 + 5.3) = 12(V)$$

电位器滑动端滑到最下端地，输出电压为：

$$U_o = \frac{R_1 + R_2 + R_P}{R_1 + R_{P''}} U_{B2} = \frac{R_1 + R_2 + R_P}{R_2 + R_{P''}} (U_{BE2} + U_Z)$$

$$= \frac{600 + 300 + 300}{300} \times (0.7 + 5.3) = 24(V)$$

该电路输出电压的可调范围为 $12 \sim 24$ V。

4.5 技能训练：串联型可调稳压电源的安装与调试

一、技能目标

1. 能熟练在万能板上进行合理布局布线。
2. 能正确安装整流电路，并对其进行安装、调试与测量。

二、工具、元件和仪器

1. 电烙铁等常用电子装配工具。
2. 变压器、电阻等。
3. 万用表、示波器。

三、实训步骤

1. 电路原理图及工作原理分析

串联型可调稳压电源主要有变压、整流、滤波、取样电路、基准电压、比较放大、电压调整等电路组成，方框图如图 4-5-1 所示，原理图如图 4-5-2 所示。

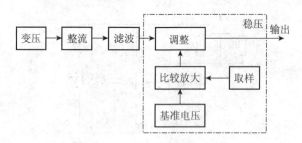

图 4-5-1　电路方框图

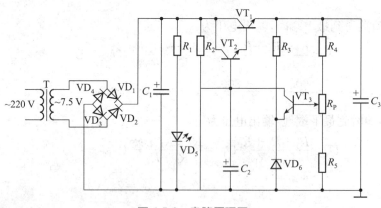

图 4-5-2　电路原理图

在原理图中：

R_1，VD_5 为电源指示电路；

C_1，C_3 为滤波电容；

VT_1，VT_2 为复合管，电流放大倍数大，用做电压调整；

VT_3 是比较放大管，R_2 既是 VT_3 的集电极负载电阻，又是 VT_2 的基极偏置电阻；

R_3，VD_6 提供比较放大管 VT_3 的基准电压；

R_4，R_P，R_5 组成取样电路。当输出电压变化时，取样电路将其变化量的一部分取出送到比较放大管的基极。

当 u_1 减小或负载减小时，U_o 有下降趋势，则稳压过程如下。

$$u_1 \downarrow \rightarrow U_o \downarrow \rightarrow U_{B_3} \downarrow \rightarrow U_{BE_3} \rightarrow U_{C_3} \uparrow \rightarrow U_{B_2} \uparrow \rightarrow U_{B_1} \uparrow$$

$$U_o \uparrow \longleftarrow \cdots\cdots\cdots\cdots\cdots\cdots\cdots\cdots\cdots U_{CE_1} \downarrow$$

当 u_1 增大或负载电阻增大时，U_o 有升高趋势，则稳压过程与上述相反。

直流电压电路的输出电压大小可以通过调整取样电路中的电位器 R_P 实现。

2. 装配要求和方法

工艺流程：准备→熟悉工艺要求→绘制装配草图→核对元件数量、规格、型号→元件检测→元器件预加工→万能电路板装配、焊接→总装加工→自检。

（1）准备：将工作台整理有序，工具摆放合理，准备好必要的物品。

（2）熟悉工艺要求：认真阅读电路原理图和工艺要求。

（3）绘制装配草图：绘制装配草图的要求和方法。如图 4-5-3 所示。

①设计准备：熟悉电路原理、所用元器件的外形尺寸及封装形式。

②按万能电路板实样 1∶1 在图纸上确定安装孔的位置。

③装配草图以导线面（焊接面）为视图方向；元器件水平或垂直放置，不可斜放；布局时应考虑元器件外形尺寸，避免安装时相互影响，疏密均匀；同时注意电路走向应基本和电路原理图一致，一般由输入端开始向输出端逐步确定元件位置，相关电路部分的元器件应就近安放，按一字排列，避免输入输出之间的影响；每个安装孔只能插一个元器件引脚。

④按电路原理图的连接关系布线，布线应做到横平竖直，导线不能交叉（确需交叉的导线可在元件下穿过）。

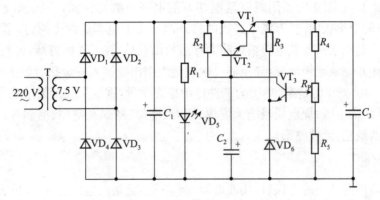

图 4-5-3 装配草图

⑤检查绘制好的装配草图上的元器件数量、极性和连接关系应与电路原理图完全一致。

（4）清点元件：按表 4-5-1 所示元件清单核对元件的数量和规格，应符合工艺要求，如有短缺、差错应及时补缺和更换。

表 4-5-1 元件清单

代 号	名 称	规 格	代 号	名 称	规 格
R_1	碳膜电阻	2.2 kΩ	R_2	碳膜电阻	1 kΩ
R_3	碳膜电阻	1 kΩ	R_4	碳膜电阻	820 Ω
R_5	碳膜电阻	1200 kΩ	R_P	碳膜电位器	1 kΩ
C_1	电解电容	220 μF	C_2	电解电容	10 μF
C_3	电解电容	220 μF	VD_1	整流二极管	1N4007
VD_2	整流二极管	1N4007	VD_3	整流二极管	1N4007
VD_4	整流二极管	1N4007	VD_5	发光二极管	绿色
VD_6	稳压二极管	3V 稳压	VT_1	三极管	9013
VT_2	三极管	9014	VT_3	三极管	9014

（5）元件检测：用万用表的电阻挡对元器件进行逐一检测，对不符合质量要求的元器件剔除并更换。

（6）元件预加工。

（7）万能电路板装配工艺要求：

①电阻、二极管均采用水平安装方式，高度要求为元件紧贴印制板（发光二极管除外），色码方向一致。

②电容采用垂直安装方式，高度要求为电容的底部离板 8 mm。

③三极管采用垂直安装方式，高度要求为离板 8 mm。

④发光二极管采用垂直安装方式，高度要求离板 15 mm。

⑤微调电位器应贴板安装。

⑥所有焊点均采用直脚焊，焊接完成后剪去多余引脚，留头在焊接面以上 0.5～1 mm，且不能损伤焊接面。

⑦万能接线板布线应正确、平直，转角处成直角；焊接可靠，无漏焊、短路等现象。

（8）总装加工：电源变压器用螺钉紧固在万能电路板的元件面，一次侧绕组的引出线向外，二次侧绕组的引出线向内，万能电路板的另外两个角上也固定两个螺钉，紧固件的螺母均安装在焊接面。电源线从万能电路板焊接面穿过打结孔后，在元件面打结，再与变压器一次侧绕组引出线焊接并完成绝缘恢复，变压器二次侧绕组引出线插入安装孔后焊接。

（9）自检：对已完成的装配、焊接的工件仔细检查质量，重点是装配的准确性，包括元件位置、电源变压器的绕组等；焊点质量应无虚焊、假焊、漏焊、搭焊及空隙、毛刺等；检查有无影响安全性能指标的缺陷；元件整形。

3. 调试、测量

①检查元器件安装正确无误后，接通电源，调节 R_P，使输出电压为 6 V，按表 4-5-2 中的内容测量，相关数据记入到下表中。

表 4-5-2　电压测量表

输入电压	C_1 两端电压	VT$_1$		VT$_2$		VT$_3$	
		U_{BE}	U_{CE}	U_{BE}	U_{CE}	U_{BE}	U_{CE}
三极管工作状态							

②检测稳压性能。检测负载变化时的稳压情况，使输入 7.5 V 交流电压保持不变，空载时将输出电压调至 6 V。然后分别接入 20 Ω、10 Ω 负载电阻 R_L，按表 4-5-3 中的内容进行测量，并将结果记入该表中，最后按照稳压性能＝（输出电压－6）/6×100% 进行计算，将计算结果记入表 4-5-3。

表 4-5-3　稳压性能测量表

C_1 两端电压	U_{CE1}	U_{CE2}	R_L/Ω	输出电压	稳压性能（%）
			∞		
			20		
			10		

③观察输出电压波形。将示波器接入稳压电源输出端，观察直流电压波形。断开 C_2、C_3 观察输出电压波形，再断开 C_1 观察输出电压波形。填入表 4-5-4。

表 4-5-4　波形观察记录表

输出电压波形	断开 C_2、C_3 输出电压波形	断开 C_1 输出电压波形
输出电压波形变化的原因		

四、项目评价

项目考核评价如表 4-5-5 所示。

表 4-5-5　项目考核评价表

评价指标	评价要点	评价结果				
		优	良	中	合格	差
理论知识	1. 串联型可调稳压电路知识掌握情况					
	2. 装配草图绘制情况					
技能水平	1. 元件识别与清点					
	2. 课题工艺情况					
	3. 电压检测情况					
	4. 稳压性能情况					
	5. 观察电压输出波形情况					
安全操作	能否按照安全操作规程操作,有无发生安全事故,有无损坏仪表					

总评	评别	优	良	中	合格	差	总评得分
		100～88	87～75	74～65	64～55	≤54	

4.6　集成稳压电源

 学习目标

1. 了解三端集成稳压器件的种类、主要参数。

2. 掌握集成稳压器的典型应用。

3. 能识别三端集成稳压器件的引脚。

集成稳压器具有体积小、使用方便、电路简单、可靠性高、调整方便等优点,近年来已得到广泛的应用。集成稳压器的类型很多,按工作方式可分为串联型、并联型和开关型,按输出电压类型可分为固定式和可调式。

4.6.1　三端固定集成稳压器

1. 三端固定集成稳压器的结构和参数

三端固定集成稳压器的输出电压是固定的,且它只有三个接线端,即输入端、输出端及公共端,如图 4-6-1 所示。

三端集成稳压器的内部原理框图如图 4-6-2 所示。可见它也是采用了串联式稳压电源的电路,并增加了启动电路和保护电路,使用时更加可靠。为了使集成稳压器长期正常地工作,应保证其良好地散热条件,金属壳封装的一般输出电流比较大,使用时要加上足够面积的散热片。

图 4-6-1　三端固定集成稳压器外形

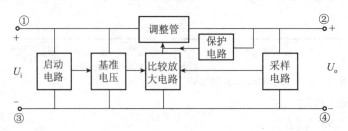

图 4-6-2　三端集成稳压器的内部结构

三端固定集成稳压器有两个系列 CW78××、CW79××。CW78×× 系列输出是正电压,CW79×× 系列输出是负电压。CW78×× 的 1 脚为输入端,2 脚为公共端,3 脚为输出端,如图4-6-3(a)所示。CW79×× 的 1 脚为公共端,2 脚为输入端,3 脚为输出端,如图 4-6-4(a)所示。

1) 输出正电压的三端固定稳压器

CW78×× 系列三端固定稳压器,它们型号的后两位数字就表示输出电压值,比如 CW7805 表示输出电压为 5 V。根据输出电流的大小又可分为 CW78×× 型(表示输出电流为 1.5 A)、CW78MXX 型(表示输出电流为 0.5 A)和 CW78L×× 型(表示输出电流为 0.1 A)。其功能图如图 4-6-3(b)所示。图中 C_1 防止产生自激振荡,C_2 削弱电路的高频噪声。

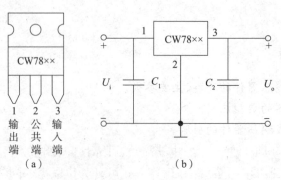

图 4-6-3　CW78×× 系列集成稳压器

(a)管脚排列；(b)基本应用电路

2) 输出负电压的三端固定稳压器

CW79××系列三端固定稳压器是负电压输出,在输出电压档次电流档次等方面与CW78××的规定一样。它们型号的后两位数字表示输出电压值,比如CW7905表示输出电压为−5 V。其功能图如图4-6-4(b)所示。"2"为输入端,"3"为输出端,"1"为公共端。

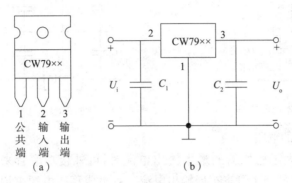

图4-6-4 CW79××系列集成稳压器

(a)管脚排列;(b)基本应用电路

表4-6-1列出了CW7800系列三端集成稳压器的部分参数。

表4-6-1 CW7800系列三端集成稳压器部分参数

参数 型号	输入电压 U_i	输出电压U_o/V 稳压值	最大输出电流 I_{om}/A	输出电阻 r_o/Ω	最小输入电压 U_{imin}/V	最大输入电压 U_{imax}/V	最大耗散功率 P_{DM}/W
W7805	10	5	1.5	17	7	35	15
W7806	11	6	1.5	17	8	35	15
W7809	14	9	1.5	17	11	35	15
W7812	19	12	1.5	18	14.0	35	15
W7815	23	15	1.5	19	17.0	35	15
W7818	26	18	1.5	22	20.0	35	15
W7824	35	24	1.5	28	26	40	15

2. 三端固定集成稳压器的应用

1) 基本稳压电路

三端集成稳压器的基本稳压电路如图4-6-5所示,使用时根据输出电压和输出电流来选择稳压器的符号。

电路中输入电容C_i和输出电容C_o是用来减小输入输出电压的脉动和改善负载的瞬态响应,在输入线较长时,C_i可抵消输入线的电感效应,以防止自激振荡。C_o是为了瞬时增减负载电流时不致引起输出电压U_o有较大的波动。其值均在$0.1\sim1\ \mu F$之间。最小输入电压与输出电压的差要在3 V以上。

2）可同时输出正负电压的电路

用两个三端集成稳压器按图 4-6-6 连接电路，若选用输出电压大小相同、极性相反的三端集成稳压器，则可同时输出正负对称的电源。这种对称电源在很多电路中要用到。

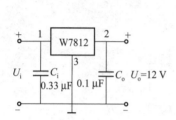

图 4-6-5　基本稳压电路

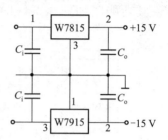

图 4-6-6　同时输出正、负电压的稳压器

3）扩大输出电流的电路

当负载所需电流大于稳压器的最大输出电流时，可外接功率管来扩展输出电流，如图 4-6-7 所示。外接 PNP 型功率管来扩展输出电流。对集成稳压电源来说，输入电流 I_1 与输出电流 I_2 近似相等，由图可得：

$$I_2 \approx I_1 = I_R + I_B = -\frac{U_{BE}}{R} + \frac{I_C}{\beta}$$

式中，β 为功率管的电流放大系数，负载电流为

$$I_o = I_2 + I_C$$

可见输出电流被扩大了。

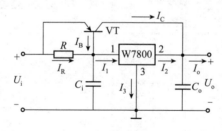

图 4-6-7　扩大输出电流的电路

4.6.2　三端可调集成稳压器

1. 三端可调集成稳压器的种类

三端可调式集成稳压器不仅输出电压可调，而且稳压性能比固定式更好，它也分为正电压输出和负电压输出两种。

1）输出正电压的可调集成稳压器

CW117、CW217、CW317 系列是正电压输出的三端可调集成稳压器，输出电压在 1.2～37 V范围内连续可调，电位器 R_P 和电阻 R_1 组成取样电阻分压器，接稳压器的调整端 1 脚，改变 R_P 可调节输出电压 U_o 的大小。其功能图如图 4-6-8 所示。集成稳压器的"1"为调整端，"2"为输出端，"3"为输入端。在输入端并联电容 C_1 旁路整流电路输出的高频干扰信号，电容 C_2 可消除 R_P 上的纹波电压，使取样电压稳定，C_3 起消振作用。

2) 输出负电压的可调集成稳压器

CW137、CW237、CW337 系列是负电压输出的三端可调集成稳压器,输出电压在 1.2～－37 V 范围内连续可调,电位器 R_P 和电阻 R_1 组成取样电阻分压器,接稳压器的调整端 1 脚,改变 R_P 可调节输出电压 U_o 的大小,其功能图如图 4-6-9 所示。集成稳压器的"1"为调整端,"2"为输出端,"3"为输入端。C_1、C_2、C_3 的作用与图 4-6-8 相同。

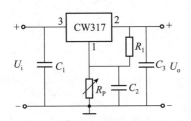
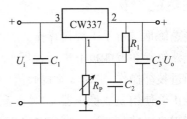

图 4-6-8　CW317 三端可调集成稳压器　　　　图 4-6-9　CW337 三端可调集成稳压器

2. 三端可调集成稳压器的应用

三端可调集成稳压器的典型应用电路如图 4-6-10 所示。

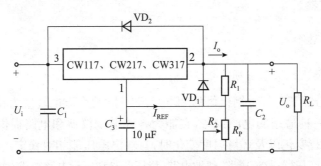

图 4-6-10　三端可调集成稳压器

当输入电压 U_i 在 2～24 V 范围内变化时,电路都能正常工作,输出端 2 与调整端 1 之间提供 1.25 V 基准电压 U_{REF},基准电源的工作电流 I_{REF} 很小,约为 50 μA,所以直流稳压电源的输出电压 U_o 为:

$$U_o = \frac{U_{REF}}{R_1}(R_1 + R_2) + I_{REF}R_2$$

即:

$$U_o \approx U_{REF}\left(1 + \frac{R_2}{R_1}\right)$$

由此可见,调节 R_P(即改变了 R_2 值)就可实现输出电压的调节。

若 $R_2 = 0$,则 U_{REF} 为最小输出电压。随着 R_2 的增大,U_o 随之增加,当 R_2 为最大值时,U_o 也为最大值。所以,R_P 应按最大输出电压值来选择。

4.7 技能训练:三端集成稳压电源的组装与调试

一、技能目标

1. 能熟练地进行手工焊接操作。
2. 能熟练地在万能板上进行合理布局布线。
3. 通过技能操作,进一步掌握整流、滤波、稳压电路的工作原理。
4. 能正确使用集成稳压器 78×× 系列。
5. 能正确组装与调试三端集成稳压电源电路,掌握主要技术指标的测试方法。

二、装配工具和仪器

1. 电烙铁等常用电子装配工具。
2. 万用表、示波器。

三、实训步骤

1. 电路原理图及工作原理分析

大多数电子仪器都需要将电网提供的 220 V、50 Hz 的交流电转换为符合要求的直流电,而直流稳压电源是一种通用的电源设备,它能为各种电子仪器和电路提供稳定的直流电压。当电网电压波动,负载变化以及环境温度变化时,其输出电压能相对稳定。

直流稳压电源由变压器、整流电路、滤波电路、稳压电路和显示电路组成,如图 4-7-1 所示。

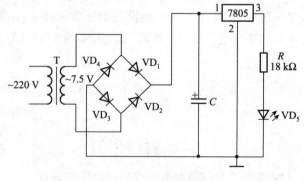

图 4-7-1 电路原理图

2. 装配要求和方法

本训练项目的装配要求和方法与串联型可调稳压电源的安装与调试基本相同,所需元件清单如表 4-7-1 所示。

表 4-7-1　配套明细表

代　号	品　名	型号/规格	数　量
U_1	集成电路	7805	1
$VD_1 \sim VD_4$	整流二极管	1N4001	4
R	碳膜电阻	1 kΩ	1
C	电解电容	1000 μF	1
VD_5	发光二极管		1

3. 调试、测量

（1）接通电源发光二极管应发光，测量此时稳压电源的直流输出电压 $U_o =$ ＿＿＿＿＿＿。

（2）测试稳压电源的输出电阻 R_o。

当 $U_1 = 220$ V，测量此时的输出电压 U_o 及输出电流 I_o；断开负载，测量此时的 U_o 及 I_o，记录在表 4-7-2 中。

表 4-7-2　测量表

$R_L \neq \infty$	$U_o =$　　　(V)	$I_o =$　　　(mA)
$R_L = \infty$	$U_o =$　　　(V)	$I_o =$　　　(mA)
$R_o = \dfrac{\Delta U_o}{\Delta I_o}$		

（3）验证滤波电容的作用。

①测量 C 两端的电压，并与理论值比较。

②用示波器观察 C 两端的波形。

四、项目评价

项目考核评价如表 4-7-3 所示。

表 4-7-3　项目考核评价表

评价指标	评价要点	评价结果				
		优	良	中	合格	差
理论知识	1. 集成稳压电路知识掌握情况					
	2. 装配草图绘制情况					
技能水平	1. 元件识别与清点					
	2. 课题工艺情况					
	3. 课题调试情况					
	4. 课题测量情况					
	5. 示波器操作熟练度					

续表

评价指标	评价要点	评价结果				
		优	良	中	合格	差
安全操作	能否按照安全操作规程操作,有无发生安全事故,有无损坏仪表					

总评	评别	优	良	中	合格	差	总评得分	
		100~88	87~75	74~65	64~55	≤54		

 本章小结

1. 直流稳压电源由交流电源经过变换得来,它由电源变压器、整流电路、滤波电路和稳压电路四部分组成。

2. 整流电路是利用二极管的单向导电性将交流电转换成单向脉动直流电。整流电路有多种,有半波整流、桥式整流和倍压整流电路。其中桥式整流电路应用最多,它具有输出平均直流电压高、脉动小、变压器利用效率高、整流元件承受反向电压较低、最低次谐波的频率为 $2f$、容易滤波等优点。

3. 滤波电路的作用是利用储能元件滤去脉动直流电压中的交流成分,使输出电压趋于平滑。常用的滤波电路有电容滤波、电感滤波、各种组合式滤波电路。

当负载电流较小、对滤波的要求又不很高时,可采用电容器与负载 R_L 并联的方式实现滤波。这种电容滤波电路的特点是结构简单并能提高输出电压。

当负载电流较大时,可采用电感线圈与负载 R_L 串联的方式实现滤波。电感滤波电路的特点是负载电流越大,滤波效果越好。但是电感线圈与电容器相比,它的体积大、较笨重。

若对滤波要求较高时,可采用由 LC 元件或 RC 元件组成的组合式滤波电路。

4. 电网电压的波动和电源负载的变化都会引起整流滤波后的直流电压不稳。稳压电路的作用是当输入电压或负载在一定范围内变化时,保证输出电压稳定。

硅稳压管稳压电路是利用二极管的稳压特性,将限流电阻 R 与稳压管连接而成。负载与稳压元件并联。这种稳压电路结构简单,缺点是电压的稳定性能较差,稳压值不可调,负载电流较小并受稳压管的稳定电流所限制,一般用作基准电源或辅助电源。

串联型稳压电路克服了硅稳压管稳压电路的缺点,它具有稳压性能好、负载能力强、输出直流稳定电压既可连续调节也可步进调节等优点。

串联型稳压电路由调整管、基准电源、取样电路和比较放大电路等部分组成,因负载与调整管相串联而得名。串联型稳压电路中的调整管工作在线性放大区,所以管耗较大、效率较低。它适用于对稳压精度要求较高的场合。

5. 集成稳压器具有体积小、可靠性高、温度特性好、稳压性能好、安装调试方便等突出的优点,并且经过适当的设计加接外接电路后可以扩展其性能和功能,因此已被广泛采用。

思考题和习题

4—1　什么是整流？整流输出的电压与恒稳直流电压、交流电压有什么不同？

4—2　直流稳压电源通常由哪几部分组成？各部分的作用是什么？

4—3　分别列出单相半波、全波和桥式整流电路中以下几项参数的表达式，并进行比较。

(1) 输出电压平均值 $U_。$；

(2) 二极管正向平均电流；

(3) 二极管最大反向峰值电压 U_{DRM}。

4—4　在习题图 4-1 所示电路中，已知 $R_L=8\ k\Omega$，直流电压表 V_2 的读数为 110 V，二极管的正向压降忽略不计，求：

(1) 直流电流表 A 的读数；

(2) 整流电流的最大值；

(3) 交流电压表 V_1 的读数。

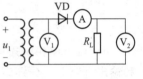

习题图 4-1　题 4—4 图

4—5　设一半波整流电路和一桥式整流电路的输出电压平均值和所带负载大小完全相同，均不加滤波，试问两个整流电路中整流二极管的电流平均值和最高反向电压是否相同？

4—6　在单相桥式整流电路(图 4-1-6)中，问：

(1) 如果二极管 VD_2 接反，会出现什么现象？

(2) 如果输出端发生短路时，会发生什么情况？

(3) 如果 VD_1 开路，又会现什么现象？画出 VD_1 开路时输出电压的波形。

4—7　在习题图 4-2 所示电路中，已知输入电压 u_i 为正弦波，试分析哪些电路可以为整流电路？哪些不能，为什么？应如何改正？

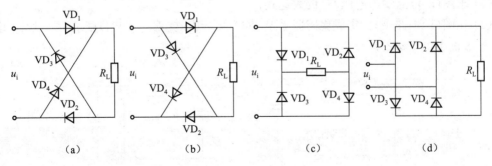

习题图 4-2　题 4—7 图

4—8　在单相桥式整流电路中，已知变压器副边电压有效值 $U_2=60\ V$，$R_L=2\ K\Omega$，若不计二极管的正向导通压降和变压器的内阻，求：

(1) 输出电压平均值 $U_。$；

139

(2)通过变压器副边绕组的电流有效值 I_2；

(3)确定二极管的 I_D、U_{DRM}。

4—9　电容滤波的原理是什么？为什么用电容滤波后二极管的导通时间大大缩短？

4—10　在习题图 4-3 所示桥式整流电容滤波电路中，$U_2 = 20$ V，$R_L = 40$ Ω，$C = 1000$ μF，试问：

(1)正常时 U_o 为多大？

(2)如果电路中有一个二极管开路，U_o 又为多大？

(3)如果测得 U_o 为下列数值，可能出现了什么故障？①$U_o = 18$ V，②$U_o = 28$ V，③$U_o = 9$ V。

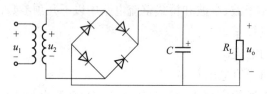

习题图 4-3　题 4—10 图

4—11　单相桥式整流、电容滤波电路，已知交流电源频率 $f = 50$ Hz，要求输出直流电压和输出直流电流分别为 $U_o = 30$ V，$I_o = 150$ mA，试选择二极管及滤波电容。

4—12　电容和电感为什么能起滤波作用？它们在滤波电路中应如何与 R_L 连接？各适用于什么场合？

4—13　串联型直流稳压电路主要由哪几部分组成？它实质上依靠什么原理来稳压？

4—14　已知硅稳压管稳压电路的输入电压 $U_i = 25$ V，可能变化的范围为 ±10%，输出电压 $U_o = 10$ V，负载电流 $I_o = 10$ mA，试选择硅稳压管并计算限流电阻。

4—15　已知单相桥式整流电容滤波稳压管稳压电路中副边电压的有效值 $U_2 = 18$ V，稳压管稳压值 $U_Z = 5$ V，输出负载电流 I_o 在 10~30 mA 之间变化，若电网电压不变，试计算使稳压电流 I_Z 不小于 5 mA 时所需要的限流电阻 R。选定 R 后，硅稳压管的最大稳压电流 I_{ZM} 是多少？

4—16　习题图 4-4 所示的电路可使输出电压高于集成稳压器的固定输出电压。

(1)求图(a)电路输出电压 U_o 的表达式；

(2)在图(b)电路中，设集成稳压器为 W7809，$R_1 = 3$ kΩ，$R_2 = 4$ kΩ，试求 U_o(从 3 脚流出的电流 I_o 很小可忽略不计)。

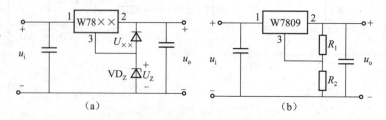

习题图 4-4　题 4—16 图

4—17　用两个 W7909 稳压器能否构成输出电压分别为 ①18 V、②−18 V、③±9 V 的电路？若能，画出电路图。

第 5 章　可控整流电路

任务导入

在实际工作中,有时希望整流器的输出直流电压能够根据需要调节,例如交、直流电动机的调速、随动系统和变频电源等。整流电路的功能是将交流电压转换成直流电压。常用的整流电路是二极管桥式整流电路,该电路具有不可调控性,即其输出波形及有效电压是由输入信号决定的,整流电路无法将其改变。为了使输出波形及有效电压具有可控性以适应不同的应用需求,可以用单向晶闸管替代桥式整流电路两臂的其中一个二极管。由于晶闸管具有可控性,其构成的整流电路也具有可控性,故称之为可控整流电路。

5.1　晶　闸　管

学习目标

1. 了解晶闸管的外形与符号。
2. 掌握晶闸管的结构及导电特性。
3. 了解晶闸管的伏安特性及主要参数。

5.1.1　晶闸管的外形与符号

晶闸管又称可控硅,从外形上区分有螺栓式和平板式等。晶闸管的外形及符号如图 5-1-1 所示。晶闸管有三个电极:阳极 A、阴极 K、门极 G。在图 5-1-1(a)中带有螺栓的一端是阳极 A,利用它和散热器固定,另一端是阴极 K,细引线为门极 G。图 5-1-1(b)所示为大功率的平板式晶闸管,其中间金属环连接出来的引线为门极,离门极较远的端面是阳极 A,较近的端面是阴极 K,安装时用两个散热器把平板式晶闸管夹在中间,以保证它具有较好的散热效果。塑封式普通晶闸管的中间引脚为阳极,且多与自带散热片相连,如图 5-1-1(c)所示。晶闸管的电路图形符号如图 5-1-1(d)所示,文字符号为 VT。

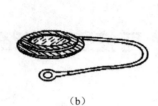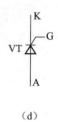

$$(a) \qquad (b) \qquad (c) \qquad (d)$$

图 5-1-1　晶闸管的外形与电路图形符号

(a)螺栓式；(b)平板式；(c)塑封式；(d)电路图形符号

5.1.2　晶闸管的结构及导电特性

1. 结构

不论哪种结构形式的晶闸管，管芯都是由四层三端器件（P_1、N_1、P_2、N_2）和三端（A、G、K）引线构成。因此它有三个 PN 结 J_1、J_2、J_3，由最外层的 P 层和 N 层分别引出阳极和阴极，中间的 P 层引出门极，如图 5-1-2 所示。普通晶闸管不仅具有与硅整流二极管正向导通、反向截止相似的特性，更重要的是它的正向导通是可以控制的，起这种控制作用的就是门极的输入信号。

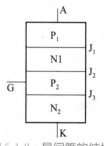

图 5-1-2　晶闸管的结构示意图

2. 导电特性

单向晶闸管可以理解为一个受控制的二极管，由其符号可见，它也具有单向导电性，不同之处是除了应具有阳极与阴极之间的正向偏置电压外，还必须给控制极加一个足够大的控制电压，在这个控制电压作用下，晶闸管就会像二极管一样导通了，一旦晶闸管导通，控制电压即使取消，也不会影响其正向导通的工作状态。

 仿真演示

按图 5-1-3 连接电路，当两个开关分别处于何种状态时指示灯亮？当两个开关分别处于何种状态时指示灯不亮？

（1）开关 S_1 闭合、S_2 断开时，V_{CC1} 正接、反接，指示灯均不亮；

（2）开关 S_1、S_2 闭合，V_{CC1}、V_{CC2} 正接，指示灯亮；V_{CC1}、V_{CC2} 有一个反接，指示灯不亮；

（3）指示灯亮后，断开 S_2，指示灯仍亮。

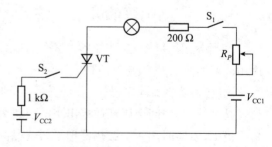

图 5-1-3　晶闸管导电性实验图

实验说明无控制信号时，指示灯均不亮，即晶闸管不导通（阻断）；当阳极、控制极均正偏时，指示灯亮，即晶闸管导通；若二者有一个反偏时指示灯不亮，即晶闸管不导通；指示灯亮后，如果撤掉控制电压，指示灯仍亮，即晶闸管仍然导通。

归纳

(1)晶闸管导通需具备两个条件：一是应在晶闸管的阳极与阴极之间加上正向电压；二是应在晶闸管的门极与阴极之间也加上正向电压和电流。

(2)晶闸管一旦导通，门极即失去控制作用，故晶闸管为半控型器件。

(3)晶闸管关断的条件是阳极电流小于其维持电流 I_H 或是阳极电压减小到零或使之反向。

5.1.3 晶闸管的伏安特性

在门极电流 I_G 一定的条件下，晶闸管阳极电压 U_A 与阳极电流 I_A 之间的关系，称为晶闸管的阳极伏安特性，如图 5-1-4 所示。

(1)正向阻断特性。在门极电流 $I_G=0$ 时，阳极和阴极间的正向电压小于某一数值时，管子只有很小的正向阳极漏电流，晶闸管处于正向阻断状态。

(2)正向导通特性。当正向电压上升到 U_{BO}（曲线上 A 点对应电压）时，漏电流突然增大，晶闸管由正向阻断状态转化为正向导通，此时对应的电压 U_{BO} 称为正向转折电压。晶闸管导通后，管压降为 1 V 左右，对应曲线 BC 段，其特性与二极管正向特性相似。

当门极加有正向触发电压后，即 $I_G>0$ 时，晶闸管从正向阻断状态转化为正向导通状态，所需的阳极电压比 U_{BO} 要小，并且 I_G 越大，管子由阻断变为导通所需的阳极电压越小。

晶闸管导通后，如果减小阳极电流 I_A，当 I_A 小于维持电流 I_H 时，晶闸管从导通转变为正向阻断。

(3)反向特性。晶闸管的反向特性与普通二极管相似，当反向电压小于 U_{BR} 时，管子的反向漏电流很小，晶闸管处于反向阻断；当反向电压大于 U_{BR} 后，反向漏电流突然增大，管子被反向击穿（造成永久损坏），电压 U_{BR} 称为反向转折电压。

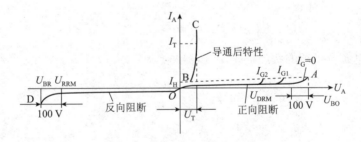

图 5-1-4 晶闸管的伏安特性

5.1.4 晶闸管的主要参数

(1)断态重复峰值电压 U_{DRM}。在额定结温和门极开路，且晶闸管处于正向阻断的条件下，允许重复加在阳极和阴极间的最大正向峰值电压，通常 $U_{DRM}=(U_{BO}-100)V$。

(2)反向重复峰值电压 U_{RRM}。在额定结温和门极断路的条件下，允许重复加在阳极和阴极间的反向峰值电压，$U_{RRM}=(U_{BR}-100)V$，通常 U_{DRM} 和 U_{RRM} 数值基本相等，习惯上统称为峰值电压。

(3)通态平均电流 I_T。在规定的环境温度和标准散热条件下，晶闸管允许通过工频半波电流的平均值，也称为额定正向平均电流。

(4)维持电流 I_H。晶闸管导通后，在规定环境温度和门极开路的条件下，维持晶闸管持续导通的最小阳极电流。

（5）门极触发电压U_G。在室温下,阳极和阴极间加 6 V 正向电压,使晶闸管从阻断变为完全导通所需的最小门极直流电压称为U_G,一般为 1～5 V。

（6）门极触发电流I_G。在室温下,阳极与阴极间加 6 V 正向电压,使晶闸管从阻断变为完全导通所需的最小门极直流电流称为I_G,I_G 一般为几十毫安到几百毫安。

5.2 单相可控整流电路

 学习目标

1. 会分析单相半波可控整流电路的工作原理。
2. 会绘制并计算单相半波可控整流电路的输出电压、电流。
3. 会分析单相桥式可控整流电路的工作原理。
4. 会绘制并计算单相桥式可控整流电路的输出电压、电流。

可控整流电路的作用就是把交流电能变换成电压大小可调的直流电能,而且其输出电压可以根据需要进行调节。单相可控整流电路可分为单相半波和单相桥式可控整流电路。当功率比较大时,常常采用三相交流电源组成三相半波或三相桥式可控整流电路。

5.2.1 单相半波可控整流电路

1. 电路结构

单相半波可控整流电路如图 5-2-1 所示。其中 u_2 为交流电源变压器的次级电压,变压器 T 起变换电压和电气隔离作用;R_L 为电阻负载。其特点是:电压与电流成正比,两者波形相同。

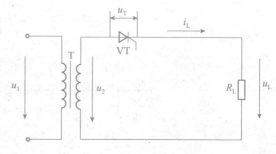

图 5-2-1 单相半波可控整流

2. 工作原理

1) 两个重要概念

（1）控制角:晶闸管从承受正向电压起到触发导通之间的电角度,用 α 表示,称为触发角或控制角。

（2）导通角:晶闸管在一个电源周期内处于通态的电角度,用 θ 表示。

2) 工作原理分析

晶闸管 VT 视为理想元件,当控制极未加控制电压时,晶闸管 VT 没有整流输出;当交流电压输入为正半周时,晶闸管 VT 承受正向电压,如果此时给控制极加上一个足够大的触发信号时,晶闸管 VT 就会导通,在负载上获得单向脉动整流输出电压;当交流电压经过零值时,流过晶闸管 VT 的电流小于维持电流,晶闸管 VT 便自行关断;当交流电压输入为负半周时,晶闸管 VT 因承受反向电压而保持关断状态,其工作波形如图 5-2-2 所示。具体情况如下：

$0 \leqslant \omega t < \alpha$　VT 加正向阳极电压，但无触发脉冲，所以 VT 断开，回路无电流，负载两端电压 $u_L = 0$，VT 两端电压 $u_T = u_2$。

$\alpha \leqslant \omega t < \pi$　门极加触发脉冲，VT 导通，$u_L = u_2$，$u_T = 0$。

$\pi \leqslant \omega t < 2\pi$　VT 加反向阳极电压，VT 断开，$u_L = 0$，$u_T = u_2$。

对单相半波电路而言，$\alpha + \theta = \pi$。

3）单相半波可控整流电路特点

（1）VT 的 α 移相范围为 $0 \sim \pi$。

（2）电路结构简单，但输出脉动大，变压器二次侧电流中含直流分量，造成变压器铁芯直流磁化。

（3）只适用于小容量，质量轻等技术要求不高的场合。

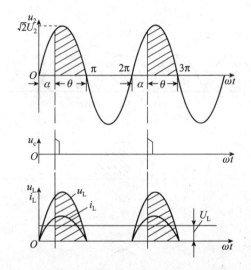

图 5-2-2　单相半波可控整流电路阻性负载波形

5.2.2　单相桥式可控整流电路

1. 电路结构（见图 5-2-3）

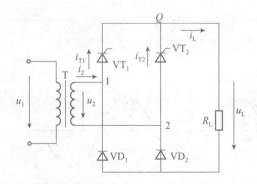

图 5-2-3　单相桥式可控整流电路

在单相桥式整流电路中，把其中两个二极管换成晶闸管就组成单相桥式可控整流电路，晶闸管 VT_1、VT_2 的阴极接在一起称共阴极连接。即使 U_{g1}、U_{g2} 同时触发两管时，只能使阳极电位高的管子导通，导通后使另一管子承受反压而阻断。VD_1、VD_2 的阳极接在一起称共阳极连接，总是阴极电位低的导通。

2. 工作原理（见图 5-2-4）

①$0 \sim \omega t_1$ 期间：四只管子均截止。

②$\omega t_1 \sim \pi$ 期间：VT_1、VD_2 导通，电流 $1 \rightarrow VT_1 \rightarrow R_L \rightarrow VD_2 \rightarrow 2$。

③$\pi \sim \omega t_2$ 期间：四只管子均截止。

④$\omega t_2 \sim 2\pi$ 期间：VT_2、VD_1 导通，电流 $2 \rightarrow VT_2 \rightarrow R_L \rightarrow VD_1 \rightarrow 1$。

由于单相全控桥式整流电路并不比半控桥式整流电路优越，线路较复杂且费用大，所以一般均采用半控桥式整流电路。

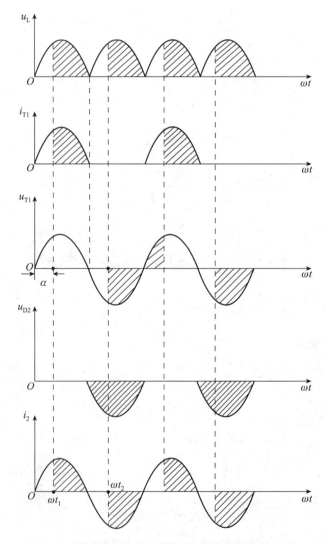

图 5-2-4　单相桥式可控整流电路阻性负载电压电流波形

5.3　单结晶体管及触发电路

 学习目标

1. 了解单结晶体管的结构及工作特性。
2. 了解单结晶体管触发电路的工作原理。

5.3.1　单结晶体管

前述的可控整流电路在门极加触发脉冲是晶闸管导通的条件之一。能够产生触发脉冲的电路很多,这里仅介绍最常见的单结晶体管触发电路。

1. 单结晶体管的结构与符号

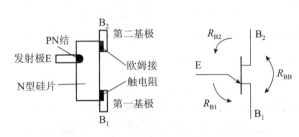

图 5-3-1　单结晶体管的结构与符号

单结晶体管又称为双基极二极管,它的结构及符号如图 5-3-1 所示。在一片高电阻率的 N 型硅片一侧的两端各引出一个电极,分别称为第一基极 B_1 和第二基极 B_2。在硅片的另一侧较靠近 B_2 处制作一个 PN结,在 P 型硅片上引出一个电极,称为发射极 E。两个基极之间的电阻为 R_{BB},一般为 $2\sim15$ kΩ。R_{BB} 一般可分为两段,$R_{BB}=R_{B1}$

$+R_{B2}$,其中 R_{B1} 是第一基极 B_1 至 PN 结的电阻;R_{B2} 是第二基极 B_2 至 PN 结的电阻。

2. 单结晶体管工作特性分析

将单结晶体管按图 5-3-2(a)接于电路中,观察其特性。首先在两个基极之间加电压 U_{BB},再在发射极 E 和第一基极 B_1 之间加上电压 U_E,U_E 可以用电位器 R_P 进行调节。这样该电路可以等效成图 5-3-2(b)所示的形式,单结晶体管可以用一个 PN 结和两个电阻 R_{B1}、R_{B2} 组成的等效电路替代。

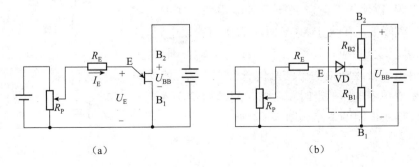

（a）　　　　　　　　　　　　（b）

图 5-3-2　单结晶体管的特性测试电路

当基极间加电压 U_{BB} 时，R_{B1} 上分得的电压为

$$U_{B1}=\frac{U_{BB}}{U_{B1}+U_{B2}}R_{B1}=\frac{R_{B1}}{R_{BB}}U_{BB}=\eta U_{BB}$$

式中，η 称为分压比，与管子的结构有关，为 0.5～0.9。

5.3.2　单结晶体管触发电路

图 5-3-3(a)是由单结晶体管组成的振荡电路，可从电阻 R_1 上取出脉冲电压 u_g。图中 R_1 和 R_2 是外加的，不是图 5-3-2(b)中的 R_{B1} 和 R_{B2}。

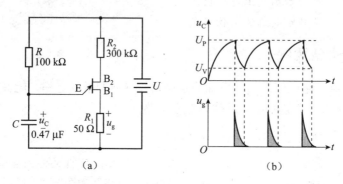

图 5-3-3　单结晶体管振荡电路

(a)电路；(b)电压波形

假设在接通电源之前，电容 C 上的电压 u_C 为零。接通电源后，电源经 R 向电容器充电，使其端电压按指数曲线升高。电容器上的电压就加在单结晶体管的发射极 E 和第一基极 B_1 之间。当 u_C 等于单结晶体管的峰点电压 U_P 时，单结晶体管导通，电阻 R_{B1} 急剧减小（约 20 Ω），电容器向 R_1 放电。由于电阻 R_1 较小，放电很快，放电电流在 R_1 上形成一个脉冲电压 u_g，如图 5-3-3(b)所示。由于电阻 R 较大，当电容电压下降到单结晶体管的谷点电压 U_V 时，电源经过电阻 R 供给的电流小于单结晶体管的谷点电流，于是单结晶体管截止。电源再次经 R 向电容 C 充电，重复上述过程。于是在电阻 R_1 上就得到一个脉冲电压 u_g。

5.3.3　单结晶体管的保护

(1) 在第二基极 B_2 上串联一个限流电阻 R_2，限制单结晶体管的峰值功率。

(2) 电路中的电容 C 或峰值电压较大时，电容 C 上应串联一个保护电阻，以保护发射极 E 不受到电损伤。例如电容 C 大于 10 μF 或峰值电压大于 30 V 时就应适当串联电阻，这个附加电阻的阻值至少应取每微法串 1 Ω 电阻。否则，较大的电容器放电电流会逐渐损伤单结晶体管的 EB_1 结，使振荡器的振荡频率或单稳电路的定时宽度随时间的增长而逐渐发生变化。串联保护电阻的电路如图 5-3-4 所示。

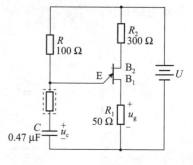

图 5-3-4　串联保护电阻

5.4 技能训练:晶闸管触发电路安装与调试

一、技能目标

1. 能熟练地进行手工焊接操作。
2. 能熟练地在万能板上进行合理布局布线。
3. 通过技能操作,进一步掌握晶闸管的工作状态及触发原理。
4. 能正确组装与调试利用晶闸管实现控制的调光台灯电路。

二、装配工具和仪器

1. 电烙铁等常用电子装配工具。
2. 万用表、示波器。

三、实训步骤

在现实生活中,我们身边的调光台灯就可以利用晶闸管来实现控制。其主要构成框图如图 5-4-1 所示。

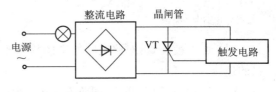

图 5-4-1 调光台灯框图

1. 电路原理图及工作原理分析

利用晶闸管实现控制的调光台灯电路原理图如图 5-4-2 所示。接通电源后,交流电源经桥式整流后给单向晶闸管阳极提供正向电压,并经过 R_2、R_3 加在单结晶体管的基极上,同时经过电阻 R_1、R_P 和 R_4 给电容器 C 充电,当 C 两端的电压大于单结晶体管的导通电压时,单结晶体管导通,给晶闸管提供一个触发脉冲信号,调节电位器 R_P,就可以改变单向晶闸管的触发延迟角 α 的大小,改变单结晶体管触发电路输出的触发脉冲的周期,从而即改变输出电压的大小,这样就可以改变灯泡的亮暗。

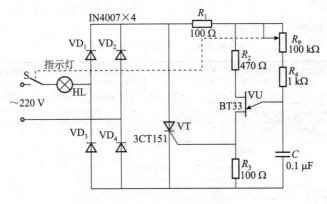

图 5-4-2 电路原理图

2. 装配要求和方法

本训练项目的装配要求和方法与前面完成的技能项目基本相同，所需元件清单如表 5-4-1 所示。

表 5-4-1　配套明细表

代　号	品　名	型号/规格	数　量
$VD_1 \sim VD_4$	整流二极管	IN4007	4
VU	单结晶体管	BT33	1
VT	晶闸管	3CT151	1
R_1、R_3	碳膜电阻	100 Ω	2
R_2	碳膜电阻	470 Ω	1
R_4	碳膜电阻	1 kΩ	1
HL	灯泡	220 V、25 W	1
C	圆片电容	0.1 μF	1
R_P	带开关电位器	100 kΩ	1

3. 调试、测量

（1）通电前检查：对照电路原理图检查整流二极管、晶闸管、单结晶体管的连接极性及电路的连线。

（2）试通电：闭合开关，调节 R_P，观察电路的工作情况。如正常则进行下一环节检测。

（3）通电检测：调节 R_P 的值，观察灯泡亮度的变化，用万用表交流电压挡测灯泡两端的电压，并且断开交流电源，测出 R_P 的阻值，记入表 5-4-2 中。

表 5-4-2　测量记录表

状态	灯泡微亮时	灯泡最亮时
灯泡两端电压		
断开交流电源，测 R_P 阻值		

四、项目评价

项目考核评价如表 5-4-3 所示。

表 5-4-3　项目考核评价表

评价指标	评价要点	评价结果				
		优	良	中	合格	差
理论知识	1. 晶闸管电路知识掌握情况					
	2. 装配草图绘制情况					
技能水平	1. 元件识别与清点					
	2. 课题工艺情况					
	3. 课题调试情况					
	4. 课题测量情况					

续表

评价指标	评价要点	评价结果				
		优	良	中	合格	差
安全操作	能否按照安全操作规程操作,有无发生安全事故,有无损坏仪表					
总评	评别	优	良	中	合格	差	总评得分	
		100~88	87~75	74~65	64~55	≤54		

 本章小结

1. 晶闸管有三个电极,其中一个是门极(控制极)G,另外两个电极分别叫做阳极 A 和阴极 K。当阳极和阴极之间加正向电压,控制极和阴极之间加正向电压时晶闸管导通。晶闸管导通后将控制极电压去掉,晶闸管仍能继续导通,成为不可控,所以为使晶闸管导通,控制极只需加一个正的触发脉冲。为使晶闸管由导通变为阻断状态,可以采用降低电源电压,或增大负载电阻,或改变电源电压极性等方法,才能使晶闸管重新阻断。

2. 晶闸管常见触发电路为单结晶体管触发电路,单结晶体管又称为双基极二极管,它具有两个基极和一个发射极。单结晶体管触发电路的脉冲输出信号改变晶闸管的导通角,便可调节主电路的可控输出整流电压(或电流)的数值。

思考题和习题

5—1 晶闸管导通和关断的条件是什么?

5—2 什么叫控制角?什么叫导通角?两者有什么关系?

5—3 单相半波可控整流电路的特点是什么?

5—4 试说明单相桥式可控整流电路的工作原理。

5—5 由一个晶闸管组成的单相桥式可控整流电路如习题图 5-1 所示,设 $\alpha=60°$,试画出输出电压 u_o 的波形。

5—6 晶闸管整流与二极管整流的主要区别是什么?

5—7 试说明单结晶体管触发电路的工作原理。

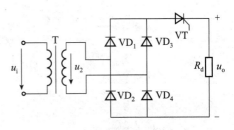

习题图 5-1 题 5—5 图

第 6 章　数字逻辑电路

任务导入

　　注意一下我们的周围,就不难发现,现在人们的日常生活已经离不开计算机了,如图 6-1 所示。如果没有计算机,就不能从 ATM 提取现金,也不能进行各种网上交易等。信息数字化,使得广播及通信多频道化、双向化和多媒体化。相对前面模块所讲的模拟信号而言,数字信号不易失真,在传送过程中不易受到干扰,能有效地利用计算机进行各种处理,而且数字化的数据及信息还能被简单可靠地存储。

　　数字化的应用在我们的生活中无处不在。而我们平时所接触的几乎都是模拟信号,如风、气温、光照、说话的声音、听到的音乐、歌声等。我们如何将生活中的物理量实现数字化呢? 这就是本任务要解决的问题。

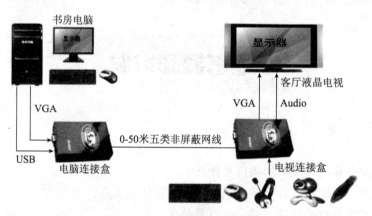

图 6-1　信息数字化

6.1　数字电路概述

学习目标

1. 能区分模拟信号和数字信号,了解数字信号的特点及主要类型。
2. 了解脉冲信号的主要波形及参数。

3. 掌握数字信号的表示方法,了解数字信号在日常生活中的应用。

6.1.1 数字信号与模拟信号

电子电路中有两种不同类型的信号:模拟信号和数字信号,图 6-1-1 所示为模拟信号与数字信号之间的传输示意图。

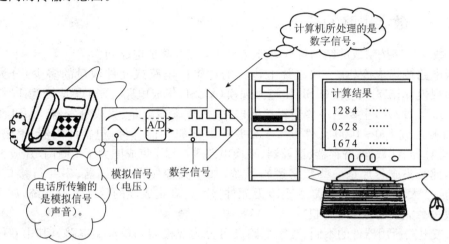

图 6-1-1 模拟信号与数字信号之间的传输示意图

模拟信号是指那些在时间和数值上都是连续变化的电信号,如图 6-1-2(a)所示。例如,模拟语言的音频信号、热电偶上得到的模拟温度的电压信号等。数字信号则是一种离散信号,它在时间上和幅值上都是离散的。最常用的数字信号是用电压的高、低分别代表两个离散数值 1 和 0。如图 6-1-2(b)所示,U_1 称为高电平;U_2 称为低电平。

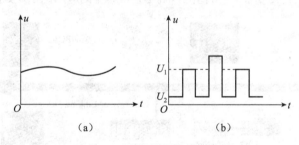

图 6-1-2 模拟信号和数字信号
(a)模拟信号;(b)数字信号

6.1.2 数字电路的特点

电子电路可分为两大类:一类是处理模拟信号的电路,称为模拟电路;另一类是处理数字信号的电路,称为数字电路。这两种电路有许多共同之处,但也有明显的区别。模拟电路中工作的信号在时间和数值上都是连续变化的,而在数字电路中工作的信号则是在时间和数值上都是离散的。在模拟电路中,研究的主要问题是怎样不失真地放大模拟信号,而数字电路中研究的主要问题,则是电路的输入和输出状态之间的逻辑关系,即电路的逻辑功能。

数字电路有如下特点:

(1) 因为数字信号只有 0 和 1 两个状态,可很方便地用开关的通断来实现。因此数字电路是一系列的开关电路。这种电路结构简单,对元件的精度要求不高,便于集成和制造,价格便宜。

（2）数字电路中，半导体元件多数工作在开关状态，即工作在截止区或饱和区，放大区只是其中的过渡状态。

（3）数字电路具有逻辑运算能力，因而数字电路又称为逻辑电路。

（4）在数字电路中，侧重研究输入、输出信号间的逻辑关系及其所反映的逻辑功能。分析数字电路所使用的数学工具主要是逻辑代数。

6.1.3　数字电路的分类

（1）数字电路按组成的结构可分为分立元件电路和集成电路两大类。

集成电路按集成度（在一块硅片上包含的逻辑门电路或元件数量的多少）分为小规模（SSI）、中规模（MSI）、大规模（LSI）和超大规模（VLSI）集成电路。SSI 集成度为 1～10 门/片或 10～100 元件/片，主要是一些逻辑单元电路，如逻辑门电路、集成触发器。MSI 集成度为 10～100 门/片或 100～1000 元件/片，主要是一些逻辑功能部件，包括译码器、编码器、选择器、算术运算器、计数器、寄存器、比较器、转换电路等。LSI 集成度大于 100 门/片或大于 1000 元件/片，此类集成芯片是一些数字逻辑系统，如中央控制器、存储器、串并行接口电路等。VLSI 集成度大于 1000 门/片或大于 10 万元件/片，是高集成度的数字逻辑系统，如在一个硅片上集成一个完整的微型计算机。

（2）按电路所用器件的不同，数字电路又可分为双极型和单极型电路。其中双极型电路有 DTL、TTL、ECL、IIL、HTL 等多种，单极型电路有 JFET、NMOS、PMOS、CMOS 四种。

（3）根据电路逻辑功能的不同，又可分为组合逻辑电路和时序逻辑电路两大类。

6.1.4　数字电路的应用

由于数字电路的一系列特点，使它在通信、自动控制、测量仪器等各个科学技术领域中得到广泛应用。当代最杰出的科技成果——计算机，就是它最典型的应用例子。如图 6-1-3 所示。

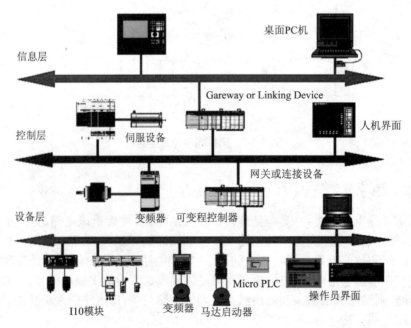

图 6-1-3　数字电路的应用实例

6.1.5　脉冲信号

1. 常见脉冲信号波形

瞬间突然变化、作用时间极短的电压或电流称为脉冲信号,简称为脉冲。脉冲是脉动和冲击的意思。从广义来说,通常把一切非正弦信号统称为脉冲信号。

常见的脉冲信号波形,如图 6-1-4 所示。

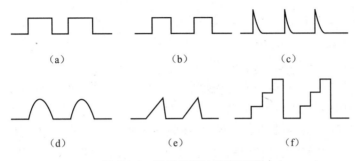

图 6-1-4　常见的脉冲信号波形

(a)矩形波;(b)方波;(c)尖峰波;(d)钟形波;(e)锯齿波;(f)阶梯波

2. 矩形脉冲波形参数

非理想的矩形脉冲波形是一种最常见的脉冲信号,如图 6-1-5 所示。下面以电压波形为例,介绍描述这种脉冲信号的主要参数。

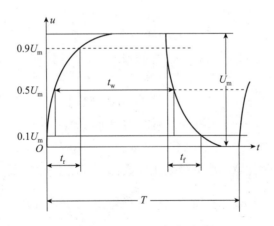

图 6-1-5　矩形脉冲波形参数

(1) 脉冲幅度 U_m:脉冲电压的最大变化幅度。

(2) 脉冲宽度 t_w:脉冲波形前后沿 $0.5U_m$ 处的时间间隔。

(3) 上升时间 t_r:脉冲前沿从 $0.1U_m$ 上升到 $0.9U_m$ 所需要的时间。

(4) 下降时间 t_f:脉冲后沿从 $0.9U_m$ 下降到 $0.1U_m$ 所需要的时间。

(5) 脉冲周期 T:在周期性连续脉冲中,两个相邻脉冲间的时间间隔。有时用频率 $f=1/T$ 表示单位时间内脉冲变化的次数。

(6) 占空比 q:指脉冲宽度 t_w 与脉冲周期 T 的比值。

6.2 数　　制

 学习目标

1. 能正确表示各种数制。
2. 会进行各种数制之间的转换。
3. 了解8421BCD码的表示形式。

数制是计数进位制的简称，当人们用数字量表示一个物理量的数量时，用一位数字量是不够的，因此必须采用多位数字量。把多位数码中每一位的构成方法和低位向高位的进位规则称为数制。日常生活中采用的是十进制数，在数字电路中和计算机中采用的有二进制、八进制、十六进制等。会正确使用各种数制，是学习数字电路的基础。

6.2.1　十进制数

十进制数是人们最习惯采用的一种数制。它用0～9十个数字符号，按照一定的规律排列起来表示数值大小。例如，1 875这个数可写成：

$$1\ 875 = 1 \times 10^3 + 8 \times 10^2 + 7 \times 10^1 + 5 \times 10^0$$

从这个十进制数的表达式中，可以看出十进制的特点：

（1）每一位数是0～9十个数字符号中的一个，这些基本数字符号称为数码。

（2）每一个数字符号在不同的数位代表的数值不同，即使同一数字符号在不同的数位代表的数值也不同。

（3）十进制计数规律是"逢十进一"。因此，十进制数右边第一位为个位，记作10^0；第二位为十位，记作10^1；第三，四，…，n位依此类推记作$10^2,10^3,…,10^{n-1}$。通常把10^{n-1}、10^{n-2}、10^1、10^0称为对应数位的权。它是表示数码在数中处于不同位置时其数值的大小。

所以对于十进制数的任意一个n位的正整数都可以用下式表示：

$$[N]_{10} = K_{n-1} \times 10^{n-1} + K_{n-2} \times 10^{n-2} + \cdots + K_1 \times 10^1 + K_0 \times 10^0 = \sum_{i=0}^{n-1} K_i \times 10^i$$

式中，K_i为第$i+1$位的系数，它为0～9十个数字符号中的某一个数；10^i为第$i+1$位的权；$[N]_{10}$中下标10表示N是十进制数。

6.2.2　二进制数

二进制是在数字电路中应用最广泛的一种数制。它只有0和1两个数码。在数字电路中实现起来比较容易，只要能区分两种状态的元件即可实现，如三极管的饱和和截止，灯泡的亮与暗，开关的接通与断开等等。

二进制数采用两个数字符号，所以计数的基数为2。各位数的权是2的幂，它的计数规律是"逢二进一"。

N位二进制整数$[N]_2$的表达式为

$$[N]_2 = K_{n-1} \times 2^{n-1} + K_{n-2} \times 2^{n-2} + \cdots + K_1 \times 2^1 + K_0 \times 2^0 = \sum_{i=0}^{n-1} K_i \times 2^i$$

式中，$[N]_2$表示二进制数；K_i为第$i+1$位的系数，只能取 0 和 1 的任一个；2^i为第$i+1$位的权。

例 6-2-1 一个二进制数$[10\ 101\ 000]_2$，试求对应的十进制数。

解：$[N]_2 = [10\ 101\ 000]_2$

$\qquad = [1 \times 2^7 + 1 \times 2^5 + 1 \times 2^3]_{10}$

$\qquad = [128 + 32 + 8]_{10}$

$\qquad = [168]_{10}$

即：$[10101\ 000]_2 = [168]_{10}$

由上例可见，十进制数$[168]_{10}$，用了 8 位二进制数$[10\ 101\ 000]$表示。如果十进制数数值再大些，位数就更多，这既不便于书写，也易于出错。因此，在数字电路中，也经常采用八进制和十六进制。

6.2.3　八进制数

在八进制数中，有 0～7 八个数字符号，计数基数为 8，计数规律是"逢八进一"，各位数的权是 8 的幂。n位八进制整数表达式为

$$[N]_8 = K_{n-1} \times 8^{n-1} + K_{n-2} \times 8^{n-2} + \cdots + K_1 \times 8^1 + K_0 \times 8^0 = \sum_{i=0}^{n-1} K_i \times 8^i$$

例 6-2-2 求八进制数$[250]_8$所对应的十进制数。

解：$[N]_8 = [250]_8$

$\qquad = [2 \times 8^2 + 5 \times 8^1 + 0 \times 8^0]_{10}$

$\qquad = [128 + 40 + 0]_{10}$

$\qquad = [168]_{10}$

即：$[250]_8 = [168]_{10}$

6.2.4　十六进制数

在十六进制数中，计数基数为 16，有十六个数字符号：0、1、2、3、4、5、6、7、8、9、A、B、C、D、E、F。计数规律是"逢十六进一"。各位数的权是 16 的幂，n位十六进制数表达式为

$$[N]_{16} = K_{n-1} \times 16^{n-1} + K_{n-2} \times 16^{n-2} + \cdots + K_1 \times 16^1 + K_0 \times 16^0 = \sum_{i=0}^{n-1} K_i \times 16^i$$

例 6-2-3 求十六进制数$[N]_{16} = [A8]_{16}$所对应的十进制数。

解：$[N]_{16} = [A8]_{16}$

$\qquad = [10 \times 16^1 + 8 \times 16^0]_{10}$

$\qquad = [160 + 8]_{10}$

$\qquad = [168]_{10}$

即：$[A8]_{16} = [168]_{10}$

从例 6-2-1、例 6-2-2、例 6-2-3 可以看出，用八进制和十六进制表示同一个数值，要比二进

制简单得多。因此，书写计算机程序时，广泛使用八进制和十六进制。

6.2.5 不同进制数之间的相互转换

1. 二进制、八进制、十六进制数转换成十进制数

由例 6-2-1、例 6-2-2、例 6-2-3 可知，只要将二进制、八进制、十六进制数按各位权展开，并把各位的加权系数相加，即得相应的十进制数。

2. 十进制数转换成二进制数

将十进制数转换成二进制数可以采用除 2 取余法，步骤如下：

第一步：把给出的十进制数除以 2，余数为 0 或 1 就是二进制数最低位 K_0。

第二步：把第一步得到的商再除以 2，余数即为 K_1。

第三步及以后各步：继续相除、记下余数，直到商为 0，最后余数即为二进制数最高位。

例 6-2-4 将十进制数 $[10]_{10}$ 转换成二进制数。

解：

$$
\begin{array}{l}
2 \,\lfloor 10 \quad \cdots 余\ 0 \longrightarrow K_0 \\
2 \,\lfloor 5 \quad \cdots 余\ 1 \longrightarrow K_1 \\
2 \,\lfloor 2 \quad \cdots 余\ 0 \longrightarrow K_2 \\
2 \,\lfloor 1 \quad \cdots 余\ 1 \longrightarrow K_3 \\
\qquad 0
\end{array}
$$

所以 $[10]_{10} = K_3 K_2 K_1 K_0 = [1010]_2$

例 6-2-5 将十进制数 $[194]_{10}$ 转换成二进制数。

解：

$$
\begin{array}{l}
2 \,\lfloor 194 \quad \cdots 余\ 0 \longrightarrow K_0 \\
2 \,\lfloor 97 \quad \cdots 余\ 1 \longrightarrow K_1 \\
2 \,\lfloor 48 \quad \cdots 余\ 0 \longrightarrow K_2 \\
2 \,\lfloor 24 \quad \cdots 余\ 0 \longrightarrow K_3 \\
2 \,\lfloor 12 \quad \cdots 余\ 0 \longrightarrow K_4 \\
2 \,\lfloor 6 \quad \cdots 余\ 0 \longrightarrow K_5 \\
2 \,\lfloor 3 \quad \cdots 余\ 1 \longrightarrow K_6 \\
2 \,\lfloor 1 \quad \cdots 余\ 1 \longrightarrow K_7 \\
\qquad 0
\end{array}
$$

所以 $[194]_{10} = K_7 K_6 K_5 K_4 K_3 K_2 K_1 K_0 = [11\,000\,010]_2$

3. 二进制与八进制、十六进制的相互转换

1）二进制与八进制之间的相互转换

因为三位二进制数正好表示 0~7 八个数字，所以一个二进制数转换成八进制数时，只要从最低位开始，每三位分为一组，每组都对应转换为一位八进制数。若最后不足三位时，可在前面加 0，然后按原来的顺序排列就得到八进制数。

例 6-2-6 试将二进制数 $[10\,101\,000]_2$ 转换成八进制数。

解：

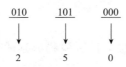

即 $[10\ 101\ 000]_2 = [250]_8$

反之，如将八进制数转换成二进制数，只要将每位八进制数写成对应的三位二进制数，按原来的顺序排列起来即可。

例 6-2-7 试将八进制数 $[250]_8$ 转换为二进制数。

解：

2　　　5　　　0

↓　　　↓　　　↓

010　　101　　000

即 $[250]_8 = [10\ 101\ 000]_2$

2）二进制数与十六进制数之间的相互转换

因为四位二进制数正好可以表示 0～F 十六个数字，所以转换时可以从最低位开始，每四位二进制数分为一组，每组对应转换为一位十六进制数。最后不足四位时可在前面加 0，然后按原来顺序排列就可得到十六进制数。

例 6-2-8 试将二进制数 $[10\ 101\ 000]_2$ 转换成十六进制数。

解：

即 $[10\ 101\ 000]_2 = [A8]_{16}$

反之，十六进制数转换成二进制数，可将十六进制的每一位，用对应的四位二进制数来表示。

例 6-2-9 试将十六进制数 $[A8]_{16}$ 转换成二进制数。

解：

即 $[A8]_{16} = [10\ 101\ 000]_2$

6.2.6 BCD 编码

1. 码制

数字信息有两类：一类是数值；另一类是文字、符号、图形等，表示非数值的其他事物。对后一类信息，在数字系统中也用一定的数码来表示，以便于计算机来处理。这些代表信息的数码不再有数值大小的意义，而称为信息代码，简称代码。例如我们的学号，教学楼里每间教室的编号等就是一种代码。

建立代码与文字、符号、图形和其他特定对象之间一一对应关系的过程，称为编码。为了便于记忆、查找、区别,在编写各种代码时,总要遵循一定的规律,这一规律称为码制。

2. 二一十进制编码(BCD码)

在数字系统中,最方便使用的是按二进制数码编制的代码。如在用二进制数码表示一位十进制数 0~9 十个数码的对应状态时,经常用 BCD 码。BCD 码意指"以二进制代码表示十进制数"。BCD 码有多种编制方式,8421 码制最为常见,它是用 4 位二进制数来表示一个等值的十进制数,但二进制码 1010~1111 没有用,也没有意义。表 6-2-1 为 8421BCD 代码表。

表6-2-1　8421BCD 代码表

十进制数	8421BCD 码			
	位权 8	位权 4	位权 2	位权 1
0	0	0	0	0
1	0	0	0	1
2	0	0	1	0
3	0	0	1	1
4	0	1	0	0
5	0	1	0	1
6	0	1	1	0
7	0	1	1	1
8	1	0	0	0
9	1	0	0	1

如:$(9)_{10} = (1001)_{8421BCD}$;$(309)_{10} = (0011\ 0000\ 1001)_{8421BCD}$。

注意

8421BCD 码和二进制数表示多位十进制的方法不同,如 $(93)_{10}$ 用 8421BCD 码表示为 10 010 011,而用二进制数表示为 1 011 101。

6.3　开 关 元 件

 学习目标

1. 能正确理解二极管的开关作用。

2. 能正确理解三极管的开关作用。

在前面已讨论了二极管和三极管的一些基本特性,它们的截止、导通性能还可以用来作为开关,控制电路状态。在数字电路中,二极管和三极管主要工作在开关状态,它们在脉冲信号的作用下,时而导通,时而截止,相当于一个开关。研究它们的开关特性,就是具体分析导通和截止之间的转换条件和速度问题。

6.3.1　二极管的开关作用

由于二极管具有单向导电性，当二极管加上正向电压（大于其导通电压）时，二极管导通，相当于开关接通；当二极管加上反向电压（小于其反向击穿电压）时，二极管截止，不计其反向漏电流则相当于开关断开，故二极管可以构成一个开关，由输入信号 u_i 控制其开和关。

但在实际使用中，要注意两个问题：一是当输入电压 u_i 突然从正向导通电压变到反向电压时，二极管并不立刻截止，而需要一段时间，这段时间称为二极管的反向恢复时间。一般电路可以不计反向恢复时间，但对通断频率高的开关电路，必须选用专门的开关二极管，它的反向恢复时间比较短。二是二极管正向导通时输出电压并不等于输入电压，而要下降一个正向导通电压值（锗管为 0.3 V，硅管为 0.6 V），当多个二极管组成开关电路时，这个正向导通压降有时不可忽略。

6.3.2　三极管的开关作用

三极管不仅有放大作用，而且还有开关作用。在数字电路中，三极管主要起开关作用，即工作在截止区或饱和区。放大区只是三极管由饱和变为截止，或由截止变为饱和的过渡瞬间而已。

1. 放大状态

三极管工作于放大状态时（如图 6-3-1 所示），其特征是发射结处于正向偏置，集电结处于反向偏置，这时 $U_{CE}=U_{CC}-I_CR_C$，$|U_{CE}|>|U_{BE}|$，I_C 和 I_B 近似成线性放大关系：$I_C=\beta I_B$

2. 饱和状态

如果增加 I_B，就会使工作点 Q 向上移动，直至移到特性曲线的弯曲部分，这时随着 I_B 的增加，I_C 已增加得很少，如图 6-3-2 所示，也就是说不再受 I_B 的控制，两者不再符合 $I_C=\beta I_B$ 的线性放大关系，即三极管失去电流放大作用，这就是三极管的饱和工作状态。图 6-3-1 中的输出特性曲线的直线上升部分和弯曲部分为三极管的饱和工作区。

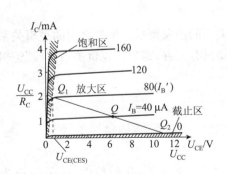

图 6-3-1　三极管工作在放大状态

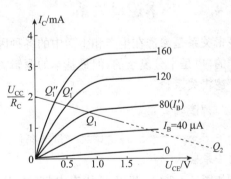

图 6-3-2　三极管工作在饱和状态

当三极管工作在饱和状态时，有 $I_C=I_{CS}<\beta I_B$，式中 I_{CS} 是集电极饱和电流，$U_{CE}=U_{CC}-I_CR_C$ 减到很小，对 NPN 型硅管来说，$U_{CE}=U_{CES}=0.3$ V，这时称为深度饱和。做开关使用时，必须进入深度饱和区。

三极管工作在饱和状态时的特征是：

（1）$I_B>I_{CS}/\beta$ 这是饱和条件；

（2）发射结和集电结都处于正向偏置；

（3）$I_{CS} \approx U_{CC}/R_C$；

（4）$U_{CES} \approx 0$。

3. 截止状态

如果减小 I_B，就会使工作点 Q 向下移动，直至 $I_B = 0$，工作点移到特性曲线的 Q_2 处，这时 $I_C = I_{CE0} \approx 0$，三极管截止，$U_{CE} \approx U_{CC}$。对硅管来说，$U_{BE} < 0.5$ V（死区电压）就开始截止了，但三极管做开关管用时，为保证可靠截止，常使 $U_{BE} \leqslant 0$。

三极管截止时的特点是集电结与发射结均为反向偏置，有 $I_B = 0$；$I_C = I_{CE0} \approx 0$；$U_{CE} \approx U_{CC}$。

综上所述，三极管相当于一个由基极电流所控制的无触点开关，它截止时相当于开关断开，饱和时相当于开关闭合。

三极管作为开关管时，输出电压与输入电压值大小无关，但三极管的导通与截止也有一个时间响应问题，即开关速度问题。在高频电路中，要选取专用的开关管。

6.4 基本逻辑门电路

学习目标

1. 掌握与门、或门、非门等基本逻辑门的逻辑功能，了解与非门、或非门、与或非门等复合逻辑门的逻辑功能，会画电路符号，会使用真值表。

2. 了解 TTL、CMOS 门电路的型号、引脚功能等使用常识，会正确使用各种基本逻辑门电路。

6.4.1 基本逻辑关系

逻辑关系是渗透在生产和生活中的各种因果关系的抽象概括。事物之间的逻辑关系是多种多样的，也是十分复杂的，但最基本的逻辑关系却只有三种，即"与"逻辑关系、"或"逻辑关系和"非"逻辑关系。

1."与"逻辑关系

当决定某一事件的各个条件全部具备时，这件事才会发生，否则这件事就不会发生，这样的因果关系称为"与"逻辑关系。

例如图 6-4-1 中，若以 F 代表电灯，A、B、C 代表各个开关，我们约定：开关闭合为逻辑"1"，开关断开为逻辑"0"；电灯亮为逻辑"1"，电灯灭为逻辑"0"。从图 6-4-1 可知，由于 A、B、C 三个开关串联接入电路，只有当开关 A"与"B"与"C 都闭合时灯 F 才会亮，这时 F 和 A、B、C 之间便存在"与"逻辑关系。

表示这种逻辑关系有如下多种方法。

（1）用逻辑符号表示。"与"逻辑关系的逻辑符号如图 6-4-2 所示。

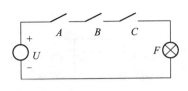

图 6-4-1 "与"逻辑关系

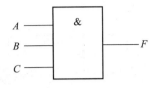

图 6-4-2 "与"逻辑符号

(2) 用逻辑关系式表示。"与"逻辑关系也可以用输入输出的逻辑关系式来表示,若输出(判断结果)用 F 表示,输入(条件)分别用 A、B、C 等表示,则记成:

$$F = A \cdot B \cdot C$$

"与"逻辑关系也叫逻辑乘。

(3) 用真值表表示。如果把输入变量 A、B、C 的所有可能取值的组合列出后,对应地列出它们的输出变量 F 的逻辑值,如表 6-4-1 所示。这种用"1"、"0"表示"与"逻辑关系的图表称为真值表。

表 6-4-1 "与"逻辑关系真值表

A	B	C	F
0	0	0	0
0	0	1	0
0	1	0	0
0	1	1	0
1	0	0	0
1	0	1	0
1	1	0	0
1	1	1	1

从表中可见,"与"逻辑关系可采用"有 0 出 0,全 1 出 1"的口诀来记忆。

2. "或"逻辑关系

"或"逻辑关系是指:当决定事件的各个条件中只要有一个或一个以上具备时事件就会发生,这样的因果关系称为"或"逻辑关系。

图 6-4-3 中,由于各个开关是并联的,只要开关 A 或 B 或 C 中任一个开关闭合(条件具备),灯就会亮(事件发生),$F=1$,这时 F 与 A、B、C 之间就存在"或"逻辑关系。

表示这种逻辑关系同样可以有多种方法如下。

(1) 用逻辑符号表示。"或"逻辑关系的逻辑符号如图 6-4-4 所示。

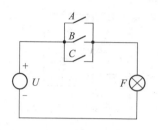

图 6-4-3 "或"逻辑关系

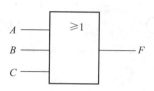

图 6-4-4 "或"逻辑符号

(2) 用逻辑关系式表示。"或"逻辑关系也可以用输入输出的逻辑关系式来表示,若输出(判断结果)用 F 表示,输入(条件)分别用 A、B、C 等表示,则记成:

$$F=A+B+C$$

"或"逻辑关系也叫逻辑加,式中"+"符号称为"逻辑加号"。

(3) 用真值表表示。如果把输入变量 A、B、C 所有取值的组合列出后,对应地列出它们的输出变量 F 的逻辑值,就得到"或"逻辑关系的真值表(见表 6-4-2)。

表 6-4-2 "或"逻辑关系真值表

A	B	C	F
0	0	0	0
0	0	1	1
0	1	0	1
0	1	1	1
1	0	0	1
1	0	1	1
1	1	0	1
1	1	1	1

从表中可见,"或"逻辑关系可采用"有 1 出 1,全 0 出 0"的口诀来记忆。

3. "非"逻辑关系

"非"逻辑关系是指:决定事件只有一个条件,当这个条件具备时事件就不会发生;条件不存在时,事件就会发生。这样的关系称为"非"逻辑关系。如图 6-4-5 所示中只要开关 A 闭合(条件具备),灯就不会亮(事件不发生),$F=0$;开关打开,$A=0$,灯就亮,$F=1$。这时 A 与 F 之间就存在"非"逻辑关系。

表示这种逻辑关系同样有如下多种方法。

(1) 用逻辑符号表示。"非"逻辑关系的逻辑符号如图 6-4-6 所示。

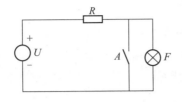

图 6-4-5 "非"逻辑关系

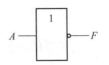

图 6-4-6 "非"逻辑符号

（2）"非"逻辑关系式可表示成 $F=\overline{A}$。

（3）"非"逻辑关系的真值表如表 6-4-3 所示。

表 6-4-3 "非"逻辑关系的真值表

A	F
0	1
1	0

"与"、"或"、"非"是三种最基本的逻辑关系，其他任何复杂的逻辑关系都可以在这三种逻辑关系的基础上得到。以下是几种常用的复合逻辑关系。

4."与非"逻辑关系

它的逻辑功能是：只有输入全部为 1 时，输出才为 0，否则输出为 1。即：有 0 出 1，全 1 出 0。

它的逻辑表达式为（以两个输入端为例，以下同）：

$$F=\overline{AB}$$

它是"与"逻辑和"非"逻辑的组合，其运算顺序是先"与"后"非"。

5."或非"逻辑关系

它的逻辑功能是：只有全部输入都是 0 时，输出才为 1，否则输出为 0。即：有 1 出 0，全 0 出 1。

它的逻辑表达式为：

$$F=\overline{A+B}$$

它是"或"逻辑和"非"逻辑的组合，其运算顺序是先"或"后"非"。

6."异或"逻辑关系

它的逻辑功能是：当两个输入端相反时，输出为 1，输入相同时，输出为 0。即：相反出 1，相同出 0。

其逻辑表达式为：

$$F=A\overline{B}+\overline{A}B$$
$$=A\oplus B$$

7."同或"逻辑关系

它的逻辑功能是：当两个输入端输入相同时，输出为 1；当两个输入端输入相反时，输出为 0。即：相同出 1，相反出 0。

其逻辑表达式为：

$$F=\overline{A}B+A\overline{B}$$
$$=A\odot B$$

几种常用复合逻辑关系的表示方式如表 6-4-4 所示。

表 6-4-4 几种常用复合逻辑关系

函数名称功能	与 非	或 非	异 或	同 或
表达式	$F=\overline{AB}$	$F=\overline{A+B}$	$F=A\oplus B$	$F=A\odot B$
逻辑符号	A B &—F	A B ≥1—F	A B =1—F	A B =1—F
真值表	A B F 0 0 1 0 1 1 1 0 1 1 1 0	A B F 0 0 1 0 1 0 1 0 0 1 1 0	A B F 0 0 0 0 1 1 1 0 1 1 1 0	A B F 0 0 1 0 1 0 1 0 0 1 1 1

6.4.2 门电路

由开关元件经过适当组合构成,可以实现一定逻辑关系的电路称为逻辑门电路,简称门电路。

1. 分立元件门电路

由电阻、电容、二极管和三极管等构成的各种逻辑门电路称作分立元件门电路。

1) 二极管"与"门电路

二极管"与"门电路如图 6-4-7 所示。当三个输入端都是高电平($A=B=C=1$),设三者电位都是 3 V,则电源向这三个输入端流入电流,三个二极管均正向导通,输出端电位比输入端高一个正向导通压降,锗管(一般采用锗管)为 0.2 V,输出电压为 3.2 V,接近于 3 V,为高电平,所以 $F=1$。

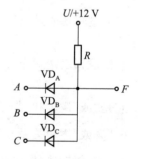

图 6-4-7 二极管"与"门电路

三个输入端中有一个或两个是低电平,设 $A=0$ V,其余是高电平,由二极管的导通特性知,二极管正端并联时,负端电平最低的二极管抢先导通(VD_A 导通),由于二极管的钳位作用,使其他二极管(VD_B、VD_C)截止,输出端电位比 A 端电位高一个正向导通压降,$U_F=0.2$ V,接近于 0 V,为低电平,所以,$F=0$。输入端和输出端的逻辑关系和"与"逻辑关系相符,故称作"与"门电路。

2) 二极管"或"门电路

二极管"或"门电路如图 6-4-8 所示。与图 6-4-7 比较可见,这里采用了负电源,且二极管采用负极并联,经电阻 R 接到负电源 U。

当三个输入端中只要有一个是高电平(设 $A=1$,$U_A=3$ V),则电流从 A 经 VD_A 和 R 流向

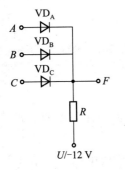

图 6-4-8　二极管"或"门电路

U，VD_A 这个二极管正向导通，由于二极管的钳位作用，使其他两个二极管截止，输出端 F 的电位比输入端 A 低一个正向导通压降，锗管（一般采用锗管）为 0.2 V，输出电压为 2.8 V，仍属于"3 V 左右"，所以，$F=1$。

当三个输入端输入全为低电平时（$A=B=C=0$），设三者电位都是 0 V，则电流从三个输入端经三个二极管和 R 流向 U，三个二极管均正向导通，输出端 F 的电位比输入端低一个正向导通压降，输出电压为 0.2V，仍属于"0V 左右"，所以 $F=0$。输入端和输出端的逻辑关系和"或"逻辑关系相符，故称做"或"门电路。

3) 三极管"非"门电路

三极管"非"门电路如图 6-4-9 所示。三极管此时工作在开关状态，当输入端 A 为高电平，即 $V_A=3$ V 时，适当选择 R_{B1} 的大小，可使三极管饱和导通，输出饱和压降 $U_{CES}=0.3$ V，$F=0$；当输入端 A 为低电平时，三极管截止，这时钳位二极管 VD 导通，所以输出为 $U_F=3.2$ V，输出高电平，$F=1$。

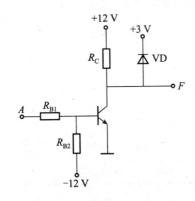

图 6-4-9　三极管"非"门电路-

在实际中可以将这些基本逻辑电路组合起来，构成组合逻辑电路，以实现各种逻辑功能。图 6-4-10 就是"与"门、"或"门、"非"门电路结合组成的"与非"门电路和"或非"门电路。

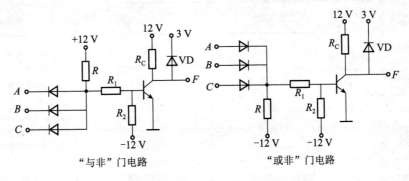

"与非"门电路　　　　"或非"门电路

图 6-4-10　"与非"门电路和"或非"门电路

2. 集成逻辑门电路

分立元件构成的门电路应用时有许多缺点,如体积大、可靠性差等,一般在电子电路中作为补充电路时用到,在数字电路中广泛采用的是集成逻辑门电路。

1) TTL 集成逻辑门电路

TTL 集成逻辑门电路是三极管—三极管逻辑门电路的简称,是一种双极型三极管集成电路。

(1) TTL 集成门电路产品系列及型号的命名法。我国 TTL 集成电路目前有 CT54/74 (普通)、CT54/74H(高速)、CT54/74S(肖特基)和 CT54/74LS(低功耗)四个系列国家标准的集成门电路。其型号组成的符号及意义如表 6-4-5 所示。

表 6-4-5　TTL 器件型号组成的符号及意义

第 1 部分		第 2 部分		第 3 部分		第 4 部分		第 5 部分	
型号前级		工作温度符号范围		器件系列		器件品件		封装形式	
符号	意义	符号	意义	符号	意义	符号	意义	符号	意义
CT	中国制造的 TTL 类	54	＋55℃～＋125℃	H	高速	阿拉伯数字	器件功能	W	陶瓷扁平
				S	肖特基			B	塑封扁平
				LS	低功耗肖特基			F	全密封扁平
SN	美国 TEXAS 公司产品	74	0℃～＋70℃	AS	先进肖特基			D	陶瓷双列直插
				ALX	先进低功耗肖特基			P	塑料双列直插
				FAS	快捷肖特基			J	黑陶瓷双列直插

(2) 常用 TTL 集成门芯片。74× 系列为标准的 TTL 集成门系列。表 6-4-6 列出了几种常用的 74LS 系列集成电路的型号及功能。

表 6-4-6　常用的 74LS 系列集成电路的型号及功能

型　　号	逻辑功能	型　　号	逻辑功能
74LS00	2 输入端四与非门	74LS27	3 输入端三或非门
74LS04	六反相器	74LS20	4 输入端双与非门
74LS08	2 输入端四与门	74LS21	4 输入端双与门
74LS10	3 输入端三与非门	74LS30	8 输入端单与非门
74LS11	3 输入端三与门	74LS32	2 输入端四或门

下面列出几种常用集成芯片的外引脚图和逻辑图。

①74LS08 与门集成芯片。常用的 74LS08 与门集成芯片,它的内部有四个二输入的与门

电路,其实物图、外引脚图和逻辑图如图 6-4-11 所示。

②74LS32 或门集成芯片。常用的 74LS32 或门集成芯片,它的内部有四个二输入的或门电路,其实物图、外引脚图和逻辑图如图 6-4-12 所示。

③74LS04 非门集成芯片。常用的 74LS04 非门集成芯片,它的内部有六个非门电路,其实物图、外引脚图和逻辑图如图 6-4-13 所示。

④74LS00 与非门集成芯片。常用的 74LS00 与非门集成芯片,它的内部有四个二输入与非门电路,其实物图、外引脚图和逻辑图如图 6-4-14 所示。

⑤74LS02 或非门集成芯片。常用的 74LS02 或非门集成芯片,它的内部有四个二输入或非门电路,其实物图、外引脚图和逻辑图如图 6-4-15 所示。

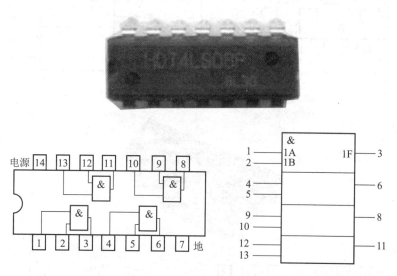

图 6-4-11　74LS08 实物图、外引脚图和逻辑图

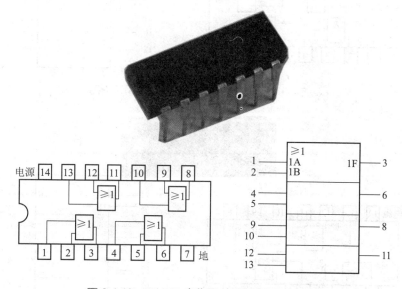

图 6-4-12　74LS32 实物图、外引脚图和逻辑图

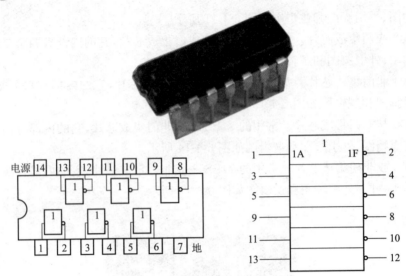

图 6-4-13　74LS04 实物图、外引脚图和逻辑图

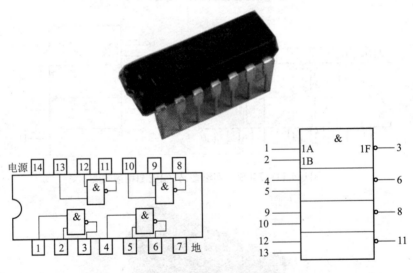

图 6-4-14　74LS00 实物图、外引脚图和逻辑图

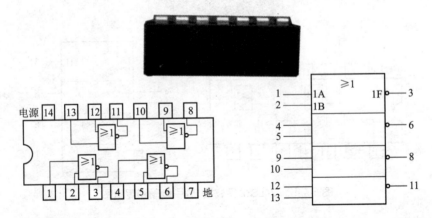

图 6-4-15　74LS02 实物图、外引脚图和逻辑图

(3) TTL 三态输出与非门电路。三态输出与非门,简称三态门。图 6-4-16 所示是其逻辑图形符号。它与上述的与非门电路不同,其中 A 和 B 是输入端,C 是控制端,也称为使能端,F 为输出端。它的输出端除了可以出现高电平和低电平外,还可以出现第三种状态——高阻状态(称为开路状态或禁止状态)。

当控制端 $C=1$ 时,三态门的输出状态决定于输入端 A、B 的状态,这时电路和一般与非门相同,实现与非逻辑关系,即全 1 出 0,有 0 出 1。

当控制端 $C=0$ 时,不管输入 A、B 的状态如何,输出端开路而处于高阻状态或禁止状态即处于第三种状态。

由于电路结构不同,也有当控制端为高电平时出现高阻状态,而在低电平时电路处于工作状态。这种三态门的逻辑图形符号控制端 EN 加一小圆圈,表示 $C=0$ 为工作状态,如图 6-4-17 所示。

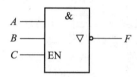

图 6-4-16　三态输出与非门逻辑符号

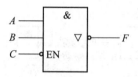

图 6-4-17　控制端为低电平处于工作状态的三态门逻辑图形符号

三态门广泛用于信号传输中。它的一种用途是可以实现用同一根导线轮流传送几个不同的数据或控制信号,如图 6-4-18 所示为三路数据选择器。

图 6-4-19 所示是利用三态与非门组成的双向传输通路。

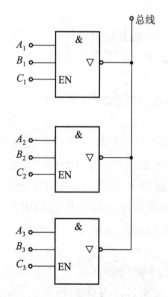

图 6-4-18　三态输出与非门组成的三路数据选择器

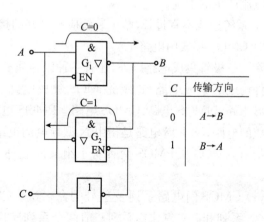

图 6-4-19　三态与非门组成的双向传输通路

当 $C=0$ 时,G_2 为高阻状态,G_1 打开,信号由 A 经 G_1 传送到 B。

当 $C=1$ 时,G_1 为高阻状态,G_2 打开,信号由 B 经 G_2 传送到 A。

改变控制端 C 的电平，就可控制信号的传输方向。如果 A 为主机，B 为外部设备，那么通过一根导线，既可由 A 向 B 输入数据，又可由 B 向 A 输入数据，彼此互不干扰。

（4）TTL 集成门电路的使用。TTL 门电路具有多个输入端，在实际使用时，往往有一些输入端是闲置不用的，需注意对这些闲置输入端的处理。

①与非门多余输入端的处理。

a. 通过一个大于或等于 $1\ k\Omega$ 的电阻接到 V_{cc} 上，如图 6-4-20(a)所示。

b. 和已使用的输入端并联使用，如图 6-4-20(b)所示。

②或非门多余输入端的处理。

a. 可以直接接地，如图 6-4-21(a)所示。

b. 和已使用的输入端并联使用，如图 6-4-21(b)所示。

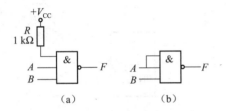
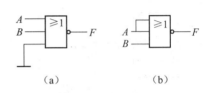

图 6-4-20　与非门多余输入端的处理　　　图 6-4-21　或非门多余输入端的处理

对于 TTL 与门多余输入端处理和与非门完全相同，而对 TTL 或门多余输入端处理和或非门完全相同。

③其他使用注意事项。

a. 电路输入端不能直接与高于 $+5.5\ V$，低于 $-0.5\ V$ 的低电阻电源连接，否则因为有较大电流流入器件而烧毁器件。

b. 除三态门和 OC 门之外，输出端不允许并联使用，否则会烧毁器件。

c. 防止从电源连线引入的干扰信号，一般在每块插板上电源线接去耦电容，以防止动态尖峰电流产生的干扰。

d. 系统连线不宜过长，整个装置应有良好的接地系统，地线要粗、短。

2）CMOS 集成门电路

除了三极管集成电路以外，还有一种以金属—氧化物—半导体(MOS)场效应晶体管为主要元件构成的集成电路，这就是 MOS 集成电路。MOS 集成电路按所用的管子不同，分为 PMOS 电路、NMOS 电路、CMOS 电路。PMOS 电路是指由 P 型导电沟道绝缘栅场效应晶体管构成的电路；NMOS 电路是指由 N 型导电沟道绝缘栅场效应晶体管构成的电路；CMOS 电路是指由 NMOS 和 PMOS 两种管子组成的互补 MOS 电路。这里重点介绍 CMOS 集成门电路。

（1）CMOS 门电路系列及型号的命名法。CMOS 逻辑门器件有三大系列：4000 系列、74C××系列和硅—氧化铝系列。前两个系列应用很广，而硅—氧化铝系列因价格昂贵目前尚未普及。

①4000 系列。表 6-4-7 列出了 4000 系列 CMOS 器件型号组成符号及意义。

表6-4-7 CMOS器件型号组成符号及意义

第1部分		第2部分		第3部分		第4部分	
产品制造单位		器件系列		器件系列		工作温度范围	
符号	意义	符号	意义	符号	意义	符号	意义
CC	中国制造的CMOS类型	40	系列符号	阿拉伯数字	器件功能	C	0℃～70℃
CD	美国无线电公司产品	45				E	−40℃～85℃
		145				R	−55℃～85℃
TC	日本东芝公司产品					M	−55℃～125℃

例如：

CC 40 30 R
- 表示温度范围：−55~85℃
- 表示器件品种：四—2输入异或门
- 表示器件系列代号
- 表示中国制造的CMOS器件

②74C××系列。74C××系列有：普通74C××系列、高速74HC××/74HCT××系列及先进的74AC××/74ACT××系列。其中，74HCT××和74ACT××系列可直接与TTL相兼容。它们的功能及管脚设置均与TTL74系列保持一致。此系列器件型号组成符号及意义可参照表6-4-5所示。

③常用TTL、CMOS集成基本门电路如表6-4-8所示。

表6-4-8 常用TTL、CMOS集成基本门电路

	品种名称	型号举例
TTL集成门电路	2输入四与门	54/748、74LS08、74HC08、CT4008
	3输入三与门	54/7411、74LS11、CT4011
	双4输入与门	54/7421、74LS21、CT4021
	2输入四或门	54/7432、CT4032、74LS32
	六反相器	54/7404、CT4004、74LS04、74HC04
CMOS集成门电路	3输入三与门	CD4073B
	2输入四与门	CD4081B
	4输入二与门	CD4082B
	2输入四或门	CD4071B
	4输入二或门	CD4072B
	3输入三或门	CD4075B
	六反相器	CC4049UB、CC4069

（2）常用CMOS门集成单元电路。

①CMOS反相器。CMOS反相器由N沟道和P沟道的MOS管互补构成，其电路组成如图6-4-22所示。

当输入端 A 为高电平1时，输出 F 为低电平0；反之，输入端 A 为低电平0时，输出 F 为高电平1，其逻辑表达式为 $F=\overline{A}$。反相器集成电路CC4069的引脚图如图6-4-23所示。

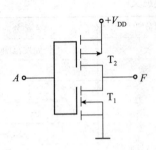

图 6-4-22 CMOS 反相器电路图

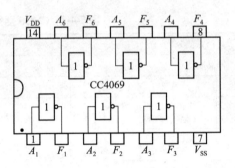

图 6-4-23 CC4069 引脚图

②CMOS 与非门。常用的 CMOS 与非门如 CC4011 等，图 6-4-24 为 CC4011 与非门引脚图。

③CMOS 或非门。常用的 CMOS 或非门如 CC4001 等，图 6-4-25 为 CC4001 或非门引脚图。

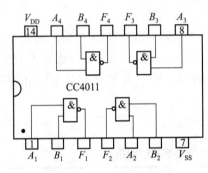

图 6-4-24 CC4011 引脚图

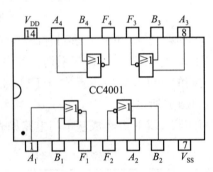

图 6-4-25 CC4001 引脚图

（3）CMOS 数字集成电路的特点。CMOS 门电路的主要特点如下：

①功耗低。CMOS 电路工作时，几乎不吸取静态电流，所以功耗极低。

②电源电压范围宽。目前国产的 CMOS 集成电路，按工作的电源电压范围分为两个系列，即 3～18 V 的 CC4000 系列和 7～15 V 的 C000 系列。由于电源电压范围宽，所以选择电源电压灵活方便，便于和其他电路接口。

③抗干扰能力强。

④制造工艺较简单。

⑤集成度高，宜于实现大规模集成。

但是 CMOS 门电路的延迟时间较大，所以开关速度较慢。

由于 CMOS 门电路具有上述特点，因而在数字电路，电子计算机及显示仪表等许多方面获得了广泛的应用。

（4）MOS 门电路的使用。MOS 电路的多余输入端绝对不允许处于悬空状态，否则会因受干扰而破坏逻辑状态。

①MOS 与非门多余输入端的处理。

a. 直接接电源，如图 6-4-26(a)所示。

b. 和使用的输入端并联使用，如图 6-4-26(b)所示。

②MOS 或非门多余输入端的处理。

a. 直接接地,如图 6-4-27(a)所示。

b. 和使用的输入端并联使用,如图 6-4-27(b)所示。

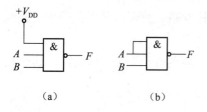

图 6-4-26　MOS 与非门多余输入端处理

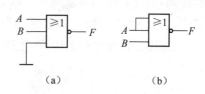

图 6-4-27　MOS 或非门多余输入端处理

③其他使用注意事项。

a. 要防止静电损坏。MOS 器件输入电阻大,可达 $10^9\,\Omega$ 以上,输入电容很小,即使感应少量电荷也将产生较高的感应电压($U_{GS}=Q/C$),可使 MOS 管栅极绝缘层击穿,造成永久性损坏。

b. 操作人员应尽量避免穿着易产生静电荷的化纤物,以免产生静电感应。

c. 焊接 MOS 电路时,一般电烙铁容量应不大于 20 W,烙铁要有良好的接地线,且可靠接地;若未接地,应拔下电源,利用断电后余热快速焊接,禁止通电情况下焊接。

6.5　组合逻辑电路

 学习目标

1. 了解组合逻辑电路的特点,掌握逻辑代数的运算法则。

2. 能运用逻辑代数对逻辑函数进行化简,了解卡诺图化简法,了解逻辑函数化简在工程应用中的实际意义。

3. 掌握组合逻辑电路的分析方法和步骤,能设计出简单的组合逻辑电路。

组合逻辑电路在逻辑功能上的特点是电路任意时刻的输出状态,只取决于该时刻的输入状态,而与该时刻之前的电路输入状态和输出状态无关。组合逻辑电路在结构上的特点是不含有具有存储功能的电路。可以由逻辑门或者由集成组合逻辑单元电路组成,从输出到各级门的输入无任何反馈线。组合逻辑电路的输出信号是输入信号的逻辑函数。这样,逻辑函数的四种表示方法,都可以用来表示组合逻辑电路的功能。了解组合逻辑电路的基本知识是运用组合逻辑电路的基础。

6.5.1　逻辑代数

研究逻辑关系的数学称为逻辑代数,又称为布尔代数,它是分析和设计逻辑电路的数学工具。它与普通代数相似,也是用大写字母(A、B、C…)表示逻辑变量,但逻辑变量取值只有 1 和 0 两种,这里的逻辑 1 和逻辑 0 不表示数值大小,而是表示两种相反的逻辑状态,如信号的有与无、电平的高与低、条件成立和不成立等。

1. 基本逻辑运算法则

对应于三种基本逻辑关系,有三种基本逻辑运算,即逻辑乘、逻辑加和逻辑非。这三种基本运算法则,可分别由与其对应的与门、或门及非门三种电路来实现。逻辑代数中的其他运算规则是由这三种基本逻辑运算推导出来的。

(1) 逻辑乘:简称为乘法运算,是进行与逻辑关系运算的,所以也叫与运算。其运算规则如下:

$$0 \cdot A = 0$$
$$1 \cdot A = A$$
$$A \cdot A = A$$
$$A \cdot \overline{A} = 0$$

(2) 逻辑加:简称为加法运算,是进行或逻辑关系运算的,所以也叫或运算。其运算规则如下:

$$0 + A = A$$
$$1 + A = 1$$
$$A + A = A$$
$$A + \overline{A} = 1$$

(3) 逻辑非:简称为非运算,也称为求反运算,是进行非逻辑关系运算的。对于非逻辑来说,可得还原律如下:

$$\overline{\overline{A}} = A$$

2. 逻辑代数的基本定律

(1) 交换律:

$$A \cdot B = B \cdot A$$
$$A + B = B + A$$

(2) 结合律:

$$A \cdot B \cdot C = (A \cdot B) \cdot C = A \cdot (B \cdot C)$$
$$A + B + C = A + (B + C) = (A + B) + C$$

(3) 分配律:

$$A \cdot (B + C) = A \cdot B + A \cdot C$$
$$A + B \cdot C = (A + B) \cdot (A + C)$$

(4) 吸收律:

$$A \cdot (A + B) = A$$
$$A \cdot (\overline{A} + B) = A \cdot B$$
$$A + A \cdot B = A$$
$$A + \overline{A} \cdot B = A + B$$
$$A \cdot B + A \cdot \overline{B} = A$$
$$(A + B)(A + \overline{B}) = A$$

（5）反演律（狄·摩根定律）：

$$\overline{A \cdot B} = \overline{A} + \overline{B}$$
$$\overline{A + B} = \overline{A} \cdot \overline{B}$$

6.5.2　逻辑函数的化简

某种逻辑关系，通过与、或、非等逻辑运算把各个变量联系起来，构成了一个逻辑函数式。对于逻辑代数中的基本运算，都可用相应的门电路实现，因此一个逻辑函数式，一定可以用若干门电路的组合来实现。

一个逻辑函数可以有许多种不同的表达式。

例如：$F = AB + \overline{A}C$　　　　　与或表达式

$$= (A + C)(\overline{A} + B)$$　　　或与表达式

$$= \overline{\overline{AB} \cdot \overline{\overline{A}C}}$$　　　　与非与非表达式

这些表达式是同一逻辑函数的不同表达式，因而反映的是同一逻辑关系。在用门电路实现其逻辑关系时，究竟使用哪种表达式，要看具体所使用的门电路的种类。

在数字电路中，用逻辑符号表示的基本单元电路以及由这些基本单元电路作为部件组成的电路称为逻辑图或逻辑电路图。上述三个表达式中的各逻辑电路图分别如图 6-5-1(a)、图 6-5-1(b)、图 6-5-1(c)所示。这些电路组成形式虽然各不相同，但电路的逻辑功能却是相同的。

一般地说，一个逻辑函数表达式越简单，实现它的逻辑电路就越简单；同样，如果已知一个逻辑电路，按其列出的逻辑函数表达式越简单，也越有利于简化对电路逻辑功能的分析，所以必须对逻辑函数进行化简。

逻辑函数的化简通常有两种方法：公式化简法和卡诺图化简法。公式法化简的优点是它的使用不受任何条件的限制，但要求能熟练运用公式和定律，技巧性较强。卡诺图化简的优点是简单、直观，但变量超过 5 个以上时过于烦琐。

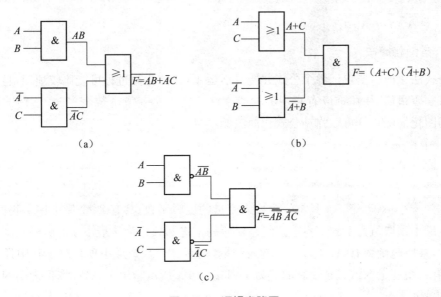

图 6-5-1　逻辑电路图

1. 公式法化简

运用逻辑代数的基本定律和一些恒等式化简逻辑函数式的方法,称为公式法化简。下面举例说明如何利用逻辑代数的基本公式和定律,对逻辑函数进行化简和变换。

例 6-5-1 化简 $F=A\cdot B+A\cdot\overline{B}\cdot C+A\cdot\overline{B}\cdot\overline{C}$

解: $F=A\cdot B+A\cdot\overline{B}\cdot C+A\cdot\overline{B}\cdot\overline{C}$

$\qquad=A\cdot B+A\cdot\overline{B}\cdot(C+\overline{C})$

$\qquad=A\cdot B+A\cdot\overline{B}$

$\qquad=A$

例 6-5-2 证明 $A\cdot B+\overline{A}\cdot C+B\cdot C=A\cdot B+\overline{A}C$

证明: 因为 $A\cdot B+\overline{A}\cdot C+B\cdot C=A\cdot B+\overline{A}\cdot C+(A+\overline{A})\cdot B\cdot C$

$\qquad\qquad\qquad=A\cdot B+\overline{A}C+A\cdot B\cdot C+\overline{A}\cdot B\cdot C$

$\qquad\qquad\qquad=A\cdot B\cdot(1+C)+\overline{A}\cdot C(1+B)$

$\qquad\qquad\qquad=A\cdot B+\overline{A}C$

所以左式等于右式,等式得证。

例 6-5-3 化简 $F=\overline{(\overline{A}+A\cdot\overline{B})\cdot\overline{C}}$

解: $F=\overline{(\overline{A}+A\cdot\overline{B})\cdot\overline{C}}$

$\qquad=\overline{\overline{A}+A\cdot\overline{B}}+\overline{\overline{C}}$

$\qquad=\overline{(\overline{A}+A)(\overline{A}+\overline{B})}+C$

$\qquad=\overline{\overline{A}+\overline{B}}+C$

$\qquad=A\cdot B+C$

例 6-5-4 将 $F=A\cdot B+\overline{A}\cdot C$ 变为与非与非式。

解: $F=A\cdot B+\overline{A}\cdot C$

$\qquad=\overline{\overline{A\cdot B+\overline{A}\cdot C}}$

$\qquad=\overline{\overline{A\cdot B}\cdot\overline{\overline{A}\cdot C}}$

2. 卡诺图化简法

用公式法化简需要熟记各个公式并能灵活运用,否则化简过程可能比较烦琐,且公式法化简的结果是否最简,往往难以有直观的检验手段。特别是变量个数较多时,这种不便更加明显。卡诺图化简法正好可以弥补公式化简法的不足。

1)几个相关概念

(1)最小项。如果具有 n 个输入变量的逻辑函数表达式由多个乘积项组成,每个乘积项都有 n 个变量,每个变量以原变量或反变量形式在每个乘积项中出现且仅出现一次,这样的乘积项就称为最小项,记作 m。具有 n 个输入变量的逻辑函数,共有 2^n 个最小项。我们约定,以对应于该最小项取值为 1 的变量取值组合对应的十进制数作为该最小项的编号。

例如,某逻辑函数有 A、B、C 三个输入变量,则有 $2^3=8$ 个最小项。对于其中任意一个最小项,只有一组变量取值组合使它的值为 1,如表 6-5-1 所示。由于 ABC 取值为 1 的变量组合为 011,则 $\overline{A}BC=m_3$

(2)最小项表达式。任一逻辑函数式都可以表示成最小项之和的形式,称之为逻辑函数

的标准与或式，也称最小项表达式。最小项表达式是唯一的。如

$$
\begin{aligned}
F &= AB+\overline{A}C \\
&= AB(C+\overline{C})+\overline{A}C(B+\overline{B}) \\
&= ABC+AB\overline{C}+\overline{A}BC+\overline{A}\cdot\overline{B}C \\
&= m_7+m_6+m_3+m_1
\end{aligned}
$$

表 6-5-1　三变量最小项

变量取值组合	最小项							
ABC	$\overline{A}\overline{B}\overline{C}m_0$	$\overline{A}\overline{B}Cm_1$	$\overline{A}B\overline{C}m_2$	$\overline{A}BCm_3$	$A\overline{B}\overline{C}m_4$	$A\overline{B}Cm_5$	$AB\overline{C}m_6$	$ABCm_7$
000	1	0	0	0	0	0	0	0
001	0	1	0	0	0	0	0	0
010	0	0	1	0	0	0	0	0
011	0	0	0	1	0	0	0	0
100	0	0	0	0	1	0	0	0
101	0	0	0	0	0	1	0	0
110	0	0	0	0	0	0	1	0
111	0	0	0	0	0	0	0	1

(3) 卡诺图。逻辑函数的卡诺图就是将此函数最小项表达式中的各最小项相应地填入特定的方格图内，此方格图称为卡诺图。因此，卡诺图是逻辑函数的一种图形表示。二变量、三变量、四变量卡诺图的结构，分别如图 6-5-2(a)、图 6-5-2(b)、图 6-5-2(c)所示。

A \ B	0	1
0	m_0	m_1
1	m_2	m_3

(a)

A \ BC	00	01	11	10
0	m_0	m_1	m_3	m_2
1	m_4	m_5	m_7	m_6

(b)

AB \ CD	00	01	11	10
00	m_0	m_1	m_3	m_2
01	m_4	m_5	m_7	m_6
11	m_{12}	m_{13}	m_{15}	m_{14}
10	m_8	m_9	m_{11}	m_{10}

(c)

图 6-5-2　卡诺图的结构

(a)二变量卡诺图；(b)三变量卡诺图；(c)四变量卡诺图

(4) 逻辑函数表达式与卡诺图的转换。已知逻辑函数表达式后，一般可将表达式转换成最小项表达式，再将卡诺图中与最小项对应的方格内填 1，其余的方格填 0(也可不填)，即可得到该逻辑函数的卡诺图。

例 6-5-5　作出 $F=AB+\overline{B}C$ 的卡诺图。

解：

$$
\begin{aligned}
F &= AB+\overline{B}C \\
&= AB(C+\overline{C})+(A+\overline{A})\overline{B}C \\
&= ABC+AB\overline{C}+A\overline{B}C+\overline{A}\cdot\overline{B}C \\
&= m_7+m_6+m_5+m_1
\end{aligned}
$$

A \ BC	00	01	11	10
0	0	1	0	0
1	0	1	1	1

作出卡诺图如右图所示。

2) 卡诺图化简法

（1）用卡诺图化简的步骤

①将逻辑函数式写成最小项表达式（标准与或式）；

②根据最小项表达式填卡诺图；

③画最小项圈（也称卡诺圈），即把相邻的最小项用一个圈围起来；

④将每个最小项圈内所包含最小项的公共变量提出来得到一个新乘积项；

⑤将所有最小项圈所对应的新乘积项相加即得到最简与一或式。

（2）画最小项圈须遵循的原则

①圈越大越好，即每个圈中应尽可能包含更多的最小项（圈越大，所得对应乘积项中变量数就越少）；

②每个圈中只能包含 2^n 个（$n=0,1,2,3,\cdots$）最小项；

③每个圈中至少要有一个最小项是未被其他圈围过的；

④所有最小项至少被圈过一次；

⑤所用的圈数越少越好（圈越少，化简后表达式中乘积项越少）。

图 6-5-3 显示了常见的画最小项圈的情况。可见在画最小项圈时，①每个圈中只能包含 2、4 等个最小项，且包含的越多，所得乘积项中变量个数越少；②根据需要，有些最小项可多次被圈中；③卡诺图中，左右、上下对称以及四个角上的最小项可以圈在一起。

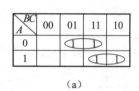 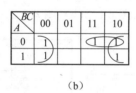 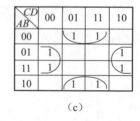 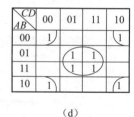

（a）　　　　　　（b）　　　　　　（c）　　　　　　（d）

图 6-5-3　常见的几种最小项圈法

（a）$Y=AB+\overline{A}C$；（b）$Y=\overline{A}B+\overline{C}$；（c）$Y=B\overline{D}+\overline{B}D$；（d）$Y=BD+\overline{B}\overline{D}$

例 6-5-6　用卡诺图法化简 $F=A\overline{B}+C+\overline{A}\cdot\overline{C}D+B\overline{C}D$。

解：根据表达式填出卡诺图并画最小项圈如图 6-5-4 所示。

则：$F=A\overline{B}+C+\overline{A}\cdot\overline{C}D+B\overline{C}D=A\overline{B}+C+D$

说明：这里是直接根据表达式填出卡诺图的。其方法是，对 $A\overline{B}$ 项，将 10 行的四个方格都填 1；对 C 项，将 11 列和 10 列的八个方格都填 1；对 $\overline{A}\cdot\overline{C}D$ 项，将 00、01 行分别与 01 列相交的两个方格都填 1；对 $B\overline{C}D$ 项，将 01、11 行分别与 01 列相交的两个方格都填 1；对重复要填的方格则只填一次。

图 6-5-4　例 6-5-6 卡诺图

例 6-5-7　用卡诺图法化简 $F=\overline{\overline{AB}+AC+\overline{A}D}$。

解：将原表达式用反演律展开为与一或式，即

$$F=\overline{\overline{AB}+AC+\overline{A}D}$$

$$=\overline{\overline{AB}}\cdot\overline{AC}\cdot\overline{\overline{A}D}$$

$$=(\overline{A}+B)(\overline{A}+\overline{C})(A+\overline{D})$$

$$=A\bar{B}\cdot\bar{C}+\bar{A}\cdot\bar{D}+\bar{A}\cdot\bar{C}\cdot\bar{D}+\bar{A}\cdot\bar{B}\cdot\bar{D}+\bar{B}\cdot\bar{C}\cdot\bar{D}$$

根据表达式填出卡诺图并画最小项圈如图 6-5-5 所示。

则：$F=\overline{AB+AC+\bar{A}D}=\bar{A}\cdot\bar{D}+A\bar{B}\cdot\bar{C}$。

CD\AB	00	01	11	10
00	1			1
01	1			1
11				
10	1	1		

图 6-5-5 例 6-5-7 卡诺图

6.5.3 组合逻辑电路的分析

分析组合逻辑电路的目的就是为了确定电路的逻辑功能，即根据已知逻辑电路，找出其输入和输出之间的逻辑关系，并写出逻辑表达式。

一般分析步骤如下：

（1）写出已知逻辑电路的函数表达式。方法是直接从输入到输出逐级写出逻辑函数表达式。

（2）化简逻辑函数，得到最简逻辑表达式。

（3）列出真值表。

（4）根据真值表或最简逻辑表达式确定电路功能。

组合电路分析的一般步骤，可用图 6-5-6 所示框图表示。

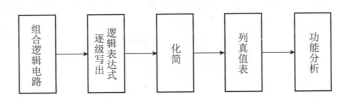

图 6-5-6 组合逻辑电路分析步骤框图

下面举例说明组合逻辑电路的分析方法。

例 6-5-8 试分析图 6-5-7 电路的逻辑功能。

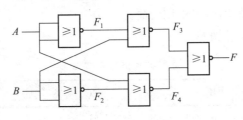

图 6-5-7 例 6-5-8 用图

解：（1）从输入到输出逐级写出输出端的函数表达式。

$F_1=\bar{A}$

$F_2=\bar{B}$

$F_3=\overline{\bar{A}+B}=A\bar{B}$

$F_4=\overline{A+\bar{B}}=\bar{A}B$

$F=\overline{F_3+F_4}=\overline{A\bar{B}+\bar{A}B}$

（2）对上式进行化简。

$$F = \overline{A\overline{B} + \overline{A}B}$$
$$= \overline{A\overline{B}} \cdot \overline{\overline{A}B}$$
$$= (\overline{A}+B)(A+\overline{B})$$
$$= \overline{A}\overline{B}+AB$$

（3）列出函数真值表，如表 6-5-2 所示。

表 6-5-2　函数真值表

A	B	F
0	0	1
0	1	0
1	0	0
1	1	1

（4）确定电路功能。

由式 $F=\overline{A}\overline{B}+AB$ 和表 6-5-2 可知，图 6-5-7 所示是一个同或门。

例 6-5-9　试分析图 6-5-8 所示电路的逻辑功能。

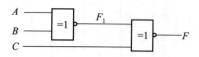

图 6-5-8　例 6-5-9 用图

解：（1）逐级写出输出端的逻辑表达式。

$F_1 = A \oplus B$

$F = F_1 \oplus C = A \oplus B \oplus C$

（2）化简。上式已是最简，故可不用化简。

（3）列真值表，如表 6-5-3 所示。

表 6-5-3　函数真值表

A	B	C	F
0	0	0	0
0	0	1	1
0	1	0	1
0	1	1	0
1	0	0	1
1	0	1	0
1	1	0	0
1	1	1	1

（4）确定电路功能。

由表 6-5-3 所示可知，在 A、B、C 的取值组合中，只有奇数个 1 时，输出为 1，否则为 0，所以如图 6-5-8 所示电路为 3 位奇偶检验器。

6.5.4　组合逻辑电路的设计

根据给出的实际逻辑问题，求出实现这一逻辑功能的最简单逻辑电路，这就是设计组合逻辑电路时要完成的工作。

组合逻辑电路的设计，通常可按如下步骤进行：

（1）将给出的实际逻辑问题进行逻辑抽象。根据命题要求对逻辑功能进行分析，确定哪些是输入变量，哪些是输出变量，以及它们之间的逻辑关系。并进行逻辑赋值，即确定什么情况下为逻辑 1，什么情况为逻辑 0。

（2）根据给定的因果关系列出真值表。值得提出的是，状态赋值不同，得到的真值表也不一样。

（3）根据真值表写出相应的逻辑表达式，然后进行化简，并转换成命题所要求的逻辑函数表达式。

（4）根据化简或变换后的逻辑函数表达式，画出逻辑电路图。

组合逻辑电路设计的一般步骤，可用图 6-5-9 所示框图表示。

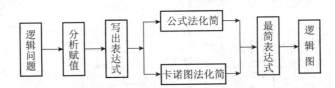

图 6-5-9　组合逻辑电路设计步骤框图

应当指出，上述这些设计步骤并不是固定不变的程序，在实际设计中，应根据具体情况灵活应用。

例 6-5-10　试用与非门设计一个在三个地方均可对同一盏灯进行控制的组合逻辑电路。并要求当灯泡亮时，改变任何一个输入可把灯熄灭；相反，若灯不亮时，改变任何一个输入也可使灯亮。

解：（1）因要求三个地方控制一盏灯，所以设 A、B、C 分别为三个开关，作为输入变量，并设开关向上为 1，开关向下为 0；F 为输出变量，灯亮为 1，灯灭为 0。

（2）根据逻辑要求，列真值表，如表 6-5-4 所示。

表 6-5-4

A	B	C	F
0	0	0	0
0	0	1	1
0	1	0	1
0	1	1	0

A	B	C	F
1	0	0	1
1	0	1	0
1	1	0	0
1	1	1	1

（3）写表达式、并化简。

$$F=\overline{A}\overline{B}C+\overline{A}B\overline{C}+A\overline{B}\overline{C}+ABC$$

上式已不能化简，即为最简与或表达式。

（4）画逻辑电路图。

因题目要求用与非门电路实现，所以先要将式 $F=\overline{A}\overline{B}C+\overline{A}B\overline{C}+A\overline{B}\overline{C}+ABC$ 变换为与非—与非表达式，然后根据与非—与非表达式再画逻辑图。见图 6-5-10 所示。

$$F=\overline{\overline{\overline{A}\overline{B}C+\overline{A}B\overline{C}+A\overline{B}\overline{C}+ABC}}$$
$$=\overline{\overline{\overline{A}\overline{B}C}\cdot\overline{\overline{A}B\overline{C}}\cdot\overline{A\overline{B}\overline{C}}\cdot\overline{ABC}}$$

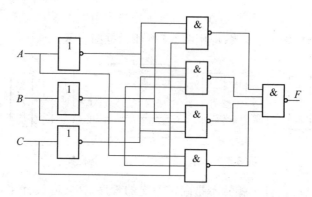

图 6-5-10　例 6-5-10 逻辑电路图

6.6　技能训练：三人表决器的制作

一、技能目标

1. 能熟练地进行手工焊接操作。
2. 能熟练地在万能板上进行合理布局布线。
3. 掌握组合逻辑电路的设计和功能测试。
4. 能正确组装与调试三人表决器电路。

二、工具、元件和仪器

1. 电烙铁等常用电子装配工具。

2. CD4011、CD4023、电阻等。

3. 万用表。

三、实训步骤

1. 三人表决器使用组合逻辑电路的设计和实现方法

（1）根据题意列出真值表。

三个输入（0 表示同意，1 表示不同意），一个输出（0 表示通过，1 表示不通过），根据题意两人以上同意即可通过，那么得到下面的真值表：

表 6-6-1　真值表

A	B	C	Y
0	0	0	0
0	0	1	0
0	1	0	0
0	1	1	1
1	0	0	0
1	0	1	1
1	1	0	1
1	1	1	1

（2）根据真值表写出逻辑表达式。

$$Y = \overline{A}BC + A\overline{B}C + AB\overline{C} + ABC$$
$$= AC + AB + BC$$
$$= \overline{\overline{AC} \cdot \overline{AB} \cdot \overline{BC}}$$

（3）根据逻辑表达式画出逻辑电路图（见图 6-6-1）。

（4）进一步完善电路原理图（见图 6-6-2）。

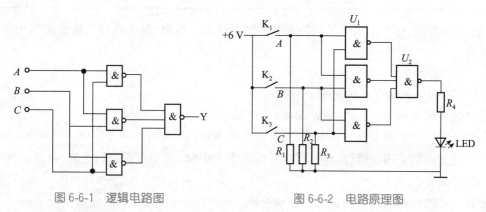

图 6-6-1　逻辑电路图　　　　图 6-6-2　电路原理图

2. 装配要求和方法

工艺流程：准备→熟悉工艺要求→绘制装配草图→核对元件数量、规格、型号→元件检测→元器件预加工→装配、焊接→总装加工→自检。

（1）准备：将工作台整理有序，工具摆放合理，准备好必要的物品。

（2）熟悉工艺要求：认真阅读电路原理图和工艺要求。

（3）绘制装配草图，如图 6-6-3 所示。

（4）清点元件：按表 6-6-2 配套明细表核对元件的数量和规格，应符合工艺要求，如有短缺、差错应及时补缺和更换。

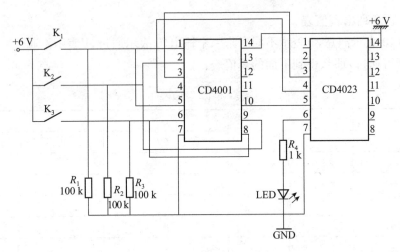

图 6-6-3　装配草图

表 6-6-2　元件清单

代　号	品　名	型号/规格	数　量
U_1	数字集成电路	CD4011	1
U_2	数字集成电路	CD4023	1
$K_1 \sim K_3$	拨动开关		3
$R_1 \sim R_3$	碳膜电阻	100 kΩ	3
R_4	碳膜电阻	1 kΩ	1
LED	发光二极管	红色	1

（5）元件检测：用万用表的电阻挡对元器件进行逐一检测，对不符合质量要求的元器件剔除并更换。

（6）元件预加工。

（7）万能电路板装配工艺要求。

①电阻采用水平安装方式，紧贴印制板，色码方向一致。

②发光二极管采用垂直安装方式，高度要求底部离板 8 mm。

③所有焊点均采用直脚焊，焊接完成后剪去多余引脚，留头在焊面以上 0.5～1 mm，且不能损伤焊接面。

④万能接线板布线应正确、平直，转角处成直角；焊接可靠，无漏焊、短路等现象。

（8）自检：对已完成的装配、焊接的工件仔细检查质量，重点是装配的准确性，包括元件位置等；焊点质量应无虚焊、假焊、漏焊、搭焊及空隙、毛刺等；检查有无影响安全性能指标的缺陷；元件整形，如图 6-6-4 所示。

图 6-6-4 实物图

3. 调试、测量

(1)不拨动开关,LED 不亮。

(2)任意拨动一个开关,LED 不亮。

(3)任意拨动二个开关,LED 亮。

(4)拨动三个开关,LED 亮。

四、项目评价

评分如表 6-6-3 所示。

表 6-6-3 评分表

项目及配分		工艺标准	扣分标准	扣 分	得 分
装配	绘图 30 分	1. 布局合理、紧凑。 2. 导线横平、竖直,转角成直角,无交叉。 3. 元件间连接关系和电路原理图一致	1. 布局不合理,每处扣 5 分。 2. 导线不平直,转角不成直角,每处扣 2 分,出现交叉,每处扣 10 分。 3. 连接关系错误,每处扣 10 分		
	插件 20 分	1. 电阻水平安装,紧贴板面。 2. 按图装配,元件的位置正确、极性正确	1. 元件安装歪斜、不对称、高度超差,每处扣 1 分。 2. 错装、漏装,每处扣 5 分		
	焊接 25 分	1. 焊点光亮、清洁,焊料适量。 2. 布线平直。 3. 无漏焊、虚焊、假焊、搭焊、溅锡等现象。 4. 焊接后元件引脚在 0.5～1 mm	1. 焊点不光亮、焊料过多或过少、布线不平直,每处扣 0.5 分。 2. 漏焊、虚焊、假焊、搭焊、溅锡,每处扣 3 分。 3. 剪脚不在 0.5～1 mm,每处扣 0.5 分		
调试	25 分	1. 按调试要求和步骤正确测量。 2. 正确使用万用表	1. 调试步骤错误,每次扣 3 分。 2. 万用表使用错误,每次扣 3 分。 3. 测量结果错误每次扣 5 分,误差过大,每次 2 分		
安全、文明生产		1. 安全用电,不人为损坏元器件、加工件和设备等。 2. 保持实习环境整洁,秩序井然,操作习惯良好	1. 发生安全事故,扣总分 20 分。 2. 违反文明生产要求,视情况总分 5～20 分		

6.7　编码器

学习目标

1. 通过应用实例，了解编码器的基本功能。
2. 了解典型集成编码电路的引脚功能并能正确使用。

6.7.1　编码器的基本知识

在数字系统中，经常需要将某一信息（输入）变换成某一特定的代码（输出）。把二进制数码按一定的规律排列组合，并给每组代码赋予一定的含义（代表某个数或控制信号）的过程称为编码。

具有编码功能的电路称为编码器。编码器的框图如图 6-7-1 所示，它有 n 个输入端，m 个输出端，输入端数 n 与输出端数 m 满足 $n \leqslant 2^m$ 的关系。

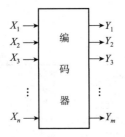
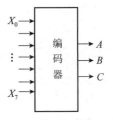

图 6-7-1　编码器框图　　　　　图 6-7-2　8 线—3 线二进制编码器框图

在 n 个输入端中，每次只能有一个信号有效，其余无效；每次输入有效时，只能有唯一的一组输出与之对应，即一个输入对应一组 m 位二进制代码的输出。

常见的编码器有普通编码器（二进制编码器、二—十进制编码器）、优先编码器两种。

1. 普通编码器

在普通编码器中，任何时刻只允许输入一个编码信号，否则输出将发生混乱。

1）二进制编码器

一位二进制代码可以表示 0、1 这两种不同的输入信号，两位二进制代码可表示 00、01、10、11 这 4 种不同的输入信号，n 位二进制代码可以表示 2^n 种输入信号的电路为二进制编码器。

例 6-7-1　设计一个 8 线—3 线二进制编码器。

解：（1）8 线—3 线二进制编码器的框图如图 6-7-2 所示，有 8 个输入信号，分别用 X_0、X_1，…，X_7 表示 0、1，…，7 这 8 个数字，3 个输出 A、B、C 组成三位二进制代码。

（2）设输入、输出均为高电平有效，列出 8 线-3 线二进制编码器的真值表，如表 6-7-1。

表 6-7-1 8 线—3 线二进制编码器的真值表

十进制数	输 入								输 出		
	X_0	X_1	X_2	X_3	X_4	X_5	X_6	X_7	C	B	A
0	1	0	0	0	0	0	0	0	0	0	0
1	0	1	0	0	0	0	0	0	0	0	1
2	0	0	1	0	0	0	0	0	0	1	0
3	0	0	0	1	0	0	0	0	0	1	1
4	0	0	0	0	1	0	0	0	1	0	0
5	0	0	0	0	0	1	0	0	1	0	1
6	0	0	0	0	0	0	1	0	1	1	0
7	0	0	0	0	0	0	0	1	1	1	1

(3)写出输出逻辑表达式。

$C = X_4 + X_5 + X_6 + X_7$

$B = X_2 + X_3 + X_6 + X_7$

$A = X_1 + X_3 + X_5 + X_7$

(4)由逻辑表达式画出逻辑图,如图 6-7-3 所示。

当从 8 个输入端输入某一个变量时,表示对该输入信号进行编码。在任何时刻只能对 $X_0 \sim X_7$ 中的某一个输入信号进行编码,不允许同时输入二个或多个高电平,否则在输出端将发生混乱。在图 6-7-3 中没有十进制数 0 的输入线,因为当且仅当在 $X_1 \sim X_7$ 信号线上都不加信号时,输出 C、B、A 必为 000,实现对 0 的编码。

2)二-十进制编码器

能将十进制数中的 0~9 这 10 个数码转换为二进制代码的电路,称为二—十进制编码器。要对 10 个输入信号编码,至少需要 4 位二进制代码,即 $2^n \geq 10$,所以二—十进制编码器的输出信号为 4 位,其示意图如图 6-7-4 所示。因为 4 位二进制代码有 16 种取值组合,可任选其中 10 种组合表示 0~9 这十个数字,因此有多种二—十进制编码方式,其中最常用的是 8421BCD 码。

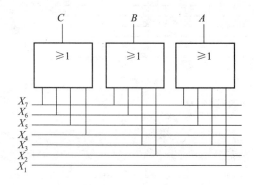

图 6-7-3 8 线—3 线二进制编码器

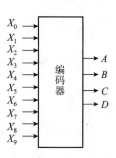

图 6-7-4 10 线—4 线编码器框图

表 6-7-2 为 8421BCD 码编码器真值表。

表 6-7-2　8421BCD 码编码器真值表

十进制数	输 入	输出（8421BCD 码）			
		D	C	B	A
0	X_0	0	0	0	0
1	X_1	0	0	0	1
2	X_2	0	0	1	0
3	X_3	0	0	1	1
4	X_4	0	1	0	0
5	X_5	0	1	0	1
6	X_6	0	1	1	0
7	X_7	0	1	1	1
8	X_8	1	0	0	0
9	X_9	1	0	0	1

由表 6-7-2 可写出逻辑表达式

$D=X_8+X_9=\overline{\overline{X_8}\cdot\overline{X_9}}$

$C=X_4+X_5+X_6+X_7=\overline{\overline{X_4}\cdot\overline{X_5}\cdot\overline{X_6}\cdot\overline{X_7}}$

$B=X_2+X_3+X_6+X_7=\overline{\overline{X_2}\cdot\overline{X_3}\cdot\overline{X_6}\cdot\overline{X_7}}$

$A=X_1+X_3+X_5+X_7+X_9=\overline{\overline{X_1}\cdot\overline{X_3}\cdot\overline{X_5}\cdot\overline{X_7}\cdot\overline{X_9}}$

用与非门实现上式，如图 6-7-5 所示，输入低电平有效，即在任一时刻只有一个输入为 0，其余为 1。

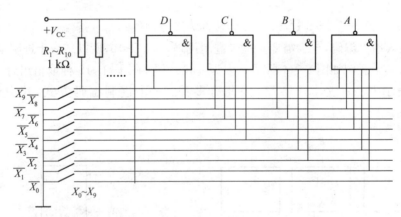

图 6-7-5　8421BCD 编码器

2. 优先编码器

在实际产品中，均采用优先编码器。在优先编码器中，允许同时输入两个以上的编码信号，编码器自动对所有输入信号按优先顺序排队。当几个信号同时输入时，它只对优先级最高的信号进行编码。

6.7.2 集成编码器的产品简介

常见的编码器都是以集成电路的形式出现的,这里介绍两种常用的集成电路优先编码器。

1. 8 线—3 线优先编码器 74LS148、CC40148

74LS148 是 8 线—3 线 TTL 集成电路优先编码器,CC40148 是 8 线—3 线 CMOS 集成电路优先编码器。它们在逻辑功能上没有区别,只是电性能参数不同。下面仅以 74LS148 为例介绍 8 线—3 线优先编码器。

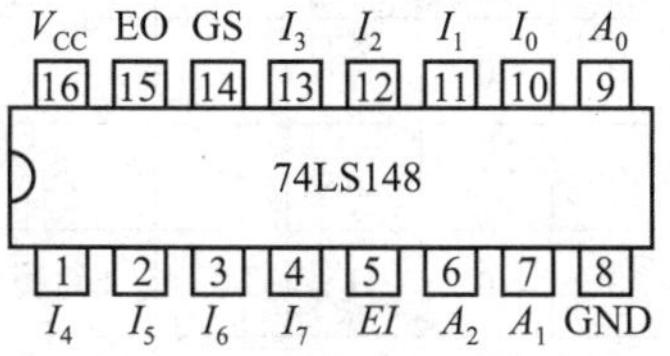

1) 封装形式及引脚排列

74LS148 的封装形式及引脚排列如图 6-7-6 所示。

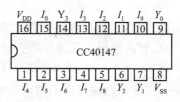

图 6-7-6 74LS148 的引脚图

2) 功能表

优先编码器 74LS148 功能见表 6-7-3。

表 6-7-3 74LS148 功能表

输 入									输 出				
EI	I_0	I_1	I_2	I_3	I_4	I_5	I_6	I_7	A_2	A_1	A_0	GS	EO
1	×	×	×	×	×	×	×	×	1	1	1	1	1
0	1	1	1	1	1	1	1	1	1	1	1	1	0
0	×	×	×	×	×	×	×	0	0	0	0	0	1
0	×	×	×	×	×	×	0	1	0	0	1	0	1
0	×	×	×	×	×	0	1	1	0	1	0	0	1
0	×	×	×	×	0	1	1	1	0	1	1	0	1
0	×	×	×	0	1	1	1	1	1	0	0	0	1
0	×	×	0	1	1	1	1	1	1	0	1	0	1
0	×	0	1	1	1	1	1	1	1	1	0	0	1
0	0	1	1	1	1	1	1	1	1	1	1	0	1

2. 10 线—4 线优先编码器 74LS147、CC40147

74LS147、CC40147 分别为 TTL 集成电路和 CMOS 集成电路,下面以 CC40147 为例介绍 10 线—4 线优先编码器。

1) 封装形式及引脚排列

CC40147 的封装形式及引脚排列如图 6-7-7 所示。

2) 功能表

CC40147 功能见表 6-7-4。

图 6-7-7 CC40147 的引脚图

表 6-7-4 CC40147 功能表

输入										输出			
I_0	I_1	I_2	I_3	I_4	I_5	I_6	I_7	I_8	I_9	Y_3	Y_2	Y_1	Y_0
1	0	0	0	0	0	0	0	0	0	0	0	0	0
×	1	0	0	0	0	0	0	0	0	0	0	0	1
×	×	1	0	0	0	0	0	0	0	0	0	1	0
×	×	×	1	0	0	0	0	0	0	0	0	1	1
×	×	×	×	1	0	0	0	0	0	0	1	0	0
×	×	×	×	×	1	0	0	0	0	0	1	0	1
×	×	×	×	×	×	1	0	0	0	0	1	1	0
×	×	×	×	×	×	×	1	0	0	0	1	1	1
×	×	×	×	×	×	×	×	1	0	1	0	0	0
×	×	×	×	×	×	×	×	×	1	1	0	0	1
0	0	0	0	0	0	0	0	0	0	1	1	1	1

6.8 译码器

 学习目标

1. 了解译码器的基本功能。

2. 了解典型集成译码电路的引脚功能并能正确使用。

3. 了解常用数码显示器件的基本结构和工作原理。

4. 通过搭接数码管显示电路，学会使用译码显示器。

6.8.1 译码器的基本知识

译码是编码的逆过程，它将二进制数码按其原意翻译成相应的输出信号。实现译码功能的电路称为译码器。译码器大多由门电路构成，它是具有多个输入端和输出端的组合电路，如图 6-8-1 所示，输入端数 n 和输出端数 m 的关系为 $2^n \geqslant m$。当 $2^n = m$ 时称为全译码；当 $2^n > m$ 时称为部分译码。

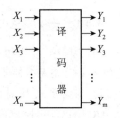

图 6-8-1 译码器的框图

译码器按用途不同可分为通用译码器和显示译码器两大类。通用译码器又分为二进制译码器、BCD 译码器，它们主要用来完成各种码制之间的转换；显示译码器主要用来译码并驱动显示器显示。

1. 通用译码器

1) 二进制译码器

二进制译码器是将 n 位二进制数翻译成 $m=2^n$ 个输出信号的电路。二位二进制译码器的示意图如图 6-8-2 所示，输入变量为 A、B，输出变量为 Y_0、Y_1、Y_2、Y_3，故为二线输入、四线输出译码器，设输出高电平有效，其真值表如表 6-8-1 所示。

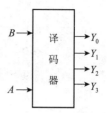

图 6-8-2　二进制译码器示意图

表 6-8-1　二位二进制译码器真值表

输　　入					输　出
B	A	Y_3	Y_2	Y_1	Y_0
0	0	0	0	0	1
0	1	0	0	1	0
1	0	0	1	0	0
1	1	1	0	0	0

由真值表可写出输出表达式

$$Y_0=\overline{A}\,\overline{B} \qquad Y_1=A\,\overline{B} \qquad Y_2=\overline{A}B \qquad Y_3=AB$$

由输出表达式可作出二位二进制译码器的逻辑电路图，如图 6-8-3 所示。

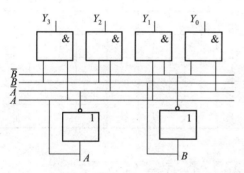

图 6-8-3　二位二进制译码器的逻辑电路

图 6-8-4　二—十进制译码器示意图

集成二进制译码器有 2 线—4 线译码器（74LS139），3 线—8 线译码器（74LS138）和 4 线—16 线译码器（74LS154）等。

2) 二—十进制译码器（BCD 译码器）

将 BCD 码翻译成对应的 10 个十进制数字信号的电路，叫做二—十进制译码器。译码器的输入是十进制数的二进制编码，输出的 10 个信号与十进制数的 10 个数字相对应，如图 6-8-4 所示。图 6-8-5 为 8421BCD 译码器逻辑图，输出低电平有效。表 6-8-2 为 8421BCD 译码器真值表。

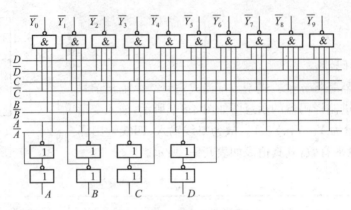

图 6-8-5　8421BCD 译码器

表 6-8-2　8421BCD 译码器真值表

十进制数	输入				输出									
	A	B	C	D	$\overline{Y_0}$	$\overline{Y_1}$	$\overline{Y_2}$	$\overline{Y_3}$	$\overline{Y_4}$	$\overline{Y_5}$	$\overline{Y_6}$	$\overline{Y_7}$	$\overline{Y_8}$	$\overline{Y_9}$
0	0	0	0	0	0	1	1	1	1	1	1	1	1	1
1	0	0	0	1	1	0	1	1	1	1	1	1	1	1
2	0	0	1	0	1	1	0	1	1	1	1	1	1	1
3	0	0	1	1	1	1	1	0	1	1	1	1	1	1
4	0	1	0	0	1	1	1	1	0	1	1	1	1	1
5	0	1	0	1	1	1	1	1	1	0	1	1	1	1
6	0	1	1	0	1	1	1	1	1	1	0	1	1	1
7	0	1	1	1	1	1	1	1	1	1	1	0	1	1
8	1	0	0	0	1	1	1	1	1	1	1	1	0	1
9	1	0	0	1	1	1	1	1	1	1	1	1	1	0

由电路图或真值表写出表达式为：

$$\overline{Y_0}=\overline{\overline{A}\cdot\overline{B}\cdot\overline{C}\cdot\overline{D}} \quad \overline{Y_1}=\overline{\overline{A}\cdot\overline{B}\cdot CD} \quad \overline{Y_2}=\overline{\overline{A}\cdot BC\,\overline{D}} \quad \overline{Y_3}=\overline{\overline{A}\cdot\overline{B}CD}$$

$$\overline{Y_4}=\overline{\overline{A}\cdot B\overline{C}\cdot\overline{D}} \quad \overline{Y_5}=\overline{\overline{A}B\,\overline{C}D} \quad \overline{Y_6}=\overline{\overline{A}BC\,\overline{D}} \quad \overline{Y_7}=\overline{\overline{A}BCD} \quad \overline{Y_8}=\overline{A\,\overline{B}\cdot\overline{C}\cdot\overline{D}}$$

$$\overline{Y_9}=\overline{A\,\overline{B}\cdot\overline{C}D}$$

当输入为 1010～1111 六个码中任意一个时，均为 1，即译码器无输出，故该电路能拒绝伪码。

集成 8421BCD 译码器有输入低电平有效也有输入高电平有效，具体可查阅相关资料。74LS42 就是一种集成 8421BCD 译码器，并且为输出低电平有效。

2. 显示译码器

在数字系统中，运算、操作的对象主要是二进制数码。人们往往希望把运算或操作的结果用十进制数直观地显示出来，因此数字系统中加入了数字显示电路。

数字显示器件的种类较多，主要有半导体发光二极管显示器、液晶显示器等。显示的字形是由各段显示器组合成数字 0~9,或者其他符号而形成的。我国字形管标准为七段字形。图 6-8-6 所示为显示器字形图,它有七个能发光的段,当给某些段加上一定的电压或驱动电流时,该段就会发光,从而显示出相应的字形。由于各种数码显示管的驱动要求不同,驱动各种数码显示管的译码器也不同。

图 6-8-6 七段显示器字形图

1)常用的数码显示器

(1)半导体发光二极管显示器(LED 数字显示器)

发光二极管与普通二极管的主要区别在于,当它外加正向电压导通时,能发出醒目的光。发光二极管工作时要加驱动电流。驱动电路通常采用与非门,由低电平驱动或高电平驱动,如图 6-8-7 所示,R_S 为限流电阻,调节 R_S 的大小可以调节流过发光二极管的电流的大小,从而控制发光二极管的亮度。

LED 数字显示器又称数码管,它由七段发光二极管封装组成,这七段发光二极管排列成"日"字形,如图 6-8-9 所示,其外形如图 6-8-8 所示。

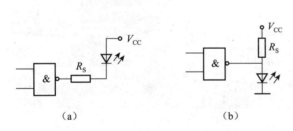

（a） （b）

图 6-8-7 发光二极管的驱动电路

图 6-8-8 LED 数字显示器外形图

LED 数码管各引脚说明:

a、b、c、d、e、f、g——字形七段输入端;

DP——小数点输入端;

V_{CC}——电源;

GND——接地;

LED 数码管内部发光二极管的接法有两种:共阳极接法和共阴极接法。如图 6-8-9 所示。

共阳极接法是将 LED 显示器中七个发光二极管的阳极共同连接到电源。若要某段发光,该段相应的发光二极管阴极须经限流电阻 R 接低电平,如图 6-8-9(d)所示。

共阴极接法是将 LED 显示器中七个发光二极管的阴极共同连接到地线。若要某段发光,该段相应的发光二极管阳极须经限流电阻 R 接高电平,如图 6-8-9(b)所示。

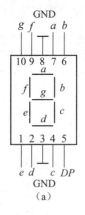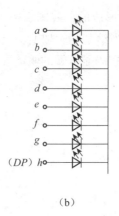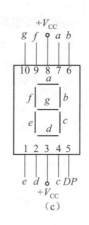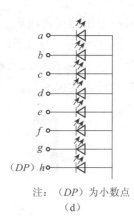

图 6-8-9　LED 数码管

(a)共阴极 LED 引脚排列图；(b)共阴极 LED 内部接线图；

(c)共阳极 LED 引脚排列图；(d)共阳极 LED 内部接线图

（2）液晶显示器

液晶显示器通常简称 LCD。液晶是一种介于固体和液体之间的有机化合物，它和液体一样可以流动，但在不同方向上的光学特性不同，具有类似于晶体的性质，故称这类物质为液晶。

液晶显示器是一种新型平板薄型显示器件，如图 6-8-10 所示。液晶显示器本身不发光，它是用电来控制光在显示部位的反射和不反射（光被吸收）而实现显示的。正因为如此，LCD 工作电压低（2～6 V）、功耗小（1 μW/cm^2 以下），能与 CMOS 电路匹配。LCD 显示柔和、字迹清晰、体积小、质量轻、可靠性高、寿命长，自问世以来，其发展速度之快、应用之广，远远超过了其他发光型显示器件。

图 6-8-10　液晶显示器

2）BCD—七段显示译码器

BCD—七段显示译码器能把"8421"二—十进制代码译成对应于数码管的七个字段信号，驱动数码管，显示出相应的十进制数码。

BCD—七段显示译码器品种很多，其功能也不尽相同，下面以共阳极显示译码器 CT74LS247 为例，对它的各功能做一些简单的介绍，CT74LS247 译码器的外形如图 6-8-11 所示，其引脚排列如图 6-8-12 所示。

图 6-8-11　CT74LS247 译码器外形图

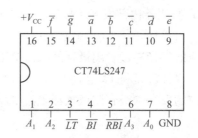

图 6-8-12　CT74LS247 译码器的引脚排列

各引脚说明如下：

A_3、A_2、A_1、A_0——8421 码的四个输入端；

$\bar{a}$、$\bar{b}$、$\bar{c}$、$\bar{d}$、$\bar{e}$、$\bar{f}$、$\bar{g}$——七个输出端（低电平有效）；

V_{CC}——电源；

GND——接地；

$\overline{LT}$——试灯输入端；

$\overline{BI}$——灭灯输入端；

$\overline{RBI}$——灭 0 输入端。

A_3、A_2、A_1、A_0 是 8421BCD 码输入端，$\bar{a}$、$\bar{b}$、$\bar{c}$、$\bar{d}$、$\bar{e}$、$\bar{f}$、$\bar{g}$ 为译码输出端，它们分别与七段显示器的各段相连接。当 $A_3A_2A_1A_0=0000$ 时，$\bar{a}=\bar{b}=\bar{c}=\bar{d}=\bar{e}=\bar{f}=0$，只有 $\bar{g}=1$。所以，七段显示器的 a、b、c、d、e、f 段分别发亮，而 g 段不亮，七段显示器显示"0"。

当 $A_3A_2A_1A_0=0001$ 时，$\bar{b}=\bar{c}=0$，而 $\bar{a}=\bar{d}=\bar{e}=\bar{f}=\bar{g}=1$，七段显示器的 b、c 发亮，而 a、d、g、f、g 不亮，七段显示器显示"1"。依此类推，就可以得到如表 6-8-3 所示的 CT74LS247 译码器功能表。

表 6-8-3　CT74LS247 译码器功能表

功能和十进制数	输入							输出笔画段状态							显示字符
	$\overline{LT}$	$\overline{RBI}$	$\overline{BI}$	D	C	B	A	$\bar{a}$	$\bar{b}$	$\bar{c}$	$\bar{d}$	$\bar{e}$	$\bar{f}$	$\bar{g}$	
试灯	0	×	1	×	×	×	×	0	0	0	0	0	0	0	全灭
灭灯	×	×	0	×	×	×	×	1	1	1	1	1	1	1	灭0
灭0	1	0	1	0	0	0	0	1	1	1	1	1	1	1	0
0	1	1	1	0	0	0	0	0	0	0	0	0	0	1	0
1	1	×	1	0	0	0	1	1	0	0	1	1	1	1	1
2	1	×	1	0	0	1	0	0	0	1	0	0	1	0	2
3	1	×	1	0	0	1	1	0	0	0	0	1	1	0	3
4	1	×	1	0	1	0	0	1	0	0	1	1	0	0	4
5	1	×	1	0	1	0	1	0	1	0	0	1	0	0	5
6	1	×	1	0	1	1	0	1	1	0	0	0	0	0	6
7	1	×	1	0	1	1	1	0	0	0	1	1	1	1	7
8	1	×	1	1	0	0	0	0	0	0	0	0	0	0	8
9	1	×	1	1	0	0	1	0	0	0	1	0	0	0	9

常用的共阴极显示译码器有：74LS347、74LS48、74LS49、CD4056、CC4511、CC14513、MC14544 等。

常用的共阳极显示译码器有：74LS247、74LS248、74LS429、74LS47、74LS447 等。

常用的液晶显示译码器有：C306、CC4055、CC14543 等。

3）译码显示电路

译码显示电路是由译码器、显示器构成，图 6-8-13 所示为需外接电阻的译码显示电路。74LS48 用于驱动共阴极 LED 数码管，而 74LS49 用于驱动共阳极 LED 数码管。只要接通 +5 V 电源，并将十进制数的 BCD 码接至译码器的相应输入端 A、B、C、D，即可显示 0～9

的数字。

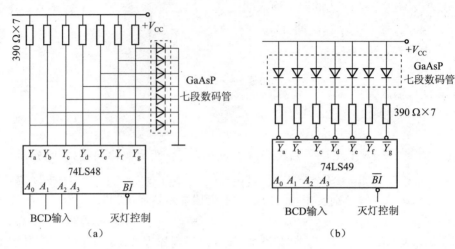

图 6-8-13　需外接电阻的译码显示电路

(a)共阴译码显示电路；(b)共阳译码显示电路

6.8.2　集成译码器的产品简介

译码器有通用译码器和显示译码器(现在产品均包括驱动器)之分,常见的通用集成译码器有 74LS138、74LS42 等,常见的集成显示译码器有 74LS48、CC4511 等。下面仅介绍两种常见的通用译码器。

1. 74LS138 集成译码器

1) 封装形式及引脚排列

74LS138 是二位二进制译码器,其引脚排列如图 6-8-14
所示,它有 3 条输入线 A、B、C,8 条输出线 $\overline{Y_0} \sim \overline{Y_7}$,输出低电
平有效。

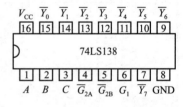

图 6-8-14　74LS138 的引脚图

2) 功能表

74LS138 功能,见表 6-8-4。

表 6-8-4　74LS138 功能表

输　入						输　出							
G_1	$\overline{G_{2A}}$	$\overline{G_{2B}}$	C	B	A	$\overline{Y_0}$	$\overline{Y_1}$	$\overline{Y_2}$	$\overline{Y_3}$	$\overline{Y_4}$	$\overline{Y_5}$	$\overline{Y_6}$	$\overline{Y_7}$
$\times$	1	$\times$	$\times$	$\times$	$\times$	1	1	1	1	1	1	1	1
$\times$	$\times$	1	$\times$	$\times$	$\times$	1	1	1	1	1	1	1	1
G_1	$\overline{G_{2A}}$	$\overline{G_{2B}}$	C	B	A	$\overline{Y_0}$	$\overline{Y_1}$	$\overline{Y_2}$	$\overline{Y_3}$	$\overline{Y_4}$	$\overline{Y_5}$	$\overline{Y_6}$	$\overline{Y_7}$
0	$\times$	$\times$	$\times$	$\times$	$\times$	1	1	1	1	1	1	1	1
1	0	0	0	0	0	0	1	1	1	1	1	1	1
1	0	0	0	0	1	1	0	1	1	1	1	1	1
1	0	0	0	1	0	1	1	0	1	1	1	1	1

续表

输 入						输 出							
1	0	0	0	1	1	1	1	1	0	1	1	1	1
1	0	0	1	0	0	1	1	1	1	0	1	1	1
1	0	0	1	0	1	1	1	1	1	1	0	1	1
1	0	0	1	1	0	1	1	1	1	1	1	0	1
1	0	0	1	1	1	1	1	1	1	1	1	1	0

2. 74LS42 集成译码器

1) 封装形式及引脚排列

74LS42 是 8421BCD 译码器,其引脚排列见图 6-8-15,它有 4 个输入端 A、B、C、D,10 个输出端 $\overline{Y_0} \sim \overline{Y_9}$,输出低电平有效。

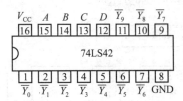

图 6-8-15 74LS42 的引脚图

2) 功能表

74LS42 功能,见表 6-8-5。

表 6-8-5 74LS42 功能表

输 入				输 出									
D	C	B	A	$\overline{Y_0}$	$\overline{Y_1}$	$\overline{Y_2}$	$\overline{Y_3}$	$\overline{Y_4}$	$\overline{Y_5}$	$\overline{Y_6}$	$\overline{Y_7}$	$\overline{Y_8}$	$\overline{Y_9}$
0	0	0	0	0	1	1	1	1	1	1	1	1	1
0	0	0	1	1	0	1	1	1	1	1	1	1	1
0	0	1	0	1	1	0	1	1	1	1	1	1	1
0	0	1	1	1	1	1	0	1	1	1	1	1	1
0	1	0	0	1	1	1	1	0	1	1	1	1	1
0	1	0	1	1	1	1	1	1	0	1	1	1	1
0	1	1	0	1	1	1	1	1	1	0	1	1	1
0	1	1	1	1	1	1	1	1	1	1	0	1	1
1	0	0	0	1	1	1	1	1	1	1	1	0	1
1	0	0	1	1	1	1	1	1	1	1	1	1	0

6.9 技能训练:抢答器电路安装与调试

一、技能目标

1. 掌握基本的手工焊接技术。

2. 能根据装配图正确安装线路。

3. 能正确焊接抢答器电路,并对其进行安装、调试与测量。

二、工具、元件和仪器

1. 电烙铁等常用电子装配工具。

2. CC4042、CC4012、CC4532 等。

3. 万用表、示波器。

三、实训步骤

1. 电路原理图及工作原理分析

抢答器的一般组成框图如图 6-9-1 所示。它主要由开关阵列电路、触发锁存电路、编码器、七段显示译码器、数码显示器等几部分组成。

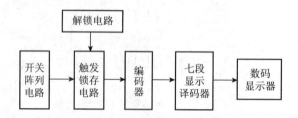

图 6-9-1　抢答器的组成框图

1) 开关阵列电路

图 6-9-2 所示为四路开关阵列电路,从图上可以看出其结构非常简单。电路中 $R_1 \sim R_4$ 为上拉和限流电阻。当任一开关按下时,相应的输出为高电平,否则为低电平。

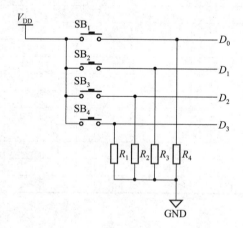

图 6-9-2　四路开关阵列电路

2) 触发锁存电路

图 6-9-3 所示为四路触发锁存电路。图中,CC4042 为 4D 锁存器。一开始,当所有开关均未按下时,锁存器输出全为高电平,经 4 输入与非门和非门后的反馈信号仍为高电平,该信号作为锁存器使能端控制信号,使锁存器处于等待接收触发输入状态;当任一开关按下时,输出

信号中必有一路为低电平,则反馈信号变为低电平,锁存器刚刚接收到的开关被锁存,这时其他开关信息的输入将被封锁。由此可见,触发锁存电路具有时序电路的特征,是实现抢答器功能的关键部分。

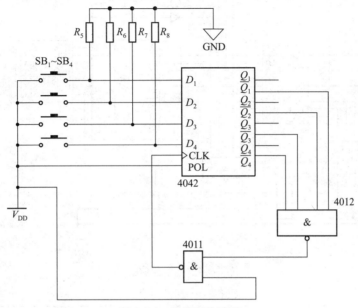

图 6-9-3 触发锁存电路

3）编码器

CC4532 为 8 线—3 线优先编码器,当任意输入为高电平时,输出为相应的输入编码的 8421 码(BCD 码)的反码。

4）译码驱动及显示单元

编码器实现了对开关信号的编码,并将其以 BCD 码的形式输出。为了将编码显示出来,需用显示译码电路将计数器的输出数码转换为数码显示器件所需要的输出逻辑和一定的电流。一般这种译码通常称为七段译码显示驱动器。常用的七段译码显示驱动器有 CC4511 等。

5）解锁电路

当触发锁存电路被触发锁存后,若要进行下一轮的重新抢答,则需将锁存器解锁。可将使能端强迫置 1 或置 0（根据具体情况而定）,使锁存处于等待接收状态即可。

2. 装配要求和方法

工艺流程:准备→熟悉工艺要求→绘制装配草图→核对元件数量、规格、型号→元件检测→元件预加工→装配、焊接→总装加工→自检。

（1）准备:将工作台整理有序,工具摆放合理,准备好必要的物品。

（2）熟悉工艺要求:认真阅读电路原理图(图 6-9-4)和工艺要求。

（3）清点元件:按表 6-9-1 所示配套明细表核对元件的数量和规格,将其符合工艺要求,如有短缺、差错应及时补缺或更换。

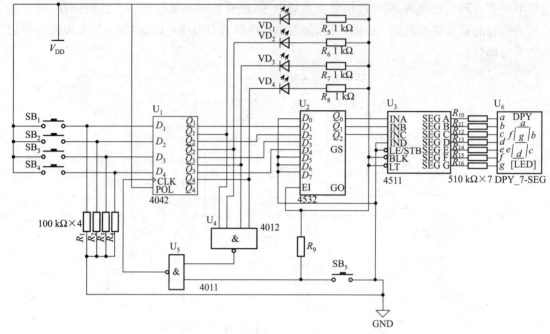

图 6-9-4　电路原理图

表 6-9-1　配套明细表

代　号	品　名	型号/规格	数　量
U_1	数字集成电路	CC4042	1
U_2	数字集成电路	CC4532	1
U_3	数字集成电路	CC4511	1
U_4	数字集成电路	CC4012	1
U_5	数字集成电路	CC4011	1
U_6	数码显示器	BS205	1
$SB_1 \sim SB_5$	按钮		5
$R_1 \sim R_4$	碳膜电阻	100 kΩ	4
$R_5 \sim R_9$	碳膜电阻	1 kΩ	5
$R_{10} \sim R_{16}$	碳膜电阻	510 Ω	4
$VD_1 \sim VD_4$	发光二极管		4

（4）绘制装配草图。

（5）元件检测：用万用表的电阻挡对元件进行逐一检测，剔除并更换不符合质量要求的元件。

（6）元件预加工。

（7）万能电路板装配工艺要求。

①电阻均采用水平安装方式，紧贴印制板，色码方向一致。

②发光二极管采用垂直安装方式，高度要求底面离板 8 mm。

③所有焊点均采用直脚焊，焊接完成后剪去多余引脚，留头在焊面以上 0.5～1mm，且不能损伤焊接面。

④万能接线板布线应正确、平直,转角处成直角;焊接可靠,无漏焊、短路等现象。

(8)自检:仔细检查已完成装配和焊接的工件的质量,重点是装配的准确性,包括元件位置等;检查有无影响工件安全性能指标的缺陷。

3. 调试

调试要求,对线路进行通电调试,观察能否实现以下功能:

(1)按下抢答器。编号分别为"1"、"2"、"3"、"4",各用一个抢答按钮,观察显示编号与按钮能否正确对应;

(2)抢答器是否具有数据锁存功能,并将锁存的数据用 LED 数码管显示出抢答成功者的号码;

(3)手动握制开关,检查其能否实现手动清零功能。

四、项目评价

评分如表 6-9-2 所示。

表 6-9-2 评分表

项目及配分		工艺标准	扣分标准	扣分记录	得　分
装配	插件 25 分	1. 电阻水平安装,贴紧印制电路板,色标法电阻的色环标志顺序一致。 2. 发光二极管垂直安装,高度符合工艺要求。 3. 按图装配,元件的位置、极性正确	1. 元件安装歪斜、不对称、高度超差、色环电阻标志方向不一致每处扣1分。 2. 错装、漏装每处扣5分		
	焊接 30 分	1. 焊点光亮、清洁,焊料适量。 2. 无漏焊、虚焊、假焊、搭焊、溅锡等现象。 3. 焊接后元件引脚剪脚留头长度小于 1 mm	1. 焊点不光亮、焊料过多过少、布线不平直,每处扣0.5分。 2. 漏焊、虚焊、假焊、搭焊、溅锡,每处扣3分。 3. 剪脚留头大 1 mm,每处扣 0.5 分		
	总装 15 分	1. 整机装配符合工艺要求。 2. 导线连线正确,绝缘恢复良好。 3. 不损伤绝缘层和表面涂覆层	1. 错装、漏装每处扣5分。 2. 导线连接错误每处扣5分。绝缘恢复不合要求扣5分。 3. 损伤绝缘层和表面涂覆层每处扣5分		
调试	30 分	1. 显示编号与按钮能否对应。 2. 抢答器是否具有数据锁存功能,并将锁存的数据用 LED 数码管显示出抢答成功者的号码。 3. 手动控制开关,能否实现手动清零复位	1. 显示编号与按钮不能对应,扣10分。 2. 抢答器不具有数据锁存功能,扣10分。 3. 手动控制开关,不能实现手动清零复位,扣10分		

本章小结

1. 数字信号是数值上和时间上都不连续变化的信号,常为各种形式的脉冲,以矩形脉冲为代表。模拟信号经采样、量化、编码后可转变为数字信号。数字电路是处理数字信号的电路。与模拟电路比，数字电路有许多突出的优点。数字电路的研究对象是电路的输入与输出之间的逻辑关系。分析数字电路的工具是逻辑代数。

2. 数的进制有多种多样，但常用的有四种，即十进制、二进制、八进制和十六进制。数字电路中主要应用二进制。二进制数只有0、1两个数码，以2为计数基数，以"逢二进一"为进位规则。二进制整数转化为十进制整数的方法是"加权系数展开"法，十进制整数转化为二进制整数的方法是除二取余法。8421BCD码是一种常用的表示十进制数码的码制。

3. 逻辑门是实现逻辑关系的电路。基本逻辑门有与门、或门和非门。基本逻辑门可组合成各种组合门，如与非门、或非门、与或非门、异或门等。门电路的逻辑关系可用表达式、真值表、逻辑符号、波形图等来表示。实际中，广泛使用 TTL 和 CMOS 集成门电路。不同型号的TTL、CMOS 门的引脚排列和功能是有区别的，使用要求也不一样。

4. 与、或、非是三种基本逻辑运算。常用的复合逻辑运算有与非、或非、与或非、异或等。表示逻辑函数关系的方法有表达式、真值表等。逻辑代数是一种用于逻辑分析的数学工具，它有着不同于普通代数的运算定律和规则。化简逻辑函数表达式的方法有公式法和卡诺图法两种。

5. 组合逻辑电路是没有记忆功能的逻辑电路，常见的有编码器、译码器、加法器等。组合逻辑电路的分析过程是：①根据所给的逻辑电路图，写出输出逻辑函数表达式；②对逻辑表达式进行化简，得到最简式；③由最简式列出真值表；④根据真值表，分析、确定电路的逻辑功能。组合逻辑电路的设计过程正好与分析过程相反。

6. 在数字系统中，经常需要将某一信息（输入）变换成某一特定的代码（输出），把二进制数码按一定的规律排列组合，并给每组代码赋予一定的含义（代表某个数或控制信号）称为编码。具有编码功能的电路，称为编码器。常见的编码器有普通编码器（二进制编码器、二—十进制编码器）、优先编码器两种。

7. 译码是编码的逆过程，它将二进制数码按其原意翻译成相应的输出信号。实现译码功能的电路，称为译码器。译码器有通用译码器和显示译码器（驱动器）之分。常见的通用译码器有 74LS138、74LS42 等，常见的显示译码器有 74LS48、CC4511 等。七段显示器有半导体数码管、液晶显示器及荧光数码管等几种，虽然它们结构各异，但译码显示的电路原理是相同的，常用的是 LED、LCD 数码管。

思考题和习题

6—1　什么是数字电路？数字电路具有哪些主要特点？

6—2　什么是脉冲信号？如何定义脉冲的幅值和宽度？

6—3　将下列二进制数转换为十进制数。

(1)1011　　(2)10101　　(3)11101　　(4)101001　　(5)1000011

6－4 将下列十进制数转换成二进制数。

(1)27 (2)43 (3)127 (4)365 (5)539

6－5 完成下列数制转换。

$[234]_{10}=[\quad]_8=[\quad]_{16}$

$[110111]_2=[\quad]_{10}=[\quad]_8=[\quad]_{16}$

$[4AF]_{16}=[\quad]_2=[\quad]_8=[\quad]_{10}$

$[146]_8=[\quad]_2=[\quad]_{10}=[\quad]_{16}$

6－6 完成以下数制转换对应表。

二进制	十进制	八进制	十六进制
11001			
	42		
		75	
			C3A

6－7 门电路有三个输入端 A、B、C,有一个输出端 F,用真值表表示与门、或门的逻辑功能,并画出图形符号。

6－8 已知 A、B 的波形如习题图 6-1 所示。试画出 A、B 分别作为与门、或非门、异或门输入时的输出波形。

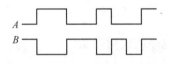

习题图 6-1 题 6－8 图

6－9 TTL 门电路与 CMOS 门电路各有何特点？使用时应各注意些什么？

6－10 习题图 6-2 是用三态门组成的两路数据选择器,试分析其工作情况。

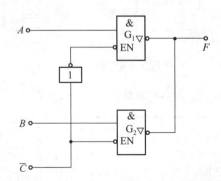

习题图 6-2 题 6－10 图

6－11 用公式法化简下列逻辑函数。

$(1) A \cdot \overline{B} \cdot C + \overline{A} \cdot B \cdot C + A \cdot B \cdot C + \overline{A} \cdot \overline{B} \cdot C$

$(2) \overline{A} \cdot \overline{B} + A \cdot B + \overline{A} \cdot \overline{B} \cdot C + A \cdot B \cdot C$

$(3) A \cdot \overline{B} + \overline{A} \cdot C + B \cdot C$

(4)$A \cdot \overline{B} + \overline{B} \cdot C + B \cdot \overline{C} + \overline{A} \cdot B$

6—12　用卡诺图法化简上题中的各逻辑函数。

6—13　画出以下逻辑函数的逻辑图。

(1)$F = \overline{\overline{AB} \cdot \overline{BC}}$　　(2)$F = AB + C$　　(3)$F = \overline{AB} \cdot \overline{AC}$

6—14　写出习题图 6-3 所示三图的逻辑表达式。

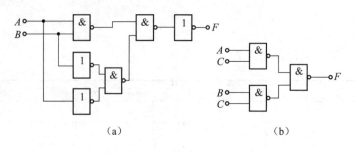

(a)　　　　　　　　　　　　　　　　(b)

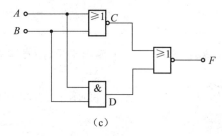

(c)

习题图6-3　题6—14图

6—15　试分析习题图 6-4 电路的逻辑功能。

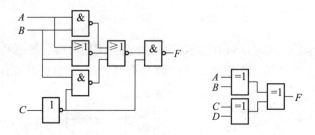

习题图6-4　题6—15图

6—16　试分析习题图 6-5 电路的逻辑功能。

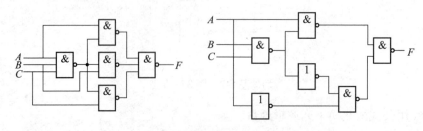

习题图6-5　题6—16图

6—17　试设计一个用与非门实现的监测信号灯工作状态的逻辑电路。一组信号灯由红、黄、绿三盏灯组成,正常工作情况下,任何时刻只能红或绿、红或黄、黄或绿灯亮。其他情况视为故障情况,要求发出故障信号。

6—18 设三台电动机 A、B、C,要求:(1)A 开机则 B 也必须开机;(2)B 开机则 C 也必须开机。如果不满足上述要求,即发出报警信号。试写出报警信号的逻辑式,并画出逻辑图。

6—19 习题图 6-6 是一个照明灯两处开关控制电路。单刀双掷开关 A 装在甲处,B 装在乙处。在甲处开灯后可在乙处关灯,在乙处开灯后也可在甲处关灯。由图可以看出,只有当两个开关都处于向上或都处于向下位置时,灯才亮,否则灯就不亮。试设计一个实现这种关系的逻辑电路。

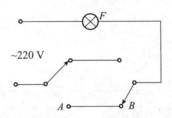

习题图 6-6 题 6—19 图

6—20 习题图 6-7 所示为一个编码电路,七个输入端的状态如下表所示。试把输出端 F_3、F_2、F_1 的对应状态填入表中。

输入							输出		
A	B	C	D	E	F	G	F_3	F_2	F_1
0	0	0	0	0	0	0			
1	0	0	0	0	0	0			
1	1	0	0	0	0	0			
1	1	1	0	0	0	0			
1	1	1	1	0	0	0			
1	1	1	1	1	0	0			
1	1	1	1	1	1	0			
1	1	1	1	1	1	1			

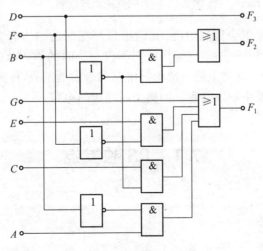

习题图 6-7 题 6—20 图

第7章 时序逻辑电路

任务导入

在生活中我们常遇到多个用户申请同一服务,而服务者在同一时间只能服务于一个用户的情况,这时就需要把其他用户的申请信息先存起来,然后再进行服务,图7-1就是一个这样例子的示意图。其中将用户的申请信息先存起来的功能需要使用具有记忆功能的部件。在数字电路中,也同样会有这样的问题。如要对二值(0、1)信号进行逻辑运算,常要将这些信号和运算结果保存起来。因此,也需要使用具有记忆功能的基本单元电路。

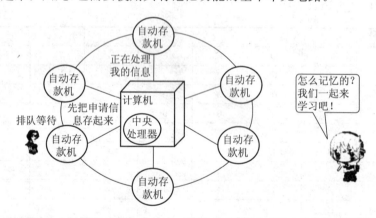

图7-1 触发器作用的示意图

前面所学过的电路是组合逻辑电路,其输出只与当时的输入有关,与电路过去的输入无关。本章节所介绍的电路某一时刻的输出状态不仅与当时的输入状态有关,还与电路原来的状态有关,具有记忆功能。这类电路一般由门电路和触发器组成,称为时序逻辑电路。本章的主要任务是学习触发器及由触发器组成的典型时序逻辑电路。

7.1 RS触发器

学习目标

1. 了解基本RS触发器的电路组成,掌握RS触发器所能实现的逻辑功能。

2. 了解同步 RS 触发器的特点、时钟脉冲的作用，掌握其逻辑功能。

触发器是具有记忆功能、能存储数字信息的最常用的一种基本单元电路。按结构的不同，触发器可以分为两大类：基本触发器和时钟触发器。了解基本 RS 触发器的电路组成、逻辑功能是正确使用 RS 触发器的基础。

7.1.1 基本 RS 触发器

基本 RS 触发器是构成各种功能触发器最基本的单元，可以用来表示和存储一位二进制数码。

1. "与非"型基本 RS 触发器

1) 电路组成

"与非"型基本 RS 触发器由两个与非门 G_1、G_2 交叉相连而成，如图 7-1-1(a)所示，图 7-1-1(b)为逻辑符号。图中 $\overline{R}$、$\overline{S}$ 为触发器的输入端，字母上面的反号及符号图上 $\overline{R}$、$\overline{S}$ 端的圆圈表示低电平有效。Q 和 $\overline{Q}$ 是触发器的两个输出端，正常工作时这两个输出端状态相反。触发器的输出状态有两个：0 态(通常规定 $Q=0$，$\overline{Q}=1$ 时)和 1 态($Q=1$，$\overline{Q}=0$ 时)。

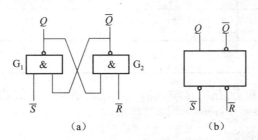

图 7-1-1 "与非"型基本 RS 触发器

(a)逻辑电路；(b)逻辑符号

2) 逻辑功能

根据 $\overline{R}$、$\overline{S}$ 输入的不同，可以得出基本 RS 触发器的逻辑功能：

(1) $\overline{R}=\overline{S}=1$ 时，触发器保持原状态不变。

当 $\overline{R}=\overline{S}=1$ 时，电路可有两个稳定状态 0 态和 1 态。如果电路处于 0 态即 $Q=0$、$\overline{Q}=1$ 时，反馈到 G_1 输入端，G_1 的两个输入端均为 1，使 Q 为低电平 0，Q 反馈到 G_2，由于这时 $\overline{R}=1$，使 $\overline{Q}$ 为高电平 1，保证了 $\overline{Q}=1$，电路保持 0 态。如果电路处于 1 态即 $Q=1$、$\overline{Q}=0$ 时，Q 反馈到 G_2 输入端，使 $\overline{Q}$ 为低电平 0，$\overline{Q}$ 反馈到 G_1 的输入端，由于这时 $\overline{S}=1$，使 Q 为高电平 1，保持 $\overline{Q}=0$，电路保持 1 态。可见，触发器保持原状态不变，也就是触发器将原有的状态存储起来，即通常所说的触发器具有记忆功能。

(2) $\overline{R}=1$，$\overline{S}=0$ 时，触发器被置成 1 态。

由于 $\overline{S}=0$(即在 $\overline{S}$ 端加有低电平触发信号)，G_1 门的输出 $G=1$，G_2 的输入全为 1，$\overline{Q}=0$，即触发器被置成 1 状态。因此称 $\overline{S}$ 端为置 1 输入端，又称置位端。

(3) $\overline{R}=0$、$\overline{S}=1$ 时，触发器被置成 0 态。

由于 $\overline{R}=0$(即在 $\overline{R}$ 端加有低电平触发信号)时，G_2 门的输出 $\overline{G}=1$，G_1 门输入全为 1，$Q=0$，即触发器被置成 0 态。因此称 $\overline{R}$ 端为置 0 输入端，又称复位端。

（4）$\overline{R}=0$、$\overline{S}=0$ 时，触发器状态不定。

当 $\overline{R}=0$、$\overline{S}=0$（即在 $\overline{R}$、$\overline{S}$ 端同时加有低电平触发信号）时，G_1 和 G_2 门的输出 $Q=\overline{Q}=1$，这在 RS 触发器中属于不正常状态。这是因为在这种情况下，当 $\overline{R}=\overline{S}=0$ 的信号同时消失变为高电平时，由于无法预知 G_1、G_2 门延迟时间的差异，故触发器转换到什么状态将不能确定，可能为 1 态，也可能为 0 态。因此，对于这种随机性的不定输出，在使用中是不允许出现的，应予以避免。

由上述可见，"与非"型基本 RS 触发器具有保持、置 0 和置 1 的逻辑功能。

3）真值表

由"与非"型基本 RS 触发器的逻辑功能可列出其真值表，如表 7-1-1 所示。

表 7-1-1　"与非"型基本 RS 触发器

$\overline{R}$	$\overline{S}$	Q^{n+1}	逻辑功能
0	0	不定	避免
0	1	0	置 0
1	0	1	置 1
1	1	Q^n	保持

表中 Q^n 称为现态或初态，指的是输入信号作用之前触发器的状态，Q^{n+1} 称为次态，指的是输入信号作用之后触发器的状态。

4）时序图（又称波形图）

时序图是以输出状态随时间变化的波形图的方式来描述触发器的逻辑功能。用波形图的形式可以形象地表达输入信号、输出信号、电路状态等的取值在时间上的对应关系。在图 7-1-1(a) 所示电路中，假设触发器的初始状态为 $Q=0$、$\overline{Q}=1$，触发信号 $\overline{R}$、$\overline{S}$ 的波形已知，则 Q 和 $\overline{Q}$ 的波形如图 7-1-2 所示。

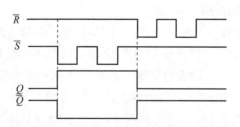

图 7-1-2　"与非"型基本 RS 触发器时序图

2."或非"型基本 RS 触发器

1）电路组成

基本 RS 触发器除了可用上述与非门组成外，也可以利用两个或非门来组成，其逻辑图和逻辑符号如图 7-1-3 所示。在这种基本 RS 触发器中，触发输入端 R、S 通常处于低电平状态，当有触发信号输入时变为高电平。Q 和 $\overline{Q}$ 是触发器的两个互补输出端。

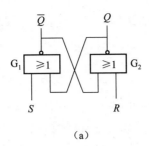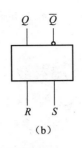

（a）　　　　　　　　（b）

图 7-1-3 "或非"型基本 RS 触发器

(a)逻辑电路;(b)逻辑符号

2）逻辑功能

根据 R、S 输入的不同,可以得出"或非型"基本 RS 触发器的逻辑功能:

(1)当 $R=0$、$S=0$ 时,触发器保持原状态不变。

(2)当 $R=0$、$S=1$ 时,即在 S 端输入高电平,不论原有 Q 为何状态,触发器都置1。

(3)当 $R=1$、$S=0$ 时,即在 R 端输入高电平,不论原有 Q 为何状态,触发器都置0。

(4)当 $R=1$、$S=1$ 时,即在 R、S 端同时输入高电平,两个或非门的输出全为 0,当两输入端的高电平同时消失时,由于或非门延迟时间的差异,触发器的输出状态是 1 态还是 0 态将不能确定,即状态不定,因此应当避免这种情况。

根据上述逻辑关系,可以列出由或非门组成的基本 RS 触发器的真值表,如表 7-1-2 所示,其时序图如图 7-1-4 所示。

表 7-1-2 "或非"型基本 RS 触发器

R	S	Q^{n+1}	逻辑功能
0	0	Q^n	保持
0	1	1	置1
1	0	0	置0
1	1	不定	避免

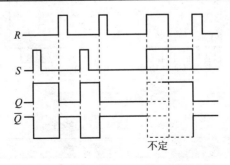

图 7-1-4 "或非"型基本 RS 触发器时序图

3. 实际应用

常用的机械开关都有抖动现象,而采用如图 7-1-5(a)所示电路,可消除开关的抖动。图 7-1-5(a)中采用了 RS 触发器后,当开关由 A 扳向 B 时,触点 B 则由于开关的弹性回跳,需要过一段时间才能稳定在低电平,造成 $\overline{S}$ 在 0、1 之间来回变化,如图 7-1-5(b)中的 $\overline{R}$、$\overline{S}$ 的波形。尽管如此,但在 $\overline{S}$ 端出现的第一个低电平时,就使 Q 端由 0 状态变为 1 状态,如图 7-1-5(b)所

示 Q 端的输出波形。一旦 Q 置 1,即使 $\overline{S}$ 在 0、1 之间来回变化,输出 Q 端都无抖动,也就是说,触发器输出波形无抖动。

4. 集成基本 RS 触发器

在实际的数字电路中,CC4043 是由 4 个或非门基本 RS 触发器组成的锁存器集成电路,其引脚排列图如图 7-1-6 所示。其中 NC 表示空脚。CC4043 内包含 4 个基本 RS 触发器。它采用三态单端输出,由芯片的 5 脚 EN 信号控制。电路的核心是或非门结构,输入信号经非门倒相,高电平为有效信号。CC4043 功能如表 7-1-3 所示。

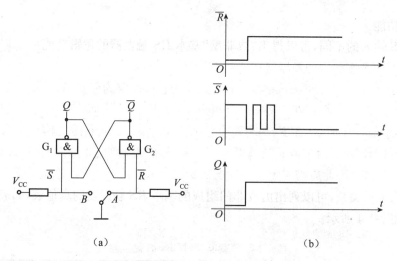

图 7-1-5　基本 RS 触发器输出波形无抖动电路及波形

(a)电路图;(b)波形图

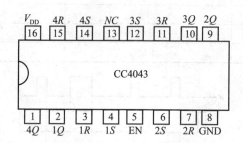

图 7-1-6　CC4043 引脚图

表 7-1-3　CC4043 功能表

输　入			输　出
S	R	EN	Q
×	×	0	高阻
0	0	1	Q^n(原态)
0	1	1	0
1	0	1	1
1	1	1	1

7.1.2 同步 *RS* 触发器

在生活中,常常会遇到图 7-1-7 所示的情况:要等时间到了,几个门同时打开,即同步。在数字系统中,为保证各部分电路工作协调一致,常常要求某些触发器于同一时刻动作,为此引入同步信号,使这些触发器只有在同步信号到达时才能按输入信号改变状态。通常把这个同步控制信号称为时钟信号,简称时钟,用 *CP* 表示。把受时钟控制的触发器统称为时钟触发器或同步触发器。

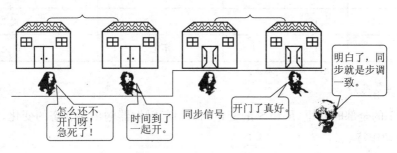

图 7-1-7 同步概念示意图

1. 电路组成

同步 *RS* 触发器是同步触发器中最简单的一种,其逻辑电路和逻辑符号如图 7-1-8 所示。图中 G_1 和 G_2 组成基本 *RS* 触发器,G_3 和 G_4 组成输入控制门电路。*CP* 是时钟脉冲的输入控制信号,*S*、*R* 是输入端,*Q* 和 $\overline{Q}$ 是互补输出端。$\overline{R}_d$ 是异步置 0 端,$\overline{S}_d$ 是异步置 1 端,$\overline{R}_d$、$\overline{S}_d$ 不受时钟脉冲控制,可以直接置 0、置 1。

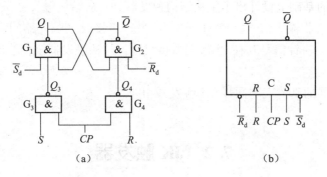

图 7-1-8 同步 *RS* 触发器
(a)逻辑电路;(b)逻辑符号

2. 逻辑功能

(1) 当 $CP=0$ 时,G_3、G_4 门被封锁,$Q_3=1$,$Q_4=1$,此时 *R*、*S* 端的输入无效,所以触发器保持原状态不变。

(2) 当 $CP=1$ 时,G_3、G_4 门被打开,$Q_3=\overline{S}$,$Q_4=\overline{R}$,触发器将按基本 *RS* 触发器的规律发生变化。

3. 真值表

同步 RS 触发器真值表如表 7-1-4 所示。

表 7-1-4　同步 RS 触发器真值表

时钟脉冲 CP	输入信号		输出状态 Q^{n+1}	逻辑功能
	S	R		
0	×	×	Q^n	保持
1	0	0	Q^n	保持
1	0	1	0	置0
1	1	0	1	置1
1	1	1	不定	避免

4. 同步触发特点

在 $CP=1$ 的全部时间里，R 和 S 的变化均将引起触发器输出端状态的变化。这就是同步 RS 触发器的动作特点。

由此可见，在 $CP=1$ 的期间，若输入信号多次变化，触发器也随之多次变化，这种现象称为空翻。空翻现象会造成逻辑上的混乱，使电路无法正常工作。这也是同步 RS 触发器除了存在状态不确定的缺点外的另一个缺点——空翻现象。为了克服上述缺点，后面将介绍功能更加完善的主从 RS 触发器、JK 触发器和 D 触发器。

5. 主从 RS 触发器

为提高触发器工作的稳定性，希望在每个 CP 周期里输出端的状态只能改变一次。因此在同步 RS 触发器的基础上设计出了主从结构触发器。主从结构触发器是由两级触发器构成的。其中一级直接接收输入信号，称为主触发器，另一级接收主触发器的输出信号，称为从触发器。两级触发器的时钟信号互补，主触发器接收输入与从触发器改变输出状态分开进行，从而有效地克服了空翻。

主从 RS 触发器的真值表与同步 RS 触发器相同。

7.2　JK 触发器

 学习目标

1. 熟悉 JK 触发器的电路符号，了解 JK 触发器的工作原理和边沿触发方式。

2. 会使用 JK 触发器。

3. 通过操作，掌握 JK 触发器的逻辑功能。

主从 RS 触发器虽然解决了空翻的问题，但输入信号仍需遵守约束条件 $RS=0$。为了使用方便，希望即使出现 $R=S=1$ 的情况，触发器的次态也是确定的，为此，通过改进触发器的电路结构，设计出了主从 JK 触发器。为了提高触发器工作的可靠性，增强抗干扰能力，产生

了边沿 JK 触发器。边沿 JK 触发器只在 CP 的上升沿(或下降沿),根据输入信号的状态翻转,而在 $CP=0$ 或 $CP=1$ 期间,输入信号的变化对触发器的状态没有影响。边沿触发器分为 CP 上升沿触发和 CP 下降沿触发两种,也称正边沿触发和负边沿触发。通过学习,能正确使用各种 JK 触发器。

7.2.1　主从 JK 触发器

1. 电路组成和逻辑符号

将主从 RS 触发器的 Q 端和 $\overline{Q}$ 端反馈到 G_7、G_8 的输入端,并将 S 端改称为 J 端,R 端改为 K 端,即构成了主从 JK 触发器。逻辑图如图 7-2-1(a)所示,图 7-2-1(b)所示为逻辑符号。

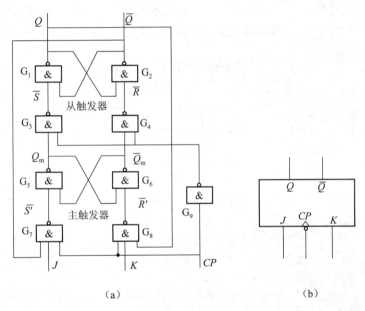

（a）　　　　　　　　（b）

图 7-2-1　主从 JK 触发器

（a）逻辑图；（b）逻辑符号

2. 逻辑功能

（1）$J=1$、$K=1$ 时,在 CP 作用后,触发器的状态总发生一次翻转,具有计数翻转功能。

（2）$J=0$、$K=1$ 时,无论触发器的初始状态是 0 还是 1,在 CP 脉冲下降沿到来时,触发器的状态为 0 态,具有置 0 功能。

（3）$J=1$、$K=0$ 时,无论触发器的初始状态是 0 还是 1,在 CP 脉冲下降沿到来时,触发器的状态为 1 态,具有置 1 功能。

（4）$J=0$、$K=0$ 时,在 CP 脉冲下降沿到来时,触发器保持原来的状态不变,触发器具有保持功能。

可见,主从 JK 触发器是一种具有保持、翻转、置 0、置 1 功能的触发器,其真值表如表 7-2-1 所示。

表7-2-1 主从 JK 触发器的真值表

CP	J	K	Q^{n+1}	逻辑功能
↓	0	0	Q^n	保持
↓	0	1	0	置0
↓	1	0	1	置1
↓	1	1	$\overline{Q^n}$	翻转

例 7-2-1 已知主从 JK 触发器的输入 CP、J 和 K 的波形，如图 7-2-2 所示，试画出 Q 端对应的电压波形。设触发器的初始状态为 0 态。

解：这是一个用已知的 J、K 状态确定 Q 状态的问题。只要根据每个时间里 J、K 的状态，去查真值表中 Q 的相应状态，即可画出输出波形图。得 Q 的波形如图 7-2-2 所示。

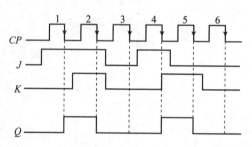

图 7-2-2 例 7-2-1 的输入/输出电压波形图

7.2.2 边沿 JK 触发器

1. 逻辑符号

图 7-2-3 所示为边沿 JK 触发器的逻辑符号，其中图 7-2-3（a）所示为 CP 上升沿触发型，图 7-2-3（b）所示为 CP 下降沿触发型，除此之外，二者的逻辑功能完全相同。图中，J、K 为触发信号输入端，R_d、S_d 为异步直接复位端和异步直接置位端，二者均为低电平有效，Q 和 $\overline{Q}$ 为互补输出端。

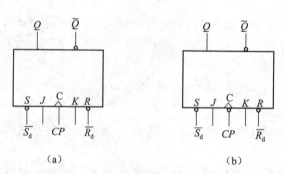

图 7-2-3 边沿 JK 触发器

（a）上升沿触发型；（b）下降沿触发型

2. 逻辑功能

（1）$J=1$、$K=1$ 时，在 CP 作用后，触发器的状态总发生一次翻转，具有计数翻转功能。

（2）$J=0$、$K=1$ 时，无论触发器的初始状态是 0 还是 1，在 CP 脉冲下降沿（或上升沿）到来时，触发器的状态为 0 态，具有置 0 功能。

（3）$J=1$、$K=0$ 时，无论触发器的初始状态是 0 还是 1，在 CP 脉冲下降沿（或上升沿）到来时，触发器的状态为 1 态，触发器具有置 1 功能。

（4）$J=0$、$K=0$ 时，在 CP 脉冲下降沿（或上升沿）到来时，触发器保持原来的状态不变，触发器具有保持功能。

3. 真值表

同主从 JK 触发器。

4. 时序图

图 7-2-4 所示为负边沿 JK 触发器的时序图。

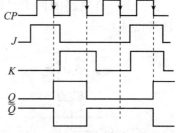

图 7-2-4 边沿 JK 触发器的时序图

7.2.3 JK 触发器的应用

触发器的应用十分广泛，它是构成各种时序逻辑电路的基本单元，也可用于自动控制以及家电等其他方面。这里举几例说明 JK 触发器的应用。

1. 多路控制开关

在某些场合，需要三个或三个以上的控制开关对同一电器进行控制，如多路控制的楼梯灯、多路控制的提升机等。

图 7-2-5 所示是三路控制开关电路。电路中所用芯片是 CC4027 双 JK 触发器，其 JK 端接在高电平上，触发器工作在计数状态，只要有 CP 脉冲，它的状态就翻转。工作原理为：假设开始时电灯是不亮的，即触发器的 $Q=0$。当 S_1、S_2、S_3 中有一个按下，则触发器获得一个下降沿脉冲，触发器翻转，$Q=1$，VT_1、VT_2 饱和，继电器 K 吸合，灯泡发光；此时再任意按下 S_1、S_2、S_3 中的一个，则触发器又翻转，$Q=0$，继电器失电释放，电灯熄灭。

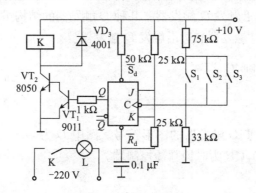

图 7-2-5 多路控制开关电路

2. 分频电路

用触发器，可将 CP 脉冲频率 f 降低到 $f/2^n$。图 7-2-6(a) 所示的分频电路，用两个 JK 触发器级联而成,其$\overline{R}_d$、$\overline{S}_d$、J、K端均接高电平。据JK触发器的功能可知:$J=K=1$时,$Q_{n+1}=\overline{Q}_n$,所以每一个CP下降沿到来时,第一个触发器都会翻转一次,可画出Q_1的波形如图7-2-6(b)所示;而第一个触发器的输出Q_1又是第二级JK触发器的CP信号,即每当Q_1的下降沿到来时,Q_2会翻转一次,得到如图7-2-6(b)所示的Q_2波形。从图7-2-6(b)所示各波形的关系可见,Q_1波形的周期是CP脉冲的2倍,而Q_2波形的周期又是Q_1波形的2倍,即Q_2频率为CP的$1/2^2$,n级级联就能降低为CP频率的$1/2^n$。

图7-2-6(a)电路的两个JK触发器可用一片双JK下降沿触发器(带预置和清零)74HC112来构成。

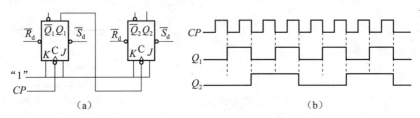

图 7-2-6　分频电路
(a)电路;(b)波形

7.3　D 触发器

1. 掌握 D 触发器的电路符号和逻辑功能。

2. 通过操作,掌握 D 触发器的应用。

数字系统中另一种应用广泛的触发器是 D 触发器。D 触发器按结构不同分为同步 D 触发器、主从 D 触发器和边沿触发 D 触发器。几种 D 触发器的结构虽不同,但逻辑功能基本相同。本节主要介绍同步 D 触发器和边沿触发 D 触发器。

7.3.1　同步 D 触发器

1. 图形符号

如图 7-3-1 所示为同步 D 触发器的图形符号。图中 D 为信号输入端(数据输入端),CP 为时钟脉冲控制端。

2. 逻辑功能

当输入 D 为 1 时,在 CP 脉冲到来时,Q 端置 1,与输入端 D 状态一致。

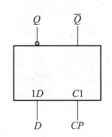

图 7-3-1　同步 D 触发器
图形符号

当输入 D 为 0 时,在 CP 脉冲到来时,Q 端置 0,与输入端 D 状态一致。

D 触发器的真值表如表 7-3-1 所示。

表 7-3-1　同步 D 触发器的真值表

CP	D	Q^n	Q^{n+1}	逻辑功能
0	×	0 1	0 1	保持
1	1	1 0	1	置 1
1	0	0 1	0	置 0

同步触发的 D 触发器仍然存在空翻现象，因此，它只能用来锁存数据，而不能用来作为计数器等使用。

例 7-3-1　已知同步 D 触发器的输入 CP、D 的波形如图 7-3-2 所示，试画出 Q 和 $\overline{Q}$ 端对应的电压波形。设触发器的初始状态为 0 态。

解： 这是一个用已知 D 的状态确定 Q 状态的问题。只要根据每个时间里 D 的状态，去查真值表中的 Q 的相应状态，即可画出输出波形图，如图 7-3-2 所示。

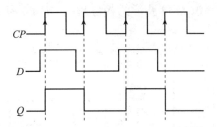

图 7-3-2　例 7-3-1 的输入/输出电压波形图

7.3.2　边沿 D 触发器

1. 逻辑符号

图 7-3-3 所示为边沿 D 触发器的逻辑符号。图中 D 为触发信号输入端，CP 为时钟脉冲控制端，$\overline{S}_d$、$\overline{R}_d$ 为异步直接复位端和异步直接置位端，二者均为低电平有效，Q 和 $\overline{Q}$ 为互补输出端。时钟脉冲控制端标有"∧"，表示脉冲上升沿有效。

2. 逻辑功能

边沿触发的 D 触发器逻辑功能与同步 D 触发器基本相同，区别仅在于对 CP 的要求不同。边沿触发的 D 触发器只能在 CP 脉冲上升沿（或下降沿）到来时，输出 Q 和 $\overline{Q}$ 的状态才能改变。

3. 时序图

边沿 D 触发器的时序如图 7-3-4 所示。

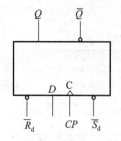

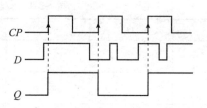

图 7-3-3　边沿 D 触发器的逻辑符号　　图 7-3-4　边沿 D 触发器的时序图

7.3.3　D 触发器的应用

D 触发器通常用于数据锁存或控制电路中,也是组成移位、计数和分频电路的基本逻辑单元。下面介绍三个 D 触发器应用的例子。

1. 方波相位比较

如图 7-3-5 所示,D 触发器可用于比较两个同频率方波的相位关系,当 D 波形的相位滞后 CP 波形时,D 触发器输出 $Q=0$;当 D 波形的相位超前 CP 波形时,D 触发器输出 $Q=1$。

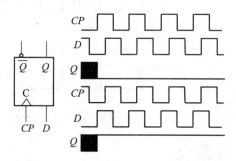

图 7-3-5　D 触发器用于方波相位比较

2. 求方波频率差

D 触发器还可用于求两个频率相差不大的方波的频率差,如图 7-3-6 所示。在 Q 端可得到两个方波的频率差。

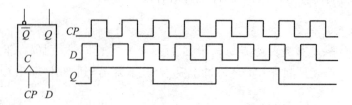

图 7-3-6　D 触发器用于方波频率差

3. 简单的红外遥控接收电路(状态记忆电路)

图 7-3-7 是一种简单的红外遥控接收电路,每按动一下红外发射器的按钮,红外接收头的输出端(u_o)输出一个负脉冲。因为该脉冲出现的时间极短,不能维持继电器长时间闭合,所以使用了 D 触发器 CD4013 作为状态记忆电路,用 Q 端输出的高电平驱动三极管,使之饱和,并使继电器 K 吸合。每来一个负脉冲(其正跳沿)都会触发 CD4013 翻转一次;若 u_o 端没有负脉

冲输出，CD4013 就不翻转，其状态就能得到长久维持。图中 R_d 端接的 C_1 和 R_1 是"上电复零"电路。在接通电源瞬间，由于 C_1 的耦合作用，R_d 为高电平，即 $R_d=1$、$S_d=0$，使 D 触发器 $Q=0$，继电器不会闭合。稍后，C_1 充电结束，R_1 两端电压极小，使 $R_d=0$、$S_d=0$，于是 D 触发器 CD4013 进入正常工作状态。

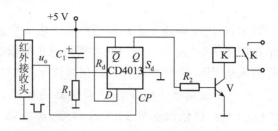

图 7-3-7 红外遥控接收电路

7.4 寄存器

 学习目标

1. 了解寄存器的功能、基本构成和常见类型。
2. 了解典型集成移位寄存器的应用。

寄存器是计算机和其他数字系统中用来存储代码或数据的逻辑部件。它的主要组成部分是触发器。因为一个触发器有两个稳定状态，可以存储一位二进制代码，所以要存储 n 位二进制数码的寄存器就需要由 n 个触发器组成。根据寄存器的功能可分为数码寄存器和移位寄存器两大类。

7.4.1 数码寄存器

在计算机和其他数字系统中常常需要把一些数码和计算结果暂时存储起来，然后根据需要取出进行处理或进行运算。具有存储数码功能的寄存器称为数码寄存器。图 7-4-1 为由 4 个边沿 D 触发器构成的一个四位数码寄存器。在接收数码时，寄存器不需要先清零，只要接收脉冲到来，就可将输入数据存入寄存器。若要清除已存入的数码，可在清零端加一负脉冲即可。

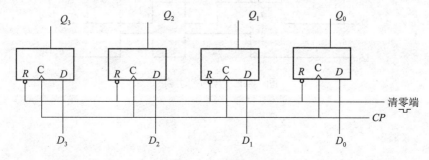

图 7-4-1 四位数码寄存器

7.4.2　移位寄存器

上面介绍的寄存器只有寄存数据或代码的功能。有时为了处理数据,需要将寄存器中的各位数据在移位控制信号作用下,依次向高位或向低位移动一位。具有移位功能的寄存器称为移位寄存器。

把若干个触发器串接起来,就可以构成一个移位寄存器。由 4 个边沿 D 触发器构成的 4 位右移移位寄存器逻辑电路如图 7-4-2 所示。每个触发器的输出端依次接到下一个触发器的数据输入端。数据从串行输入端 FF0 的 D 端输入。每当移位脉冲 CP 的上升沿来到时,各个触发器的状态都向右移给下一个触发器。假设移位寄存器的初始状态为 0000,现将数码 $D_3D_2D_1D_0$(1101)从高位(D_3)至低位依次送到 FF0 的 D 端,经过第一个时钟脉冲后,$Q_0 = D_3 = 1$。由于跟随数码 D_3 后面的数码是 D_2,则经过第二个时钟脉冲后,触发器 FF0 的状态移入触发器 FF1,而 FF0 变为新的状态,即 $Q_1 = D_3$,$Q_0 = D_2$。依此类推,可得四位右向移位寄存器的状态,如表 7-4-1 所示。可以看到,经过 4 个移位脉冲作用后,1101 这四个数码全部移入寄存器中使 $Q_3Q_2Q_1Q_0 = 1101$。由表 7-4-1 可知,输入数码依次地由低位触发器移到高位触发器,作右向移动,其时序图如 7-4-3 所示。

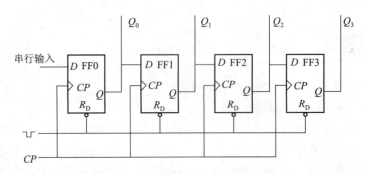

图 7-4-2　右移移位寄存器

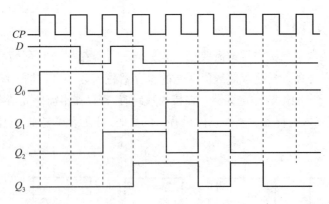

图 7-4-3　电路的时序图

表 7-4-1 移位寄存器中数码的移动情况

CP	输入数据	移位寄存器中的数码			
		Q_0	Q_1	Q_2	Q_3
0	D_3	0	0	0	0
1	D_2	D_3	0	0	0
2	D_1	D_2	D_3	0	0
3	D_0	D_1	D_2	D_3	0
4	0	D_0	D_1	D_2	D_3

7.4.3 寄存器的应用

移位寄存器除具有数码寄存和将数码移位的功能外,还可以构成各种计数器和分频器。将移位寄存器的输出通过一定的方式反馈到串行输入端,便构成了移位寄存器型的计数器。图 7-4-4 所示电路为由四位右移寄存器构成的环形计数器,若电路的初态为 0001,其状态表和时序图如表 7-4-2 和图 7-4-5 所示。

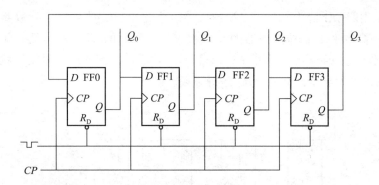

图 7-4-4 环形计数器

表 7-4-2 环形计数器状态表

CP	Q_0	Q_1	Q_2	Q_3
0	1	0	0	0
1	0	1	0	0
2	0	0	1	0
3	0	0	0	1
4	1	0	0	0

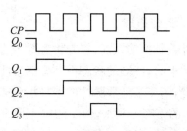

图 7-4-5 环形计数器时序图

由状态表可得,该电路在 CP 脉冲控制下,可循环移位一个 1;由时序图可知,当连续输入 CP 时,每个触发器的 Q 端,将轮流出现矩形脉冲,因而可完成顺序脉冲发生器的功能。

7.5 计数器

 学习目标

1. 了解计数器的功能及计数器的类型。
2. 掌握二进制、十进制等经典型集成计数器的外特性及应用。

计数器用于累计输入脉冲的个数,能够实现这种功能的时序部件称为计数器。计数器不仅用于计数,而且还用于定时、分频和程序控制等,用途广泛。

7.5.1 异步二进制加法计数器

1. 电路组成

图 7-5-1 是用四个下降沿触发的 JK 触发器组成的异步二进制加法计数器。每个触发器的 JK 端都处于高电平 1,低位触发器的 Q 端接高位触发器的 CP 端,当低位触发器的状态由 1 变为 0(下降沿到来)时,高位触发器的状态翻转。组成计数器的四个触发器状态的变化不是同时发生的,所以称为异步计数器。$\overline{R}_d$ 是清零端。

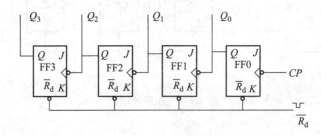

图 7-5-1 异步二进制加法计数器

2. 工作原理

计数脉冲输入前,首先将各触发器清零,计数器的状态为 0000。当第一个计数脉冲的下降沿到来时,FF0 的状态由 0 变为 1,FF1～FF3 的状态不变,计数器的状态为 0001,计下一个脉冲;当第二个计数脉冲的下降沿到来时,FF0 的状态由 1 变为 0,Q_0 产生一个负脉冲,即 FF1 的 CP 的下降沿到来,FF1 的状态由 0 变为 1,FF2、FF3 状态不变,计数器的状态为 0010,又计下一个脉冲;当第三个计数脉冲的下降沿到来时,FF0 的状态由 0 变为 1,FF1、FF2、FF3 状态不变,计数器的状态为 0011,又计下一个脉冲;当第四个计数脉冲的下降沿到来时,FF0 的状态由 1 变为 0,Q_0 产生一个负脉冲,即 FF1 的 CP 的下降沿到来,FF1 的状态由 1 变为 0,Q_1 产生一个负脉冲,即 FF2 的 CP 的下降沿到来,FF2 的状态由 0 变为 1,FF3 状态不变,计数器的状态为 0100,又计下一个脉冲;……其余以此类推。第十六个计数脉冲到来时,FF0～FF3 状态全部变为零,状态如表 7-5-1 所示。由表可知计数器是按照二进制加法规律递增计数的,称为二进制加法计数器。

表7-5-1 4位异步二进制加法计数器状态表

计数脉冲	Q_3	Q_2	Q_1	Q_0	计数脉冲	Q_3	Q_2	Q_1	Q_0
0	0	0	0	0	8	1	0	0	0
1	0	0	0	1	9	1	0	0	1
2	0	0	1	0	10	1	0	1	0
3	0	0	1	1	11	1	0	1	1
4	0	1	0	0	12	1	1	0	0
5	0	1	0	1	13	1	1	0	1
6	0	1	1	0	14	1	1	1	0
7	0	1	1	1	15	1	1	1	1

图7-5-2是四位二进制加法计数器的时序图。由图可知：Q_0波形的周期比计数脉冲的周期大一倍，Q_1波形的周期比Q_0波形的周期大一倍，Q_2波形的周期比Q_1波形的周期大一倍，Q_3波形的周期比Q_2波形的周期大一倍。因此二进制计数器具有分频作用。

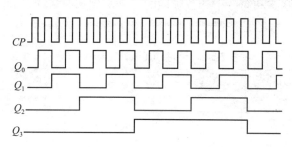

图7-5-2 四位二进制加法计数器的时序图

7.5.2 同步十进制计数器

虽然二进制计数器电路结构简单，运算方便，但读取起来非常不便，因此在数字系统中经常要用到十进制计数器。这里以同步十进制加法计数器为例介绍十进制计数器的组成及工作原理。

1. 电路组成

图7-5-3是由四个JK触发器构成的同步十进制加法计数器。图中时钟脉冲同时触发计数器中的全部触发器，各个触发器的翻转与时钟脉冲同步，所以称为同步计数器。C是向高位进位的输出信号，$C = Q_3Q_0$。各JK触发器的输入端为：

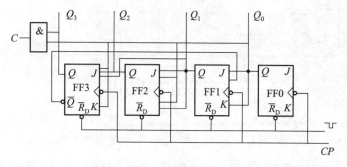

图7-5-3 同步十进制加法计数器

$$J_0 = K_0 = 1$$
$$J_1 = \overline{Q_3}Q_0, K_1 = Q_0$$
$$J_2 = Q_1Q_0, K_2 = Q_1Q_0$$
$$J_3 = Q_2Q_1Q_0, K_3 = Q_0$$

2. 工作原理

计数脉冲输入前,首先将各触发器清零,计数器的状态为 0000。当第一个计数脉冲的下降沿到来时,$J_0=K_0=1$,FF0 的状态由 0 变为 1,$J_1=J_2=J_3=0$,$K_1=K_2=K_3=0$,FF1～FF3 的状态不变,计数器的状态为 0001,计下一个脉冲;当第二个计数脉冲的下降沿到来时,$J_0=K_0=1$,FF0 的状态由 1 变为 0,$J_1=1$,$K_1=1$,FF1 的状态由 0 变为 1,$J_2=K_2=0$,FF2 状态不变,$J_3=0$,$K_3=1$,FF3 置 0,计数器的状态为 0010,又计下一个脉冲;当第三个计数脉冲的下降沿到来时,$J_0=K_0=1$,FF0 的状态由 0 变为 1,$J_1=0$,$K_1=0$,FF1 的状态不变,$J_2=K_2=0$,FF2 状态不变,$J_3=0$,$K_3=0$,FF3 的状态不变,计数器的状态为 0011,又计下一个脉冲;以此类推,当第九个计数脉冲的下降沿到来时,计数器的状态为 1001,当第十个计数脉冲的下降沿到来时,$J_0=K_0=_1$,FF0 的状态由 1 变为 0,$J_1=0$,$K_1=1$,FF1 置 0,$J_2=K_2=0$,FF2 状态不变,$J_3=0$,$K_3=1$,FF3 置 0,计数器的状态为 0000,同时进位 $C=1$;当第十一个计数脉冲的下降沿到来时,计数器的状态和第一个计数脉冲的下降沿到来时相同,如此往复。其状态表如表 7-5-2 所示。由表可知计数器是按照十进制加法规律递增计数的,称为十进制加法计数器。

表 7-5-2　十进制加法计数器状态表

计数脉冲	Q_3^n	Q_2^n	Q_1^n	Q_0^n	C
0	0	0	0	0	0
1	0	0	0	1	0
2	0	0	1	0	0
3	0	0	1	1	0
4	0	1	0	0	0
5	0	1	0	1	0
6	0	1	1	0	0
7	0	1	1	0	0
8	1	0	0	0	0
9	1	0	0	1	0
10	0	0	0	0	1

7.5.3　集成计数器的应用

常用集成计数器分为二进制计数器(含同步、异步、加减和可逆)和非二进制计数器(含同步、异步、加减和可逆),下面介绍几种典型的集成计数器。

1. 集成二进制同步计数器

74LS161 是四位二进制可预置同步计数器,由于它采用 4 个主从 JK 触发器作为记忆单元,故又称为四位二进制同步计数器,其集成芯片管脚如图 7-5-4 所示。

管脚符号说明:

V_{cc}:电源正端,接+5 V;

$\overline{R_D}$:异步置零(复位)端;

CP:时钟脉冲;

$\overline{LD}$：预置数控制端；

A、B、C、D：数据输入端；

Q_A、Q_B、Q_C、Q_D：输出端；

R_{CO}：进位输出端。

该计数器由于内部采用了快速进位电路，所以具有较高的计数速度。各触发器翻转是靠时钟脉冲信号的正跳变上升沿来完成的。时钟脉冲每正跳变一次，计数器内各触发器就同时翻转一次，74LS161 的功能表如表 7-5-3 所示：

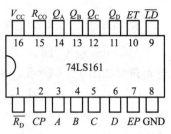

图 7-5-4 74LS161 管脚图

表 7-5-3 74LS161 逻辑功能表

输 入										输 出		
$\overline{R_D}$	$\overline{LD}$	ET	EP	CP	A	B	C	D	Q_A	Q_B	Q_C	Q_D
0	×	×	×	×	×	×	×	×	0	0	0	0
1	0	×	×	↑	a	b	c	d	a	b	c	d
1	1	1	1	↑	×	×	×	×	计 数			
1	1	0	×	×	×	×	×	×	保 持			
1	1	×	0	×	×	×	×	×	保 持			

2. 集成二进制异步计数器

74LS197 是四位集成二进制异步加法计数器，其集成芯片管脚如图 7-5-5 所示，逻辑功能如下：

(1) $\overline{CR}=0$ 时异步清零。

(2) $\overline{CR}=1$、$CT/\overline{LD}=0$ 时异步置数。

(3) $\overline{CR}=CT/\overline{LD}=1$ 时，异步加法计数。若将输入时钟脉冲 CP 加在 CP_0 端、把 Q_0 与 CP_1 连接起来，则构成四位二进制即 16 进制异步加法计数器。若将 CP 加在 CP_1 端，则构成 3 位二进制即八进制计数器，FF0 不工作。如果只将 CP 加在 CP_0 端，CP_1 接 0 或 1，则形成 1 位二进制即二进制计数器。

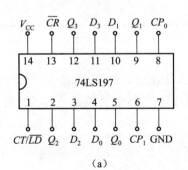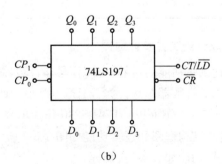

(a) (b)

图 7-5-5 74LS197 引脚及逻辑功能图

(a)引脚排列图；(b)逻辑功能示意图

3. 集成十进制同步计数器

74LS160 是十进制同步计数器,具有计数、同步置数、异步清零等功能。其引脚排列图和逻辑符号如图 7-5-6 所示。各引脚功能如下:

CP 为输入计数脉冲,上升沿有效;$\overline{CR}$ 为清零端;$\overline{LD}$ 为预置数控制端;$D_0 \sim D_3$ 为并行输入数据端;CT_T 和 CT_P 为两个计数器工作状态控制端;CO 为进位信号输出端;$Q_0 \sim Q_3$ 为计数器状态输出端。

当复位端 $\overline{CR} = 0$ 时,不受 CP 控制,输出端立即全部为"0",功能表第一行。当 $\overline{CR} = 1$ 时,$\overline{LD}$ 端输入低电平,在时钟共同作用下,CP 上跳后计数器状态等于预置输入 $DCBA$,即所谓"同步"预置功能(第二行)。当 $\overline{CR}$ 和 $\overline{LD}$ 都无效(即为高电平),CT_T 或 CT_P 任意一个为低电平,计数器处于保持功能,即输出状态不变。只有当四个控制输入都为高电平,计数器实现模10 加法计数。表 7-5-4 所示是 74LS160 功能表。

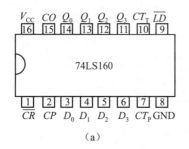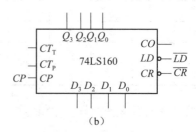

图 7-5-6 74LS160 引脚排列图逻辑符号

(a)引脚排列图;(b)逻辑符号

表 7-5-4 74LS160 功能表

$\overline{CR}$	$\overline{LD}$	CT_T	CT_P	CP	D_3	D_2	D_1	D_0	Q_3	Q_2	Q_1	Q_0
0	×	×	×	×	×	×	×	×	0	0	0	0
1	0	×	×	↑	D	C	B	A	D	C	B	A
1	1	0	×	×	×	×	×	×	保		持	
1	1	×	0	×	×	×	×	×	保		持	
1	1	1	1	↑	×	×	×	×	计		数	

4. 集成十进制异步计数器

为了达到多功能的目的,中规模异步计数器往往采用组合式的结构,即由两个独立的计数来构成整个的计数器芯片。如:74LS90(290)由模 2 和模 5 的计数器组成;74LS92 由模 2 和模 6 的计数器组成。下面以 CT74LS290 作简单介绍:

(1)电路结构框图和逻辑功能如图 7-5-7 所示。

(2)逻辑功能如表 7-5-5 所示。

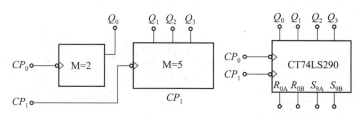

图 7-5-7 CT74LS290 的结构框图和逻辑功能图

表 7-5-5 CT74LS290 的逻辑功能

输 入						输 出				
R_{0A}	R_{0B}	S_{9A}	S_{9B}	CP_0	CP_1	Q_0^{n+1}	Q_1^{n+1}	Q_2^{n+1}	Q_2^{n+1}	Q_3^{n+1}
1	1	0	×	×	×					
1	1	×	0	×	×					
×	0	1	1	×	×					
0	×	1	1	×	×					
×	0	×	0	↓	0					
×	0	0	×	0	↓					
0	×	×	0	↓	Q_0					
0	×	0	×	Q_3	↓					

注:5421 码十进制计数时,从高位到低位的输出为 $Q_0Q_3Q_2Q_1$。

7.6 技能训练:脉冲数显电路安装与调试

一、技能目标

1. 掌握脉冲计数的数显与电压指示电路的装配和调试的要求和方法。

2. 能独立安装和调试脉冲计数的数显与电压指示电路,并能够排除装配、调试过程中出现的简单故障。

3. 能够用学过的知识对电路进行简单的改进,实现十进制计数。

二、装配工具和仪器

(1)电烙铁等常用电子装配工具。

(2)万用表、示波器等。

三、实训步骤

1. 电路原理图及工作原理分析

脉冲计数的数显与电压指示电路原理图见图 7-6-1,主要由磁控电路、RS 触发器、计数器、译码驱动器、数码显示电路、权电阻数/模转换电路、反相器、电压输出和直流稳压电源等组成。组成方框图如图 7-6-2 所示。

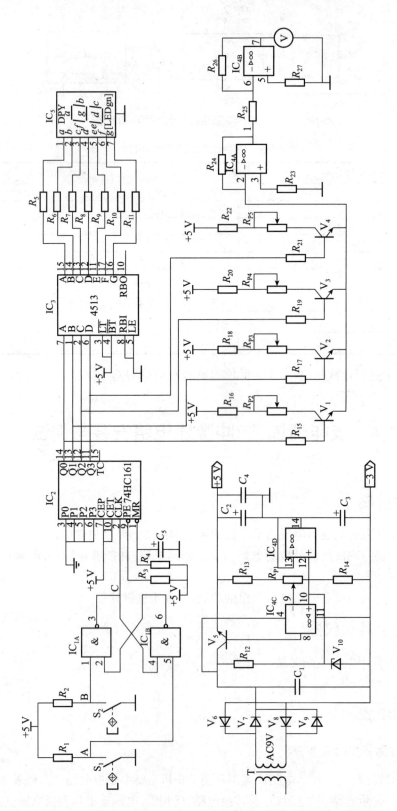

图7-6-1 脉冲计数的数显与电压指示电路原理图

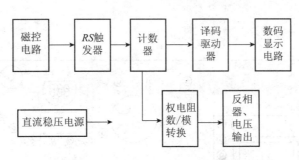

图 7-6-2　电路方框图

磁控电路中 S_1、S_2 是磁控干簧管,没有外加磁场时均是断开状态,他们的上端均为高电平;当有磁钢靠近他们通过时,S_1 和 S_2 先后闭合一次再分断,在 S_1、S_2 的两端分别形成一个时间上有先后的负向矩形脉冲,如图 7-6-3(a)、图 7-6-3(b)所示。

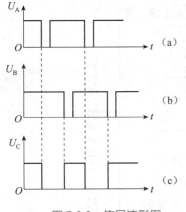

图 7-6-3　信号波形图

IC_{1A} 和 IC_{1B} 两个与非门组成了 RS 触发器,5 脚是置"0"端,1 脚是置"1"端,3 脚是输出端(Q)。由磁控电路传送来的两个负向矩形脉冲,先后加至置"0"和置"1"端,使 RS 触发器输出一个负向矩形脉冲,如图 7-6-3(c)所示。

RS 触发器输出的矩形脉冲被送至 IC_2 计数器的脉冲输入端,脉冲上升沿使计数器加 1,计数器输出二进制数码。当计数到 1111(15)时,再输入一个计数脉冲时,输出又恢复到 0000(0),重新开始计数。本电路计数范围是 0~15。

四位二进制数一路送给 IC_3,经过译码、驱动、使数码管显示一位十进制数。注意,由于 IC_3 十进制译码,驱动器只能输出 0~9,当计数值超过 9 时,数码管将熄灭,但计数照常进行,直至计数到 15 后,下一个计数脉冲使计数器复"0",数码管再次显示。

计数器的输出另一路送给由 V_1、V_2、V_3、V_4、IC_{4A} 运算放大器及其相关电阻等组成的权电阻数/模转换电路,V_1、V_2、V_3、V_4 是二进制数各数码位的开关。当对应位的值是"1"时,开关闭合;当对应位的值是"0"时,开关断开。开关闭合时,调节对应集电极的电阻值就能使通过的电流与该数码位的权值成比例(权值为 1、2、4、8)。四位产生的电流由运算放大器 IC_{4A} 求和运算。经过 IC_{4B} 反相器后,输出一个与计数结果大小成正比的模拟电压量。

直流稳压电源电路中采用 IC_{4C} 运算放大器作为比较放大,稳压性能良好。IC_{4D} 是一个电压跟随器,其输出端作为接地端,就能得到+5 V、−3 V 两组电源。

2. 装配要求和方法

工艺流程:准备→熟悉工艺要求→绘制装配草图→核对元件数量、规格、型号→元件检测→元器件预加工→印制电路板装配、焊接→总装加工→自检。

(1)装配图纸。印制电路板装配图(元件面)如图 7-6-4 所示,印制电路板(双面板)电路图如图 7-6-5 所示。

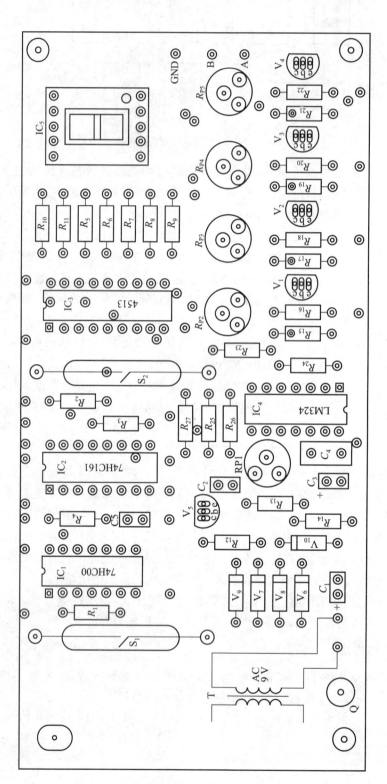

图7-6-4 印制电路板装配图(元件面)

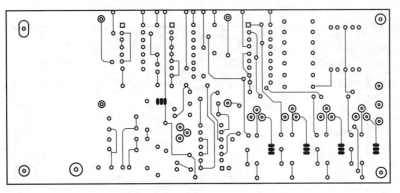

(a)

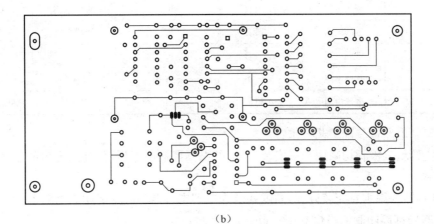

(b)

图 7-6-5 印制电路板(双面板)电路图

(a)正面; (b)反面

元件清单如表 7-6-1 所示。

表 7-6-1 配套明细表

代 号	品 名	型号/规格	代 号	品 名	型号/规格
R_1	碳膜电阻	47 kΩ	R_{25}	碳膜电阻	1 kΩ
R_2	碳膜电阻	47 kΩ	R_{26}	碳膜电阻	1 kΩ
R_3	碳膜电阻	47 kΩ	R_{27}	碳膜电阻	510Ω
R_4	碳膜电阻	47 kΩ	R_{P1}	电位器	1 kΩ
R_5	碳膜电阻	1 kΩ	R_{P2}	电位器	20 kΩ
R_6	碳膜电阻	1 kΩ	R_{P3}	电位器	10 kΩ
R_7	碳膜电阻	1 kΩ	R_{P4}	电位器	10 kΩ
R_8	碳膜电阻	1 kΩ	R_{P5}	电位器	4.7 kΩ
R_9	碳膜电阻	1 kΩ	C_1	电解电容	470 μF/16 V
R_{10}	碳膜电阻	1 kΩ	C_2	电解电容	100 μF/16 V
R_{11}	碳膜电阻	1 kΩ	C_3	电解电容	47 μF/16 V
R_{12}	碳膜电阻	1 kΩ	C_4	涤纶电容	100 μF/63 V

续表

代　号	品　名	型号/规格	代　号	品　名	型号/规格
R_{13}	碳膜电阻	1 kΩ	C_5	电解电容	10 μF/16 V
R_{14}	碳膜电阻	510 Ω	$V_1 \sim V_4$	三极管	9 014
R_{15}	碳膜电阻	510 kΩ	V_5	三极管	8 050
R_{16}	碳膜电阻	39 kΩ	$V_6 \sim V_9$	二极管	1N4007
R_{17}	碳膜电阻	300 kΩ	V_{10}	稳压二极管	3V
R_{18}	碳膜电阻	20 kΩ	IC_1	集成电路	74HC00
R_{19}	碳膜电阻	200 kΩ	IC_2	集成电路	74HC161
R_{20}	碳膜电阻	7.5 kΩ	IC_3	集成电路	CD4513
R_{21}	碳膜电阻	100 kΩ	IC_4	集成电路	LM324
R_{22}	碳膜电阻	4.7 kΩ	IC_5	LED 数码管	BS201
R_{23}	碳膜电阻	510 Ω	$S_1 \sim S_2$	干簧管	φ2.5 ∗ 20
R_{24}	碳膜电阻	1 kΩ	T	变压器	AC220 V/9 V

（2）印制电路板装配工艺要求：

① 电阻器、二极管均采用水平安装方式，并贴紧印制电路板，色标法定阻的色环标志顺序方向应一致。

② 电容器采用垂直安装方式，高度要求为电解电容器的底部离印制电路板小于 4 mm，其他电容器的底部离印制电路板 6±2 mm。

③ 三极管采用垂直安装方式，高度要求为管底部离印制电路板 6±2 mm。

④ 微调电位器、集成电路插座、数码管应贴紧印制电路板安装，注意数码管不要装反。

⑤ 干簧管采用水平安装，底部离印制电路板 5 mm，引脚间距和安装孔距要一致。

⑥ 所有焊点均采用直脚焊，焊接完成后剪去多余引脚，留头在焊面以上 0.5～1 mm，且不能损伤焊接面。

（3）总装加工工艺要求：电源变压器用螺钉紧固在印制电路板的元件面上，一次侧绕组的引出线向外，二次侧绕组的引出线向内，印制电路板的另外两个角上也固定两个螺钉，紧固件的螺母均安装在焊接面侧。电源线从印制电路板焊接面穿过孔 Q 后，在元件面打结，再与变压器一次侧绕组引出线焊接并完成绝缘恢复，变压器二次侧绕组引出线插入安装孔后焊接。

3. 调试要求与方法

1）主要性能指标

直流稳压电源输出电压：+5 V，-3 V；数码管能显示 0～9 计数结果；输出电压指示 0～1.5 V，计数每加 1 电压指示值递加 0.1 V。

2）调试方法

（1）接通电源，调整 R_{P1} 使直流稳压电源输出电压 5V，测量 -3V 电压，若误差大，测量 V10 稳压值（偏差大可以更换 V10 管）。

（2）切断电源，插上集成电路，再接通电源，重新测量直流稳压电源输出电压值。

（3）用磁钢依次靠近 S_1、S_2 各一次，计数器应能加1，数码管显示计数结果（0～9）。若接通电源时，数码管不显示属于正常现象，因为计数器的计数状态是随机的，而 10～15 是不显示的。

（4）反复用磁钢依次靠近 S_1、S_2，当数码管显示"1"时，调整 R_{P2} 使输出电压为 0.1 V；当数码管显示"2"时，调整 R_{P3} 使输出电压为 0.2 V；当数码管显示"4"时，调整 R_{P4} 使输出电压为 0.4 V；当数码管显示"8"时，调整 R_{P5} 使输出电压为 0.8 V。权电阻网络调整完成后，计数每加1，输出电压相应增加 0.1 V，电压变化范围 0～1.5 V。将结果填入表 7-6-2 中。

表 7-6-2 测量记录表

计数结果	1	2	3	4	5	6	7	8	9	10	11	12	13	14	15
测量电压															

（5）对电路进行局部改进，利用 IC_1 中空余的与非门，使计数器从十六进制变成十进制（即当计数到 9 时，下一个计数脉冲到来时计数器自动复"0"），用导线在印制电路板焊接面进行连接。

四、项目评价

项目考核评价如表 7-6-3 所示。

表 7-6-3 项目考核评价表

评价指标	评价要点	评价结果				
		优	良	中	合格	差
理论知识	1. RS 触发器知识掌握情况					
	2. 计数器知识掌握情况					
	3. 电路改进设计能力					
技能水平	1. 元件识别与清点					
	2. 课题工艺情况					
	3. 课题调试情况					
	4. 课题测量情况					
安全操作	能否按照安全操作规程操作，有无发生安全事故，有无损坏仪表					
总评	评别	优	良	中	合格	差	总评得分
		100～88	87～75	74～65	64～55	≤54	

 本章小结

1. 时序逻辑电路的输出状态不仅与当时电路的输入状态有关，而且与电路原有状态有关，电路具有记忆功能。

2. 触发器是一种具有记忆功能而且在触发脉冲作用下会翻转的电路。触发器有两个稳态：0 态和 1 态。触发器按逻辑功能分有：RS 型、JK 型和 D 型等。基本 RS 触发器没有实用价值，但它是各种触发器构成的基础。同步 RS 触发器具有保持、置 0、置 1 三种逻辑功能，输入信号在时钟信号 $CP=1$ 期间起作用。在 $CP=1$ 期间，它仍存在输入信号的直接控制和约束问题。

3. JK 触发器具有保持、翻转、置 0、置 1 四种逻辑功能。主从型 JK 触发器工作分两拍进行，在 $CP=1$ 期间，接收输入信号；在 CP 下降沿时刻，进行输出状态改变。JK 触发器还有边沿型。使用 JK 触发器可构成各种不同的实际电路。使用时，要注意 JK 触发器的触发时钟条件是上升沿还是下降沿，以及引脚的排列和功能、使用条件等。

4. D 触发器具有置 0、置 1 两种逻辑功能，也是被广泛应用的实用触发器。使用 D 触发器可构成各种不同的实际电路。使用时，要注意触发时钟条件、引脚的排列、功能和使用条件等。

5. 寄存器是具有存储数码或信息功能的逻辑电路，是一种常用的时序逻辑器件。它分为数码寄存器和移位寄存器两大类。

6. 计数器是对脉冲的个数进行计数的电路。它分为二进制和十进制、同步和异步、加法和减法等类别。常用集成计数器有 74LS161、74LS197、74LS160、CT74LS290 等产品，可用来构成各种实用的控制电路，使用时要注意其各引脚的功能。

思考题和习题

7—1　基本 RS 触发器有哪几种功能？对其输入有什么要求？

7—2　同步 RS 触发器与基本 RS 触发器比较有何优缺点？

7—3　什么是空翻现象？

7—4　JK 触发器与同步 RS 触发器有哪些区别？

7—5　由两个与非门组成的电路如习题图 7-1(a)所示，输入信号 A、B 的波形如习题图 7-1(b)所示，试画出输出端 Q 的波形。（设初态 $Q=0$）

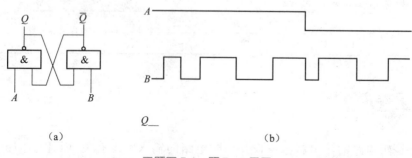

习题图 7-1　题 7—5 用图

7—6　如习题图 7-2(a)所示，输入信号 A、B 的波形如习题图 7-2(b)所示，试画出输出端

Q 的波形。（设初态 $Q=0$）

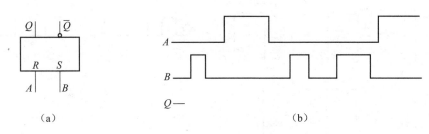

（a）　　　　　　　　　　　　　　　　（b）

习题图 7-2　题 7—6 用图

7—7　主从 RS 触发器中 CP、R 和 S 的波形如习题图 7-3 所示，试画出 Q 端的波形。（设初态 $Q=0$）

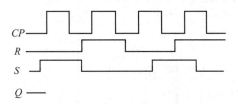

习题图 7-3　题 7—7 用图

7—8　如习题图 7-4(a)所示主从 JK 触发器中，CP、J、K 的波形如图 7-4(b)所示。试对应画出 Q 端的波形。（设 Q 初态为 0）

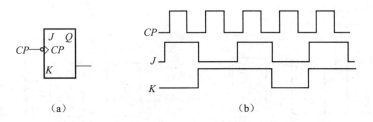

（a）　　　　　　　　　　　　　　　　（b）

习题图 7-4　题 7—8 用图

7—9　如习题图 7-5(a)所示边沿 JK 触发器中，CP、J、K 的波形如图 7-5(b)所示。试对应画出 Q 端的波形。（设 Q 初态为 0）

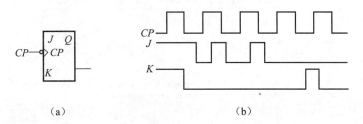

（a）　　　　　　　　　　　　　　　　（b）

习题图 7-5　题 7—9 用图

7—10　设习题图 7-6 中各个触发器初始状态为 0，试画出 Q 端波形。

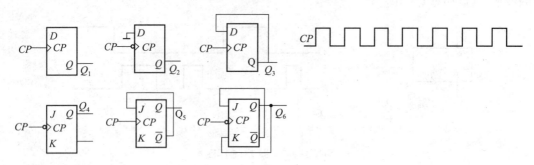

习题图 7-6　题 7-10 用图

7－11　分析习题图 7-7 所示电路具有什么功能，并填表。（设备触发器初态为 0）

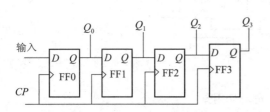

CP	输入信号	Q_0	Q_1	Q_2	Q_3
1	1				
2	0				
3	0				
4	1				

习题图 7-7　题 7-11 用图

7－12　试说明习题图 7-8 所示电路的逻辑功能，并画出与 CP 脉冲相对应的各输出端波形。（设备触发器初态为 0）

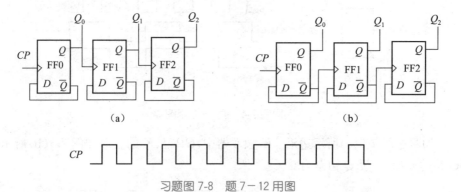

习题图 7-8　题 7-12 用图

第8章 脉冲波形的产生与整形

在许多场合需要测量旋转部件的转速,如电机转速、机动车车速等,转速多以十进制数制显示。图 8-1 所示是测量电动机转速的数字转速测量系统示意图。

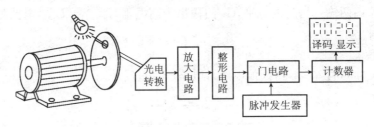

图 8-1 数字转速测量系统示意图

电机每转一周,光线透过圆盘上的小孔照射光电元件一次,光电元件产生一个电脉冲。光电元件每秒发出的脉冲个数就是电机的转速。光电元件产生的电脉冲信号较弱,且不够规则,必须放大、整形后,才能作为计数器的计数脉冲。脉冲发生器产生一个脉冲宽度为 1 秒的矩形脉冲,去控制门电路,让"门"打开 1 秒钟。在这 1 秒钟内,来自整形电路的脉冲可以经过门电路进入计数器。根据转速范围,采用四位十进制计数器,计数器以 8421 码输出,经过译码器后,再接数字显示器,显示电机转速。本任务中脉冲的产生和整形就是本章所要学习的内容。

8.1 单稳态触发器

 学习目标

1. 了解单稳态触发器的功能及其工作原理。
2. 掌握单稳态触发器的基本应用。

在前面学习的各类触发器,如 RS 触发器、JK 触发器、D 触发器等,它们都有两个稳定状态,这些触发器我们常称之为双稳态触发器。在数字系统中,还有一种只有一个稳定状态的触发器,称为单稳态触发器。它所具备的特点是:没有外加触发信号作用时,电路始终处于稳态;在外加触发信号的作用下,电路能从稳态翻转到暂态;暂态是一种不能长久保持的状态,维持一段时间后,电路会自动返回到稳态。暂态维持时间长短取决于电路中的 R、C 参数值,与输入触发信号的宽度无关。单稳态触发器常用于脉冲波形的整形、定时和延时。

单稳态触发器可以由 TTL 或 CMOS 门电路与外接 RC 电路组成,也可以通过单片集成单稳态电路外接 RC 电路来实现。其中 RC 电路称为定时电路。

8.1.1　用集成门电路构成的单稳态触发器

1. 电路组成

如图 8-1-1(a)所示为由两个 CMOS 或非门构成的微分型单稳态触发器。图中 G_1、G_2 之间采用 RC 微分电路耦合,故称为微分型单稳态触发器。

2. 工作原理

1) 稳态

$u_i=0$,接通电源 $+V_{DD}$ 对 C 充电,u_{i2} 电位升高,直到 $u_{i2}=+V_{DD}$,所以 G_2 门输出为低电平,即 $u_o=V_{oL}$ 而 G_1 门两输入均为低电平,G_1 门输出为高电平,即 $u_{o1}=U_{oH}$,电路处于稳定状态,输出 u_o 为低电平。

2) 触发翻转

u_i 从 0 跳变为 1,且 $u_i>U_T$(阈值电压),电路产生正反馈。

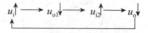

迅速使 G_1 门导通,G_2 门截止,结果输出 u_o 由低电平上跳为高电平,电路进入暂稳态。由于 u_o 高电平反馈到 G_1 门的输入端,因此即使 u_i 已恢复低电平,仍能维持 G_1 门的导通。

3) 暂稳态

电路翻转后,电源 $+V_{DD}$ 通过 $R→C→u_{o1}$ 对电容充电,使 u_{i2} 上升,这时电路进入暂稳态。即 G_1 门导通,G_2 门截止,u_o 为高电平,此状态维持时间长短,决定 $\tau=RC$ 大小。

4) 自动返回

当 u_{i2} 上升到 $u_{i2}=U_T$ 时(这时 $u_i=0$),电路发生正反馈。

电容C充电$\longrightarrow u_{i2}\uparrow \longrightarrow u_o\downarrow \longrightarrow u_{o1}\uparrow$

迅速使 G_1 门截止,G_2 门导通。结果输出 u_o 从高电平下跳到低电平。由于 u_{o1} 的上跳,导致 u_{i2} 的等幅上跳,由于 CMOS 保护二极管,使 $u_{i2}=+V_{DD}+0.6$ V。

5) 恢复过程

此后,电容通过 R 与保护二极管两条通路放电,使 u_{i2} 恢复到稳态值 $+V_{DD}$,电路恢复到初始稳态值。其波形如图 8-1-1(b)所示。

电路的输出脉冲宽度由计算得:

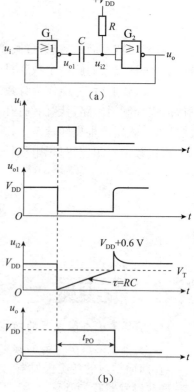

图 8-1-1　微分型单稳态电路

(a)电路图;(b)工作波形图

$$t_{PO}=0.7RC$$

8.1.2 集成单稳态触发器

集成化的单稳态触发器与普通门电路构成的单稳态触发器相比,具有很多显著的优点:集成电路稳定性好,输出脉冲宽度范围广,抗干扰能力强等。下面以 CT1121 集成单稳态触发器为例,介绍其电路结构和功能。

1. 电路结构

图 8-1-2(a)是 CT1121 集成单稳态触发器的电路原理图。电路由四部分组成:G_1、G_2 门构成触发输入,$G_3 \sim G_5$ 门组成单脉冲发生器,G_6,G_7 连同 R、C 组成微分触发输入,Q、$\overline{Q}$ 是互补输出。图 8-1-2(b)是外引线排列。图 8-1-2(c)是逻辑符号。

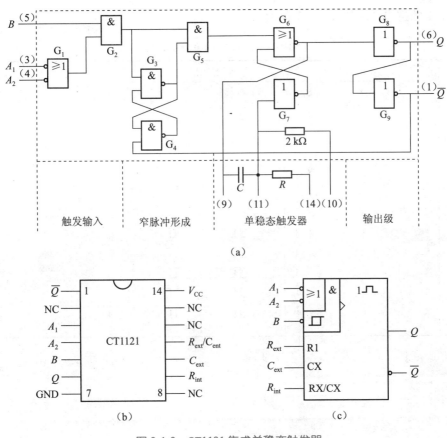

（a）

（b）　　（c）

图 8-1-2 CT1121 集成单稳态触发器

(a)电路图;(b)外引线排列;(c)逻辑符号

图 8-1-3(a)、8-1-3(b)是用 CT1121 组成单稳的连接图。其中图 8-1-3(a)是利用内部电阻 $R=2$ kΩ 和外接电容 C 组成的单稳态电路。图 8-1-3(b)是利用外接电阻 R 和电容 C 组成的单稳态电路。产品手册规定外接电阻限制在 $1.4 \sim 40$ kΩ 范围,外接电容不超过 1000 μF。因此 CT1121 脉宽调节范围为 30 ns ~ 28 s。

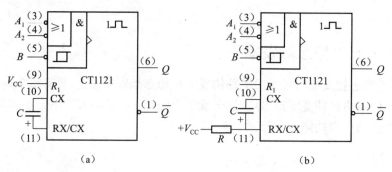

图 8-1-3　用 CT1121 接成单稳态触发器

(a)采用内定时电阻接法；(b)采用外接 R、C 接法

2. 逻辑功能

CT1121 的逻辑功能如表 8-1-1 所示。

表 8-1-1　CT1121 的逻辑功能表

	输　入			输　出		备注
	A_1	A_0	B	Q	$\overline{Q}$	
静态	0	×	1	0	1	稳态输出
	×	0	1	0	1	
	×	×	0	0	1	
	1	1	×	0	1	
动态	1	↓	1	⊓	⊔	暂稳态输出
	↓	1	1	⊓	⊔	
	↓	↓	1	⊓	⊔	
	0	×	↑	⊓	⊔	
	×	0	↑	⊓	⊔	

（1）功能表中前 4 行为静态情况。即 A_1，A_0，B 三个输入信号无跳变,输出状态不变,即 $Q=0$，$\overline{Q}=1$,因此电路处于稳态。

（2）功能表后 5 行是暂稳态情况。第 5～7 行表明,在三个输入信号中,若 A_1 和 A_0 有一个或两个下降沿触发,且 B 端为高电平时,电路被触发翻转,Q 端输出高电平脉冲,$\overline{Q}$ 输出低电平脉冲;第 8～9 行表明,A_1 和 A_0 中至少有一个为低电平,当 B 端出现上升沿触发时,电路也被触发翻转,Q 端输出高电平脉冲,$\overline{Q}$ 端输出低电平脉冲。

3. 输出脉冲宽度

输出脉冲宽度 $t_{PO}=0.7RC$。R 可以是外接电阻,也可以是内部电阻（2 kΩ）,C 是外接电容。

8.1.3 单稳态触发器的应用

1. 定时

单稳态触发器可产生一个宽度为 t_{PO} 的矩形脉冲,利用这个脉冲去控制某电路使它在 t_{PO} 时间内动作或不动作。这就是脉冲的定时作用。图 8-1-4(a)所示是用与门来在所要求的限定时间内传送脉冲信号的例子。显然,只有在 u_B 为高电平的 t_{PO} 时间内,信号才能通过与门,这就是定时控制,其波形如图 8-1-4(b)所示。

2. 脉冲的整形

整形就是将不规则或因传输受干扰而使脉冲波形变坏的输入脉冲信号,通过单稳态电路后,可获得具有一定宽度和幅度的前后比较陡峭的矩形脉冲。如图 8-1-5 所示。

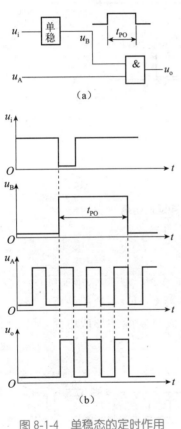

图 8-1-4 单稳态的定时作用

(a)逻辑图;(b)波形图

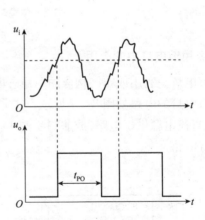

图 8-1-5 单稳态的整形作用

3. 脉冲的延时作用

一般用两个单稳态可组成一个较理想的脉冲延迟电路,其连接方法见图 8-1-6(a)所示。图 8-1-6(b)画出了输入电压 u_i 和输出电压 u_o 的波形。可以看出 u_o 滞后 u_i 的时间 t_D 等于第 1 个单稳态触发器输出脉冲的宽度 t_{PO1}(t_{PO1} 由 R_1 和 C_1 决定)和第 2 个单稳态触发器输出脉冲的宽度 t_{PO2}(t_{PO2} 由 R_2 和 C_2 决定)之和。可以分别调整 t_{PO1} 和 t_{PO2} 而互不影响。

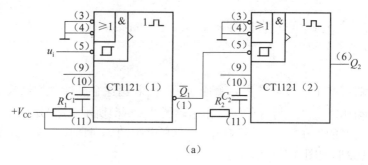

（a）

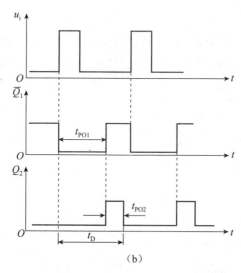

（b）

图 8-1-6　单稳态组成脉冲延迟电路

（a）电路图；（b）波形图

4. 在家用节电灯中的应用

家用节电灯是利用或非门构成的单稳态电路控制家庭照明灯点亮时间的一个小装置。

家用节电灯的电路如图 8-1-7 所示。或非门 2、3 与 C_3、R_4 组成单稳态电路，R_1、VD_1、VD_2 和 C_1 组成直流电源供电电路，或非门 1 与 R_2、C_2 组成触发脉冲形成电路，VT_1 和继电器 K_1 等组成执行电路。

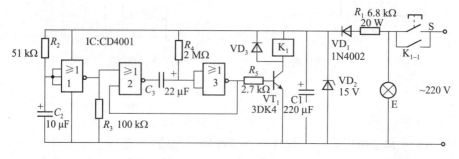

图 8-1-7　家用节电灯电路

工作原理分析：

当按下按钮开关 S，220 V 电源经 R_1 降压，VD_1 整流、VD_2 稳压和 C_1 滤波，向整个电路提供15 V的直流电压。由于开机瞬间C_2来不及及时充电,所以,或非门1的输入端为低电平,反相后高电平输出。随着C_2充电电压的增高,当电压达到或非门输入端阈值电压时,或非门1输出由高电平变为低电平,此时正脉冲触发或非门单稳电路翻转,或非门3输出高电平,使VD_1导通,继电器K_1得电工作,其触点K_{1-1}闭合,使S实现自锁,照明灯E被点亮。

当单稳态电路的暂态时间到达时,单稳态电路回到初始状态,或非门3的输出变为低电平,VT_1截止,使继电器失电,其触点K_{1-1}断开,照明灯熄灭。此后,若再次按下S,则照明灯在一个单稳态时间T内又重新被点亮。$T=0.5R_4C_3$,约为4 min。

8.2　施密特触发器

学习目标

1. 了解施密特触发器的功能及其工作原理。
2. 掌握施密特触发器的基本应用。

施密特触发器是一种具有回差特性的双稳态电路,其特点是:电路具有两个稳态,且两个稳态依靠输入触发信号的电平大小来维持,由第一稳态翻转到第二稳态,和由第二稳态翻回第一稳态所需的触发电平存在差值。

8.2.1　CMOS门组成的施密特触发器

1. 电路组成

由CMOS门组成的施密特触发器电路如图8-2-1(a)所示,它是将两级反相器串联起来,同时通过分压电阻把输出端的电压反馈到输入端。波形如图8-2-1(b)所示。

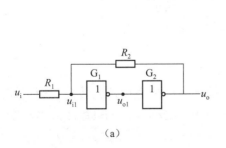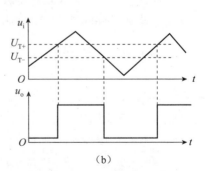

(a)　　　　　　　　　　　　　(b)

图8-2-1　CMOS门组成的施密特电路

(a)电路图;(b)波形图

2. 工作原理

当u_i为低电平时,门G_1截止,G_2导通,则$u_o=U_{OL}=0$,触发器处于$Q=0,\overline{Q}=1$的稳定

状态。

当 u_i 上升，u_{i1} 也上升，在 u_{i1} 仍低于 U_T 情况下，电路维持原态不变。

当 u_i 继续上升并使 $u_{i1} = U_T$ 时，G_1 开始导通，G_2 截止，触发器翻转 $Q=1$，$\overline{Q}=0$ 则 $u_o = U_{OH}$。此时的输入电压称为上限触发电压 U_{T+}，显然 $U_{T+} > U_T$。

当 u_i 从高电平下降时，u_{i1} 也下降，$u_i \leqslant U_T$ 以后，G_1 截止，G_2 导通，电路返回到前一稳态，即 $Q=0$，$\overline{Q}=1$，$u_o = U_{OL} = 0$。电路状态翻转时对应的输入电压称为下限触发电压 U_{T-}。

3. 电压传输特性

电压传输特性指输出电压 u_o 与输入电压 u_i 的关系，即 $u_o = f(u_i)$ 的关系曲线。

由原理分析可知，当 u_i 上升到 U_{T+} 时，u_o 从高电平变为低电平，而当 u_i 下降到 U_{T-} 时，u_o 从高电平到低电平，如图 8-2-2 所示。上限阈值电压与下限阈值电压之差称为回差电压，用 $\Delta U = U_{T+} - U_{T-}$ 表示。图 8-2-3 表示在 R_2 固定的情况下，改变 R_1 值可改变回差电压的大小。

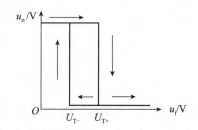

图 8-2-2 施密特触发器的电压传输特性曲线

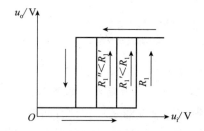

图 8-2-3 改变 R_1 的电压传输特性曲线

8.2.2 集成施密特触发器

目前集成施密特触发器得到广泛应用，因为它们的触发阈值电平稳定，而性能一致性也很好。TTL 集成施密特触发器型号有六反相器（缓冲器）CT5414/CT7414，7414/74L514；四 2 输入与非门 CT54132/CT74132，74132/74L5132；双 4 输入与非门 CT5413/CT7413，7413/74LS13 等三大类型。CMOS 集成施密特触发器典型产品有六反相器 CC40106 和四 2 输入与非门 CC4093 等。集成组件的外引线排列和功能，可查阅有关器件手册。

8.2.3 施密特触发器的应用举例

1. 波形的变换

施密特触发器广泛应用于波形变换。图 8-2-4 所示是将正弦波转换为矩形波。当输入电压等于或超过 U_{T+} 时，电路为一种稳态；当输入电压等于或低于 U_{T-} 时，电路翻转为另一稳态。

这样施密特触发器可以很方便地将正弦波，三角波等周期性波形变换成规则的矩形波。

2. 波形的整形

将不规则的波形变换成规则的矩形波称为整形。如图 8-2-5 所示电路，输入电压为受干扰的波形，通过施密特电路变为规则的矩形波。

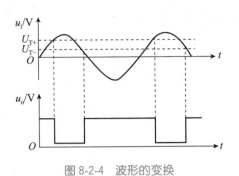

图 8-2-4　波形的变换

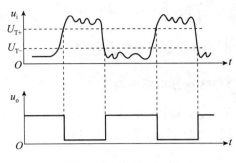

图 8-2-5　波形的整形

3. 脉冲幅度鉴别

利用施密特触发器，可以在输入幅度不等的一串脉冲中，把幅度超过 U_{T+} 的脉冲鉴别出来。图 8-2-6 所示为脉冲鉴别器的输入、输出波形。只有幅度大于 U_{T+} 的脉冲，输出端才会有脉冲信号。

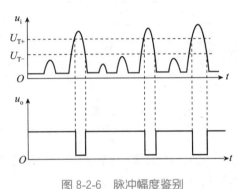

图 8-2-6　脉冲幅度鉴别

8.3　时基电路的应用

学习目标

1. 了解 555 时基电路的引脚功能和逻辑功能。

2. 了解 555 时基电路在生活中的应用实例。

3. 会用 555 时基电路搭接单稳态触发器、施密特触发器。

555 时基电路是一种集模拟、数字一体的中规模集成电路，是大多数数字系统的重要部件之一。555 时基电路不但本身可以组成定时电路，而且只要外接少量的阻容元件，就可以很方便地构成多谐振荡器、单稳态触发器以及施密特触发器等脉冲的产生与整形电路。555 集成时基电路按内部器件类型可分双极型（TTL 型）和单极型（CMOS 型）。TTL 型产品型号的最后 3 位数码是 555 或 556，CMOS 型产品型号的最后 4 位数码都是 7555 或 7556，它们的逻辑功能和外部引线排列完全相同。555 芯片和 7555 芯片是单定时器，556 芯片和 7556 芯片是双定时器。下面以 CMOS 产品 CC7555 为例说明其结构、功能和特点。

8.3.1　555 时基电路

1.555 时基电路结构

555 定时器是一种把模拟电路和开关电路结合起来的器件。电路结构如图 8-3-1(a)所示。图 8-3-1(b)是它的管脚排列图。

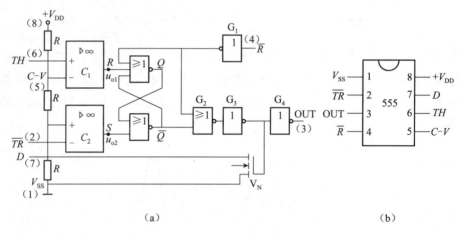

（a）　　　　　　　　　　（b）

图 8-3-1　CC7555 集成定时器

(a)逻辑图;(b)管脚排列图

由图 8-3-1(a)可见，定时器由电阻分压器、比较器、基本 RS 触发器、MOS 开关、输出缓冲器及直接复位端等六个基本单元组成。

1）电阻分压器

由三个阻值相同的电阻 R 串联构成，为电压比较器 C_1、C_2 提供两个参考电压。

$$V_{C1-} = \frac{2}{3}V_{DD}$$

$$V_{C2+} = \frac{1}{3}V_{DD}$$

2）电压比较器 C_1 和 C_2

定时器的主要功能取决于集成运放 C_1、C_2 组成的比较器。比较器的输出直接控制基本 RS 触发器和 MOS 开关管的状态。比较器输出与输入的关系为：

$$u_{TH} \geq \frac{2}{3}V_{DD}, u_{o1} = 1;$$

$$u_{TH} < \frac{2}{3}V_{DD}, u_{o1} = 0。$$

$$u_{\overline{TR}} \geq \frac{1}{3}V_{DD}, u_{o2} = 0;$$

$$u_{\overline{TR}} < \frac{1}{3}V_{DD}, u_{o2} = 1。$$

式中，TH 为阈值输入端，$\overline{TR}$ 为触发输入端。

3）基本 RS 触发器

由两个或非门组成。C_1、C_2 的输出电压 u_{o1}，u_{o2} 是基本 RS 触发器的输入信号。u_{o1}，u_{o2} 状态的改变，决定触发器输出端 Q，$\overline{Q}$ 的状态。若 $\overline{R}=1$，则

当 $u_{o1}=0$、$u_{o2}=1$ 时，$Q=1$，$\overline{Q}=0$；

当 $u_{o1}=1$、$u_{o2}=0$ 时，$Q=0$，$\overline{Q}=1$；

当 $u_{o1}=0$、$u_{o2}=0$ 时，Q、$\overline{Q}$ 维持原状态。

4）MOS 开关管

N 沟道增强型 MOS 管，用来作为放电开关。受 $\overline{Q}$ 控制，当 $\overline{Q}=0$ 时，V_N 管截止；当 $\overline{Q}=1$ 时，V_N 管导通。

5）输出缓冲器

两级反相器 G_2，G_3 构成输出缓冲器。其作用是提高电流驱动能力，且具有隔离作用。

6）直接复位端 $\overline{R}$

$\overline{R}$ 为外部直接复位端，当 $\overline{R}=0$ 时，G_1 输出高电平，使输出端 $Q=0$。

2. 555 时基电路的逻辑功能

根据上述原理分析，可归纳出 CC7555 逻辑功能如表 8-3-1 所示。

表 8-3-1　CC7555 功能表

$\overline{R}$	TH	$\overline{TR}$	OUT(Q)	D
0	$\times$	$\times$	0	导通
1	$\geqslant\dfrac{2}{3}V_{DD}$	$\geqslant\dfrac{1}{3}V_{DD}$	0	导通
1	$<\dfrac{2}{3}V_{DD}$	$<\dfrac{1}{3}V_{DD}$	1	截止
1	$<\dfrac{2}{3}V_{DD}$	$>\dfrac{1}{3}V_{DD}$	原状态	原状态

1）直接复位功能

当直接复位输入端 $\overline{R}=0$ 时，不管其他输入状态如何，输出 $Q=0$，$\overline{Q}=1$，放电管 V_N 导通。当直接复位端不用时，应使 $\overline{R}=1$。

2）复位功能

当复位控制输入端 $u_{TH}\geqslant\dfrac{2}{3}V_{DD}$，置位输入端 $u_{\overline{TR}}\geqslant\dfrac{1}{3}V_{DD}$ 时，$u_{o1}=1$、$u_{o2}=0$，则 $Q=0$，$\overline{Q}=1$，V_N 导通。

3）置位功能

当 $u_{TH}<\dfrac{2}{3}V_{DD}$，$u_{\overline{TR}}<\dfrac{1}{3}V_{DD}$ 时，$u_{o1}=0$、$u_{o2}=1$，则 $Q=1$，$\overline{Q}=0$，V_N 截止。

4）维持功能

当 $u_{TH}<\dfrac{2}{3}V_{DD}$，$u_{\overline{TR}}\geqslant\dfrac{1}{3}V_{DD}$ 时，$u_{o1}=0$、$u_{o2}=0$，则 Q，$\overline{Q}$ 状态维持不变。

8.3.2 555时基电路的应用

1. 用555时基电路构成的单稳态触发器

1）电路组成

用555时基电路构成的单稳态触发器如图8-3-2(a)所示。输入触发脉冲 u_i 接在 $\overline{TR}$ 端2脚，TH 端和 D 端相连，并与定时元件 R、C 相接。图(b)为工作波形图。

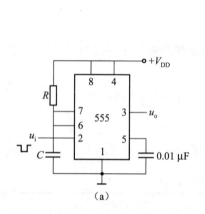
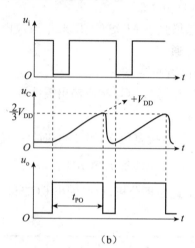

(a)   (b)

图8-3-2 555时基电路构成的单稳态触发器

(a)电路图；(b)波形图

2）工作原理

(1) 稳态。

u_i 为高电平。接好电路，接通电源时，$+V_{DD}$ 通过 R 对 C 充电，使 u_C 上升，当 u_C 上升到 $\frac{2}{3}V_{DD}$ 时，触发器置0，即 $Q=0$，$\overline{Q}=1$，放电管 V_N 导通，电容通过放电管迅速放电，直到 $u_C=0$。一旦放电管 V_N 导通，C 被旁路，无法再充电，所以这时电路处于稳定状态。这时 $u_i=1$，$R=0$，$S=0$，$u_o=0$。

(2) 触发翻转。

当输入端加入负脉冲(宽度应小于脉宽 t_{PO})，即 $u_{\overline{TR}}<\frac{1}{3}V_{DD}$，则 $S=1(R=0)$，触发器翻转为1态，输出 u_o 为高电平。即 $Q=1$，$\overline{Q}=0$。这时 $u_i=0$，$R=0$，$S=1$，$u_o=1$。

(3) 暂稳态。

u_i 从低电平变为高电平。C 开始充电，定时开始，充电时间常数 $\tau=RC$。当 $\frac{1}{3}V_{DD}<u_C<\frac{2}{3}V_{DD}$ 时，$S=0$，$R=0$，触发器状态不变，$Q=1$，$\overline{Q}=0$。这时，$u_i=1$，$R=0$，$S=0$，$u_o=1$。

(4) 自动返回。

当 u_C 上升到 $\frac{2}{3}V_{DD}$ 时，$R=1(S=0)$，触发器置0，即 $Q=0$，$\overline{Q}=1$。放电管 V_N 导通，C 放

电,定时结束。暂稳态结束。这时,$u_i=1,R=1,S=0,u_o=0$。

(5) 恢复过程。

放电管导通后,电容 C 放电,当 $u_C < \frac{2}{3}V_{DD}$ 时,$R=0(S=0)$,基本 RS 触发器保持原态,$Q=0,\bar{Q}=1$。这时,$u_i=1,R=0,S=0,u_o=0$。

当第二个触发脉冲到来时,重复上述过程。其工作波形见图 8-3-2(b)。

2. 用 555 时基电路构成的施密特触发器

1) 电路组成

将 555 时基电路的复位、置位端 TH 与 $\overline{TR}$ 连在一起作为信号输入端即构成施密特触发器,如图 8-3-3(a)所示。图 8-3-3(b)为输入、输出波形。

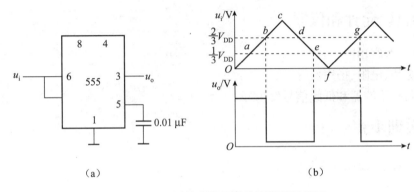

图 8-3-3 555 时基电路组成的施密特触发器
(a)电路图;(b)波形图

2) 工作原理

设输入信号 u_i 为三角波,见图 8-3-3(b)。由表 8-3-1 知,当 $u_i < \frac{1}{3}V_{DD}$ 时,$S=1,R=0$,电路输出 u_o 为高电平;当 $\frac{1}{3}V_{DD} < u_i < \frac{2}{3}V_{DD}$ 时(即 a,b 两点之间),由于 $U_{TH} < \frac{2}{3}V_{DD}$,$u_{\overline{TR}} \geq \frac{1}{3}V_{DD}$,所以 $S=R=0$,则 u_o 保持为高电平;当 u_i 继续增大到 $u_i = \frac{2}{3}V_{DD} = U_{T+}$ 时(即 b 点),这时 $u_{TH} \geq \frac{2}{3}V_{DD}$,$u_{\overline{TR}} \geq \frac{1}{3}V_{DD}$,使 $S=0,R=1$,则 u_o 由高电平变为低电平;u_i 继续上升到 c 点,因 $S=0,R=1$,所以 u_o 仍为低电平。当 u_i 从最大值下降时,当 $\frac{1}{3}V_{DD} < u_i < \frac{2}{3}V_{DD}$ 时(即 d,e 点之间),由于 $U_{TH} < \frac{2}{3}V_{DD}$,$u_{\overline{TR}} \geq \frac{1}{3}V_{DD}$,$S=R=0$,所以输出保持不变。当 u_i 继续下降到 $u_i = \frac{1}{3}V_{DD} = u_{T-}$ 时(即 e 点),这时 $S=1,R=0$,输出由低电平变为高电平。以后在 e、f、g 之间,因 $S=R=0$,所以 u_o 仍维持高电平,直到 u_i 到达 g 点,u_o 才又变为低电平。

8.4 技能训练:555构成的叮咚门铃电路安装与调试

一、技能目标

1. 通过电路的装配和调试进一步掌握用 555 集成电路所组成的叮咚门铃电路的工作原理。

2. 会判断并检修 555 振荡电路的简单故障。

3. 能安装与调试叮咚电子门铃电路。

二、工具、元件和仪器

1. 电烙铁等常用电子装配工具。

2. 555 芯片、电阻、扬声器等。

3. 万用表、示波器和低频信号发生器。

三、实训步骤

1. 电路原理图及工作原理分析

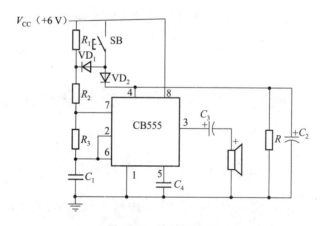

图 8-4-1 电路原理图

如图 8-4-1 所示为 555 集成电路构成的叮咚门铃电路原理图,该电路颇具特色。

以 555 时基电路为核心组成双音门铃,能发出悦耳的叮咚声,其中 CB555、R_1、R_2、R_3、VD_1、VD_2、C_1 等组成一个多谐振荡器,SB 为门铃按钮,平时处于断开状态,在 SB 断开的情况下,CB555 的 4 脚呈低电平,使 CB555 处于强制复位状态,3 脚输出低电平,扬声器不发声。

按下 SB 后,电源 V_{CC} 通过 VD_2 对 C_2 快速充电至 6 V,CB555 的 4 脚为高电平,CB555 振荡器起振。此时电源通过 VD_1、R_2、R_3 给 C_1 进行充电,随着 C_1 充电其两端电压(即 2、6 脚电压)升高超过 $\frac{2}{3}V_{CC}$ 时,3 脚输出为低电位,同时 555 内部放电管导通,C_1 开始放电,放电回路为

$C_1 \rightarrow R_3 \rightarrow$芯片内部放电管$\rightarrow$地。振荡频率为：$f = \dfrac{1.44}{(R_2 + 2R_3)C_1}$。此振荡信号从 CB555③脚输出驱动扬声器发出"叮……"的声音。

当松开 SB 后，由于 C_2 上已充满电荷，即 555④脚为高电平，555 振荡器仍然继续振荡，但这时 C_1 的充电回路为：$V_{CC} \rightarrow R_1 \rightarrow R_2 \rightarrow R_3 \rightarrow C_1$，而放电常数仍为 $R_3 C_1$，此时的振荡频率为：$f = \dfrac{1.44}{(R_1 + R_2 + 2R_3)C_1}$。可见，此频率比按下 SB 时的频率低，随着 C_2 上的电压逐渐变低，当降至 0.4 V 以下后，555 便处于强制复位状态，电路停振，所以 C_2 放电至 0.4 V 的时间也就是扬声器发出"咚"音频声响的时间，实现了"叮咚"门铃的效果。

2. 装配要求和方法

工艺流程：准备→熟悉工艺要求→绘制装配草图→核对元件数量、规格、型号→元件检测→元件预加工→装配、焊接→自检。

（1）准备：将工作台整理有序，工具摆放合理，准备好必要的物品。

（2）熟悉工艺要求：认真阅读电路原理图和工艺要求。

（3）绘制装配草图。

（4）元件检测：用万用表的电阻挡对元件进行逐一检测（元件清单见表 8-4-1），对不符合质量要求的元件剔除并更换。

表 8-4-1　配套明细表

代号	名称	规格	数量
R_1	碳膜电阻	18 kΩ	1
R_2	碳膜电阻	15 kΩ	1
R_3	碳膜电阻	5.6 kΩ	1
R	碳膜电阻	100 Ω	1
C_1、C_4	涤纶电容	0.01 μF	2
C_2	电解电容	220 μF	1
C_3	电解电容	10 μF	1
VD_1、VD_2	二极管	1N4007	2
IC1	集成电路	555	1
SB	按钮开关		1

（5）元件预加工。

（6）万能电路板装配工艺要求：

① 电阻采用水平安装方式，紧贴印制板，色码方向一致。

② 电容采用垂直安装方式，高度要求为电容的底部离板 6 mm±1 mm。

③ 所有焊点均采用直脚焊，焊接完成后剪去多余引脚，留头在焊面以上 0.5～1 mm，且不能损伤焊接面。

④ 万能接线板布线应正确、平直，转角处成直角；焊接可靠，无漏焊、短路等现象。

（7）自检：仔细检查已完成装配、焊接的工件的质量，重点是装配的准确性，包括元件位置等；检查有无影响工件安全性能指标的缺陷。

3. 调试、测量

(1)按下按钮开关 SB,扬声器有无发出叮咚声。

(2)按住、松开按钮开关用示波器分别观察输出波形,完成表 8-4-2。

表 8-4-2 测量表

按住按钮开关,555③脚输出波形	松开按钮开关,555③脚输出波形

四、项目评价

项目考核评价如表 8-4-3 所示。

表 8-4-3 项目考核评价表

评价指标	评价要点	评价结果				
		优	良	中	合格	差
理论知识	1. 555 应用知识掌握情况					
	2. 装配草图绘制情况					
技能水平	1. 元件识别与清点					
	2. 课题工艺情况					
	3. 课题调试测量情况					
	4. 示波器操作熟练度					
安全操作	能否按照安全操作规程操作,有无发生安全事故,有无损坏仪表					

总评	评别	优	良	中	合格	差	总评得分	
		100~88	87~75	74~65	64~55	≤54		

本章小结

1. 脉冲的产生和整形电路是数字系统中常用的电路,本章重点学习单稳态触发器和施密特触发器,以及如何用 555 时基电路构成这两种电路。

2. 单稳态触发器有一个稳态和一个暂态。输入信号只起到触发电路进入暂态的作用。输出脉冲的宽度取决于电路中的 R、C 参数值。单稳态触发器常用于脉冲波形的整形、定时和延时。

3. 施密特触发器有两个稳态,有两个不同的触发电平,具有回差特性。它的两个稳态是依靠输入电平来维持的。

4. 555 时基电路是一种应用非常灵活的中规模集成电路,广泛应用于自动控制、定时报警、家电等领域。用 555 时基电路可以构成单稳态触发器和施密特触发器等。

思考题和习题

8—1 单稳态触发器有哪几种工作状态?

8—2 说明单稳态触发器的工作特点及主要用途。

8—3 说明施密特触发器的工作特点及主要用途。

8—4 说明 555 定时器各引脚的功能。

8—5 习题图 8-1 所示为由 CMOS 或非门构成的电路。试回答下列问题。

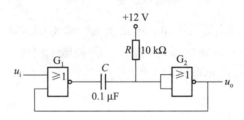

习题图 8-1 题 8—5 用图

(1)电路的名称是_____。

(2)当 u_i＝0 时,电路处于稳态,门 G_1 输出_____电平,门 G_2 输出_____
电平。

(3)输入正方波 u_i 后,定性的画出 u_o 波形。

8—6 习题图 8-2 所示为 TTL 与非门组成的电路。试回答下列问题。

(1)电路的名称是_____。

(2)稳态时,门 G_1 输出_____电平,门 G_2 输出_____电平。

(3)在输入 u_i 为负方波时,定性的画出与 u_i 相对应的 u_o 波形。

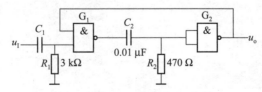

习题图 8-2 题 8—6 用图

8—7 习题图 8-3(a)所示为由 TTL 与非门构成的微分型单稳态触发器。图中:G_1、G_2 之间采用 RC 微分电路耦合,R_P、C_P 组成输入微分电路。试画出电路各点的波形如习题图 8-3
(b)所示,并简述其工作原理。

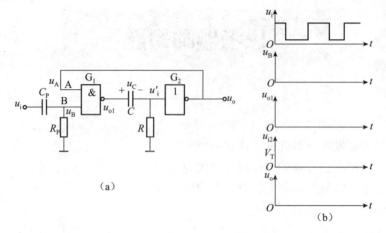

（a）

（b）

习题图 8-3　题 8-7 用图

8-8　CC7555 集成电路由哪几个单元电路组成？简述 CC7555 的工作原理。

8-9　习题图 8-4 是由 555 定时器构成的一个简易电子门铃，分析该电路的工作原理。

8-10　分析习题图 8-5 所示电路的工作原理。

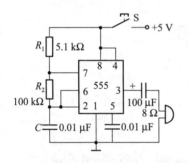
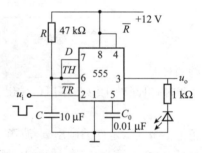

习题图 8-4　题 8-9 用图　　　习题图 8-5　题 8-10 用图

第 9 章 数模转换和模数转换

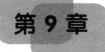 **任务导入**

图 9-1 所示是应用计算机进行控制的生产过程示意图,在应用计算机对生产过程进行控制时,经常要把温度,压力,流量,物体的形变、位移等非电量通过各种传感器检测出来,变换为相应的模拟电压(或电流)。由于传感器输出的模拟电压仅为微伏或毫伏数量级,所以必须对信号进行放大,用有源滤波器消除干扰和无用的高频成分,甚至对信号进行压缩、倍乘等处理后,经多路模拟开关送到 ADC。ADC 能够把来自多路模拟开关的各模拟电压(或电流)转换成对应的二进制数字信号,送入计算机处理。计算机处理后所得到的仍是数字信号,经 DAC 转换成相应的模拟信号后,再通过多路模拟开关的分配作用输出对应的某路控制信号,经功率放大等处理后去驱动相应执行机构如伺服电机等执行规定的操作。

实际上,在数据传输系统、自动测试设备、医疗信息处理、电视信号的数字化、图像信号的处理和识别、数字通信和语音信息处理等方面,同样都离不开 A/D 和 D/A 转换器。本章任务主要是解决如何实现上述模数和数模转换问题。

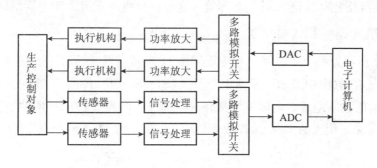

图 9-1 计算机控制生产过程的示意图

9.1 数模转换电路

 学习目标

1. 了解数模转换的基本概念。

2. 了解数模转换的应用。

9.1.1　D/A 转换电路的基本知识

将数字信号转换为模拟信号的过程称之为数/模转换,简称 D/A 转换,完成 D/A 转换的电路称为数/模转换器,简称 DAC。数/模转换器输入的是数字量,输出的是模拟量。由于构成数字代码的每一位都有一定的权,为了将数字信号转换成模拟信号,必须将每一位的代码按其权的大小转换成相应的模拟信号,然后将这些模拟量相加,就可得到与相应的数字量成正比的总的模拟量,从而实现了从数字信号到模拟信号的转换。这就是构成 D/A 转换器的基本指导思想。其组成框图如图 9-1-1 所示。

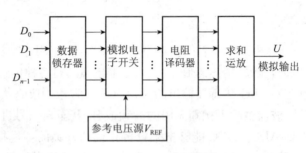

图 9-1-1　n 位 D/A 转换器方框图

图中,数据锁存器用来暂时存放输入的数字量,这些数字量控制模拟电子开关,将参考电压源按位切换到电阻译码网络中获得相应数位权值,然后送入求和运算放大器,输出相应的模拟电压,完成 D/A 转换过程。

常用的 D/A 转换器有 T 型(倒 T 型)电阻网络 D/A 转换器、权电阻网络 D/A 转换器、权电流 D/A 转换器及电容型 D/A 转换器等等。这里只介绍一下倒 T 型电阻网络 D/A 转换器。

1. 倒 T 型电阻网络 D/A 转换器

如图 9-1-2 所示为一个 4 位倒 T 型电阻网络 D/A 转换器(按同样结构可将它扩展到任意位),它由数据锁存器(图中未画)、模拟电子开关($S_0 \sim S_3$)、R-$2R$ 倒 T 型电阻网络、运算放大器(A)及基准电压 U_{REF} 组成。电阻网络只有 R(通常 R_F 取为 R)和 $2R$ 两种电阻,给集成电路的设计和制作带来了很大的方便,所以成为使用最多的一种 D/A 转换电路。

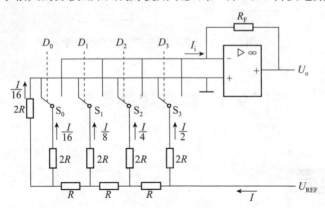

图 9-1-2　倒 T 型电阻网络 D/A 转换器

模拟电子开关 S_3、S_2、S_1、S_0 分别受数据锁存器输出的数字信号 D_3、D_2、D_1、D_0 控制。当输入的数字信号 $D_0 \sim D_3$ 的任何一位为 1 时，对应的开关便将电阻 $2R$ 接到放大器的反相输入端（虚地点）；若为 0 时，则对应的开关将电阻 $2R$ 接地（同相输入端）。经过推导得：

在 $R_F = R$ 时，输出电压为：

$$U_o = \frac{u_{REF}}{2^4}(D_3 \cdot 2^3 + D_2 \cdot 2^2 + D_1 \cdot 2^1 + D_0 \cdot 2^0)$$

将输入数字量扩展到 n 位，则有

$$U_o = \frac{u_{REF}}{2^n}(D_{n-1} \cdot 2^{n-1} + D_{n-2} \cdot 2^{n-2} + \cdots + D_1 \cdot 2^1 + D_0 \cdot 2^0)$$

由于倒 T 型电阻网络 D/A 转换器中各支路的电流直接流入了运算放大器的输入端，它们之间不存在传输时间差，因而提高了转换速度并减小了动态过程中输出端可能出现的尖峰脉冲。

鉴于以上原因，倒 T 型电阻网络 D/A 转换器是目前使用的 D/A 转换器中速度较快的一种，也是用得较多的一种。

2. D/A 转换的主要技术参数

1）分辨率

分辨率是指转换器输出的最小电压变化量与满刻度输出电压之比。

最小输出电压变化量就是对应于输入数字量最低位（LSB）为 1，其余各位为 0 时的输出电压，记为 U_{LSB}，满度输出电压就是对应于输入数字量的各位全是 1 时的输出电压，记为 U_{FSR}，对于一个 n 位的转换器，分辨率可表示为：

$$\text{分辨率} = \frac{U_{LSB}}{U_{FSR}} = \frac{1}{2^n - 1}$$

一个 $n = 10$ 位的转换器，其分辨率是：0.000 978。

2）转换精度

转换精度是指输出模拟量的数值与理想值之间的偏差。这种误差主要是由于参考电压偏离标准值、运算放大器的零点漂移、模拟开关的压降以及给定电阻阻值的偏差等引起的。

3）线性误差

由于种种原因，DAC 的实际转换的线性度与理想值是有偏差的，这种偏差就是线性误差。产生线性误差的主要原因有两个：一是各位模拟开关的压降不一定相等；二是各个电阻值的偏差不一定相等。

4）输出量建立时间（转换速度）

从输入数字信号起到输出量达到稳定值所用的时间，叫做转换速度。电流型 DAC 转换速度较快，电压输出的转换速度较慢，这主要是运算放大器的响应时间引起的。

9.1.2 集成数模转换器的应用

1. 集成 D/A 转换器 DA7520

常用的集成 D/A 转换器有 DA7520、DAC0832、DAC0808、DAC1230、MC1408、AD7524 等，这里只对 DA7520 做介绍。

DA7520 是十位的 D/A 转换集成芯片，与微处理器完全兼容。该芯片以接口简单、转换控制容易、通用性好、性能价格比高等特点得到广泛的应用。其内部采用倒 T 型电阻网络,模拟开关是 CMOS 型的,集成在芯片上,但运算放大器是外接的。

DA7520 的外引线排列及连接电路如图 9-1-3 所示,DA7520 共有 16 个引脚,各引脚的功能如下：

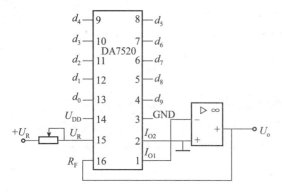

图 9-1-3　DA7520 的外引线排列及连接电路

(1)4～13 为 10 位数字量的输入端；

(2)1 为模拟电流 I_{o1} 输出端,接到运算放大器的反向输入端；

(3)2 为模拟电流 I_{o2} 输出端,一般接地；

(4)3 为接地端；

(5)14 为 COMS 模拟开关的 $+U_{DD}$ 电源接线端；

(6)15 为参考电压电源接线端,U_R 可为正值或负值；

(7)16 为芯片内部一个电阻 R 的引出端,该电阻作为运算放大器的反馈电阻 R_F,他的另一端在芯片内部接 I_{o1} 端。

DA7520 的主要性能参数如下：

(1)分辨率：十位；

(2)线性误差：$\pm(1/2)$LSB(LSB 表示输入数字量最低位),若用输出电压满刻度范围 FSR 的百分数表示则为 0.05%FSR；

(3)转换速度：500 ns；

(4)温度系数：0.001%/℃。

2. 应用举例

图 9-1-4 所示的电路为一个由 10 位二进制加法计数器、DA7520 转换器及集成运放组成的锯齿波发生器。10 位二进制加法计数器从全"0"加到全"1",电路的模拟输出电压 U_o 由 0V 增加到最大值,此时若再来一个计数脉冲则计数器的值由全"1"变为全"0",输出电压也从最大值跳变为 0,输出波形又开始一个新的周期。如果计数脉冲不断,则可在电路的输出端得到周期性的锯齿波。

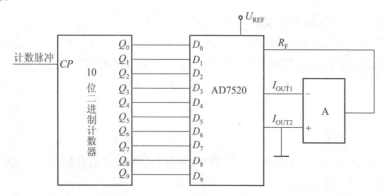

图 9-1-4　DA7520 组成的锯齿波发生器

9.2 模数转换电路

 学习目标

1. 了解模数转换的基本概念。
2. 了解模数转换的应用。

9.2.1 A/D转换电路的基本知识

A/D转换器的根本任务是将连续变化的模拟电信号转换为离散的数字信号,这就需要在转换过程中按一定的时间间隔对模拟信号进行采样,再经过处理后转换为数字信号。整个过程要经过四个步骤,即:采样、保持、量化、编码。

1. 采样与保持

将一个时间上连续变化的模拟量转换成时间上离散的数字量称为采样。

采样脉冲的频率越高,所取得的信号越能真实地反映输入信号,合理的取样频率由取样定理确定。

取样定理:设取样脉冲 $S(t)$ 的频率为 f_s,输入模拟信号 $X(t)$ 的最高频率分量的频率为 f_{max},则 f_s 与 f_{max} 必须满足如下关系:

$$f_s \geqslant 2f_{max}$$

即采样频率大于或等于输入模拟信号 $X(t)$ 的最高频率分量 f_{max} 的两倍时,取样后输出信号 $Y(t)$ 才可以正确的反应输入信号。工程实际中通常取 $f_s = (3 \sim 5)f_{max}$。

由于每次把采样电压转换为相应的数字信号时都需要一定的时间,因此在每次采样以后,需把采样电压保持一段时间。故进行A/D转换时所用的输入电压实际上是每次采样结束时的采样电压值。

根据采样定理,用数字方法传递和处理模拟信号,并不需要信号在整个作用时间内的数值,只需要采样点的数值。所以,在前后两次采样之间可把采样所得的模拟信号暂时存储起来以便将其进行量化和编码。

2. 量化和编码

经过采样、保持后的模拟电压是一个个离散的电压值。对这么多离散电压直接进行数字化(即用有限个0和1表示)是不可能的,为此需对这些离散电压先进行量化,就是将离散电压幅度值化为某个最小单位电压(量化单位 Δ)的整数倍,即进行取整。

编码就是将量化的数值用二进制代码表示。

1)只舍不入法

例如把(0~1 V)模拟电压用三位二进制数码来表示,取量化单位 $\Delta = 1/8$ V。

三位A/D转换器模/数转换关系对应表如表9-2-1所示。

表 9-2-1　只舍不入法三位 A/D 转换器模/数转换关系对应表

输入模拟电压	量化值	二进制输出
$0 \leqslant U_o < 1/8$ V	0 V（0Δ）	000
$1/8$ V$\leqslant U_o < 2/8$ V	$1/8$ V（1Δ）	001
$2/8$ V$\leqslant U_o < 3/8$ V	$2/8$ V（2Δ）	010
$3/8$ V$\leqslant U_o < 4/8$ V	$3/8$ V（3Δ）	011
$4/8$ V$\leqslant U_o < 5/8$ V	$4/8$ V（4Δ）	100
$5/8$ V$\leqslant U_o < 6/8$ V	$5/8$ V（5Δ）	101
$6/8$ V$\leqslant U_o < 7/8$ V	$6/8$ V（6Δ）	110
$7/8$ V$\leqslant U_o < 1$ V	$7/8$ V（7Δ）	111

　　模拟信号采样值不一定恰好等于某个量化值，总会有偏差，这种偏差称为量化误差。上述量化方法中的最大量化误差为 $\Delta = 1/8$ V。

　　2）有舍有入法

　　取量化单位 $\Delta = 2/15$ V。

　　三位 A/D 转换器模/数转换关系对应表如表 9-2-2 所示。

表 9-2-2　有舍有入法三位 A/D 转换器模/数转换关系对应表

输入模拟电压	量化值	二进制输出
$0 \leqslant U_o < 1/15$ V	0V（0Δ）	000
$1/15$ V$\leqslant U_o < 3/15$ V	2/15V（1Δ）	001
$3/15$ V$\leqslant U_o < 5/15$ V	4/15V（2Δ）	010
$5/15$ V$\leqslant U_o < 7/15$ V	6/15V（3Δ）	011
$7/15$ V$\leqslant U_o < 9/15$ V	8/15V（4Δ）	100
$9/15$ V$\leqslant U_o < 11/15$ V	10/15V（5Δ）	101
$11/15$ V$\leqslant U_o < 13/15$ V	12/15V（6Δ）	110
$13/15$ V$\leqslant U_o < 1$ V	14/15 V（7Δ）	111

　　最大量化误差为 $\Delta = 2/15$ V，显然量化单位越小，量化误差就越小。

　　3. 模数转换的原理

　　1）A/D 转换器的分类

　　A/D 转换器的种类很多，按其转换过程，大致可以分为直接型 A/D 转换器和间接型 A/D 转换器两种，如图 9-2-1 所示。

　　直接型 A/D 转换器能把输入的模拟电压直接转换为输出的数字代码，不需要通过中间变量。常用的电路有反馈比较型和并行比较型两种。

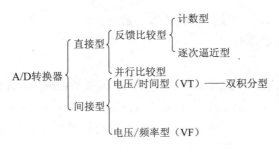

图 9-2-1　A/D 转换器分类图

间接型 A/D 转换器是把待转换的输入模拟电压先转换为一个中间变量,然后再对中间变量进行量化编码得出转换结果。

2) 逐次逼近型 A/D 转换器

逐次逼近型 A/D 转换器是一种反馈比较型 A/D 转换器,如图 9-2-2 所示,它由电压比较器、逻辑控制器、n 位逐次逼近寄存器和 n 位 D/A 转换器组成。

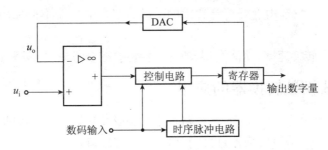

图 9-2-2　逐次逼近型 A/D 转换器

逐次逼近型 A/D 转换器的工作原理与用天平称重量类似。它是将大小不同的参考电压与输入模拟电压逐步进行比较,比较结果以相应的二进制代码表示。其过程如下所述。

当电路收到启动信号后,首先将寄存器置零,之后第一个 CP 时钟脉冲到来时,控制逻辑将寄存器的最高位置为 1,使其输出为 100…0。这组数字量由 D/A 转换器转换成模拟电压 u_o,送到比较器与输入模拟电压 u_i 进行比较。若 $u_o > u_i$,则应将这一位的 1 保留,比较器输出为 1;若 $u_i < u_o$,说明寄存器输出数码过大,舍去这一位的 1,比较器输出为 0。依次类推,将下一位置 1 进行比较,直到最低位为止。

此时寄存器中的 n 位数字量即为模拟输入电压所对应的数字量。通常,从清 0 到输出数据完成 n 位转换需要 $n+2$ 个脉冲。

4. A/D 转换器的主要技术指标和选用原则

1) 转换精度

在 A/D 转换器中,通常用分辨率和转换误差来描述转换精度。

分辨率是指引起输出二进制数字量最低有效位变动一个数码时,对应输入模拟量的最小变化量。小于此最小变化量的输入模拟电压,不会引起输出数字量的变化。

A/D 转换器的分辨率反映了它对输入模拟量微小变化的分辨能力,它与输出的二进制数的位数有关,在 A/D 转换器分辨率的有效值范围内,输出二进制数的位数越多,分辨率越小,分辨能力就越高。

转换误差表示 A/D 转换器实际输出的数字量与理想输出的数字量之间的差别,并用最低有效位 LSB 的倍数来表示。

2)转换速度

A/D 转换器完成一次从模拟量到数字量转换所需要的时间,即从转换开始到输出端出现稳定的数字信号所需要的时间。并行型 A/D 转换器速度最高,约为数十纳秒;逐次逼近型 A/D 转换器速度次之,约为数十微秒;双积分型 A/D 转换器速度最慢,约为数十毫秒。

3)选用原则

(1) 类型合理。根据 A/D 转换器在系统中的作用以及与系统中其他电路的关系进行选择,不但可以减少电路的辅助环节,还可以避免出现一些不易发现的逻辑与时序错误。

(2) 转换速度。三种应用最广泛的产品——并行型 A/D 转换器的速度最高;逐次逼近型 A/D 转换器的速度次之;双积分型 A/D 转换器的速度最慢。要根据系统的要求选取。

(3) 精度选择。在精度要求不高的场合,选用 8 位 A/D 转换器即可满足要求,而不必选用更高分辨率的产品。

(4) 功能选择。尽量选用恰好符合要求的产品。多余的功能不但无用,还有可能造成意想不到的故障。

总之,转换精度、转换速率、功能类型、功耗等特性要综合考虑,全面衡量。

9.2.2 集成模数转换器的应用

ADC0809 是带有 8 位 A/D 转换器、8 路多路开关以及微处理机兼容的控制逻辑的 CMOS 组件。它是逐次逼近式 A/D 转换器,可以和单片机直接接口。

1. ADC0809 的内部逻辑结构

ADC0809 的内部逻辑结构如图 9-2-3 所示。

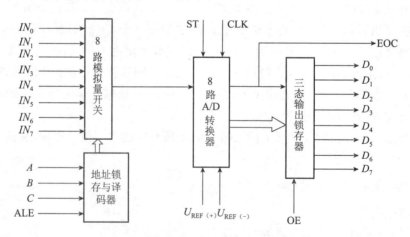

图 9-2-3　ADC0809 的内部逻辑结构图

由图可知,ADC0809 由一个 8 路模拟开关、一个地址锁存与译码器、一个 A/D 转换器和一个三态输出锁存器组成。多路开关可选通 8 个模拟通道,允许 8 路模拟量分时输入,共用 A/D 转换器进行转换。三态输出锁存器用于锁存 A/D 转换完的数字量,当 OE 端为高电平时,才可以从三态输出锁存器取走转换完的数据。

2. ADC0809 引脚结构

ADC0809 引脚结构如图 9-2-4 所示。

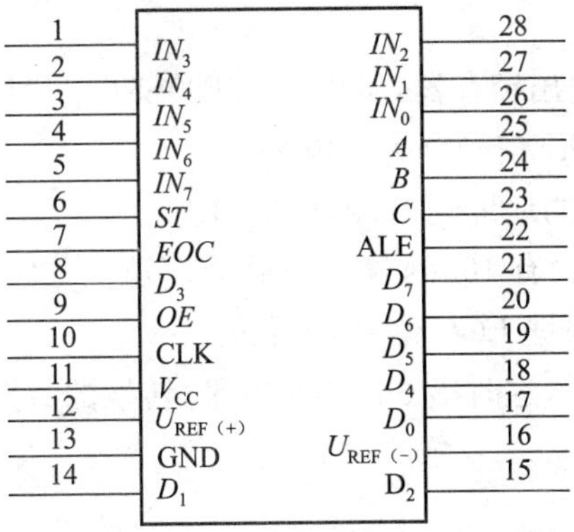

1 — IN_3	IN_2 — 28
2 — IN_4	IN_1 — 27
3 — IN_5	IN_0 — 26
4 — IN_6	A — 25
5 — IN_7	B — 24
6 — ST	C — 23
7 — EOC	ALE — 22
8 — D_3	D_7 — 21
9 — OE	D_6 — 20
10 — CLK	D_5 — 19
11 — V_{CC}	D_4 — 18
12 — $U_{REF(+)}$	D_0 — 17
13 — GND	$U_{REF(-)}$ — 16
14 — D_1	D_2 — 15

图 9-2-4 ADC0809 引脚结构图

$IN_0 \sim IN_7$:8 条模拟量输入通道。

ADC0809 对输入模拟量的要求:信号单极性,电压范围是 0~5V,若信号太小,必须进行放大;输入的模拟量在转换过程中应该保持不变,如若模拟量变化太快,则需在输入前增加采样保持电路。

地址输入和控制线:4 条。

ALE 为地址锁存允许输入线,高电平有效。当 ALE 线为高电平时,地址锁存与译码器将 A,B,C 三条地址线的地址信号进行锁存,经译码后被选中的通道的模拟量进转换器进行转换。A、B 和 C 为地址输入线,用于选通 $IN_0 \sim IN_7$ 上的一路模拟量输入。通道选择表如表 9-2-3 所示。

表 9-2-3 ADC0809 通道选择表

C	B	A	选择的通道
0	0	0	IN_0
0	0	1	IN_1
0	1	0	IN_2
0	1	1	IN_3
1	0	0	IN_4
1	0	1	IN_5
1	1	0	IN_6
1	1	1	IN_7

数字量输出及控制线:11 条。

ST 为转换启动信号。当 ST 上跳沿时,所有内部寄存器清零;下跳沿时,开始进行 A/D 转换;在转换期间,ST 应保持低电平。EOC 为转换结束信号。当 EOC 为高电平时,表明转换结束;否则,表明正在进行 A/D 转换。OE 为输出允许信号,用于控制三条输出锁存器向单片机输出转换得到的数据。$OE=1$,输出转换得到的数据;$OE=0$,输出数据线呈高阻状态。

$D_7 \sim D_0$ 为数字量输出线。CLK 为时钟输入信号线。因 ADC0809 的内部没有时钟电路，所需时钟信号必须由外界提供，通常使用频率为 500 kHz。$U_{REF(+)}$，$U_{REF(-)}$ 为参考电压输入。

3. ADC0809 应用说明

（1）ADC0809 内部带有输出锁存器，可以与 AT89S51 单片机直接相连。

（2）初始化时，使 ST 和 OE 信号全为低电平。

（3）送要转换的那一通道的地址到 A，B，C 端口上。

（4）在 ST 端给出一个至少有 100ns 宽的正脉冲信号。

（5）是否转换完毕，可以根据 EOC 信号来判断。

（6）当 EOC 变为高电平时，这时给 OE 为高电平，转换的数据就输出给单片机了。

9.3 技能训练：数模转换与模数转换集成电路的使用

一、技能目标

1. 掌握基本的手工焊接技术。

2. 能熟练地在万能板上进行合理布局布线。

3. 会搭接模数转换集成电路的典型应用电路，观察现象，并测试相关数据。

二、工具、元件和仪器

1. 电烙铁等常用电子装配工具。

2. ADC0804、DAC0832。

3. 数字式万用表、示波器。

三、实训步骤

1. 工作原理及电路原理图

在数字电路中往往需要把模拟量转换成数字量或把数字量转换成模拟量，完成这些转换功能的转换器有多种型号。本项目采用 ADC0804 实现模/数转换，用 DAC0832 实现数/模转换。

1）模数转换

图 9-3-1 是 ADC0804 的一个典型应用电路图，转换器的时钟脉冲由外接 10 kΩ 电阻和 150 pF 电容形成，时钟频率约 640kHz。基准电压由其内部提供，大小是电源电压 U_{CC} 的一半。为了启动 A/D 转换，应先将开关 S 闭合一下，使端接地（变为低电平），然后再把开关 S 断开，于是转换就开始进行。模/数转换器一经启动，被输入的模拟量就按一定的速度转换成 8 位二进制数码，从数字量输出端输出。

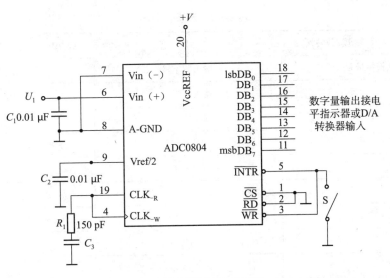

图 9-3-1　模数转换原理图

2)数模转换

DAC0832 是 8 位的电流输出型数/模转换器,为了把电流输出变成电压输出,可在数/模转换器的输出端接一运算放大器(LM324),输出电压 U_o 的大小由反馈电阻 R_f 决定,整个线路如图 9-3-2 所示。图 9-3-2 中 UREF 接 5V 电源。

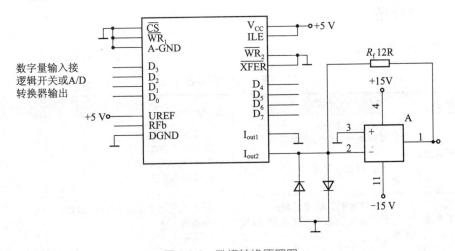

图 9-3-2　数模转换原理图

2. 装配要求和方法

本训练项目的装配要求和方法与前面完成的技能项目基本相同。

3. 调试、测量

(1)接通模数转换电路,U_{CC} 用 5V 直流电源,输入模拟量 u_i 在 0~5V 范围内可调,输出数字量用板上电平指示器指示。调节 u_i 使输出数字量按表 9-3-1 所示变化,用数字式万用表测量相应的模拟量,填入表中左方。

表 9-3-1　测量记录表

模/数转换		数/模转换
输入模拟量 U_i	输出数字量	输出模拟量 U_o
	输入数字量	
	00 000 000	
	00 000 001	
	00 000 010	
	00 000 100	
	00 001 000	
	00 010 000	
	00 100 000	
	01 000 000	
	10 000 000	
	11 111 111	

(2)再接通数模转换电路,输出 U_o 用数字万用表测量记录在表右方。

四、项目评价

评分如表 9-3-2 所示。

表 9-3-2　评分表

项目及配分		工艺标准	扣分标准	扣分	得分
装配	绘图 30分	1. 布局合理、紧凑。 2. 导线横平、竖直,转角成直角,无交叉。 3. 元件间连接关系和电路原理图一致	1. 布局不合理,每处扣 5 分。 2. 导线不平直,转角不成直角,每处扣 2 分,出现交叉,每处扣 10 分。 3. 连接关系错误,每处扣 10 分		
	插件 20分	1. 二极管水平安装,紧贴板面。 2. 按图装配,元件的位置正确、极性正确	1. 元件安装歪斜、不对称、高度超差,每处扣 1 分。 2. 错装、漏装,每处扣 5 分		
	焊接 25分	1. 焊点光亮、清洁,焊料适量。 2. 布线平直。 3. 无漏焊、虚焊、假焊、搭焊、溅锡等现象。 4. 焊接后元件引脚在 0.5～1 mm	1. 焊点不光亮、焊料过多或过少、布线不平直,每处扣 0.5 分。 2. 漏焊、虚焊、假焊、搭焊、溅锡,每处扣 3 分。 3. 剪脚不在 0.5～1 mm,每处扣 0.5 分		
调试	25分	1. 按调试要求和步骤正确测量。 2. 正确使用万用表	1. 调试步骤错误,每次扣 3 分。 2. 万用表使用错误,每次扣 3 分。 3. 测量结果错误每次扣 5 分,误差大,每次 2 分		

本章小结

1. A/D、D/A 转换是现代自动控制和测量技术中应用最为广泛的技术之一，是沟通模拟量和数字量之间的桥梁，是数字系统中的重要组成部分。

2. 倒 T 型电阻网络 D/A 转换器具有转换速度快和尖峰脉冲小的特点，在 CMOS 单片集成 DAC 中运用很广泛，本章 D/A 转换主要介绍的就是倒 T 型电阻网络 DAC 转换器。

3. A/D 转换类型较多，本章着重描述逐次逼近型 A/D 转换器，重点讲述了 A/D 转换器的基本知识、主要参数和选用原则，使用时应根据实际需要，充分发挥器件的特点，合理选择A/D转换器。

 **思考题和习题**

9—1　常见的 D/A 转换器有哪几种？其组成框图是怎样的？

9—2　A/D 转换器的分辨率和相对精度与什么有关？

9—3　A/D 转换器的主要技术指标有哪些？

9—4　影响 D/A 转换器精度的主要因素有哪些？

9—5　12 位的 D/A 转换器的分辨率是多少？当输出模拟电压的满量程值是 10V 时，能分辨出的最小电压值是多少？当该 D/A 转换器的输出是 0.5V 时，输入的数字量是多少？

参 考 文 献

［1］　范次猛．电子技术基础［M］．北京：电子工业出版社，2009．

［2］　陈振源，褚丽歆．电子技术基础［M］．北京：人民邮电出版社，2006．

［3］　陈梓城，孙丽霞．电子技术基础［M］．北京：机械工业出版社，2006．

［4］　石小法．电子技术［M］．北京：高等教育出版社，2000．

［5］　张惠敏．电子技术［M］．北京：化学工业出版社，2006．

［6］　郑慰萱．数字电子技术基础［M］．北京：高等教育出版社，1990．

［7］　沈裕钟．工业电子学［M］．北京：机械工业出版社，1996．

［8］　唐成由．电子技术基础［M］．北京：高等教育出版社，2004．

［9］　刘阿玲．电子技术［M］．北京：北京理工大学出版社，2006．

［10］　王忠庆．电子技术基础［M］．北京：高等教育出版社，2001．

［11］　胡斌．电子技术学习与突破［M］．北京：人民邮电出版社，2006．

［12］　杨承毅．模拟电子技能实训［M］．北京：人民邮电出版社，2005．

［13］　罗小华．电子技术工艺实习［M］武汉：北京华中科技大学出版社，2003．

［14］　黄士生．无线电装接工（初、中级）．无锡职业技能鉴定指导中心，2004．

［15］　胡斌．电源电路识图入门突破［M］．北京：人民邮电出版社，2008．

［16］　胡斌．放大器电路识图入门突破［M］．北京：人民邮电出版社，2008．

［17］　陈小虎．电工电子技术［M］．北京：高等教育出版社，2000．

［18］　胡峥．电子技术基础与技能［M］．北京：机械工业出版社，2010．

［19］　陈振源．电子技术基础学习指导与同步训练［M］．北京：高等教育出版社，2004．

［20］　范次猛．电子技术基础与技能［M］．北京：电子工业出版社，2010．